개념과 원리를 다지고
계산력을 키우는

왕수학

개념+연산

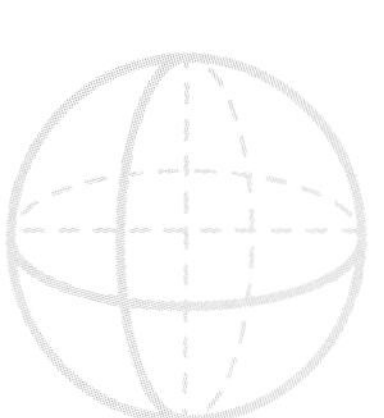

개념과 원리를 다지고
계산력을 키우는

왕수학

개념+연산

구성과 특징

왕수학의 특징

1. **왕수학 개념+연산** → **왕수학 기본** → **왕수학 실력** → **점프 왕수학 최상위** 순으로 단계별 · 난이도별 학습이 가능합니다.
2. 개정교육과정 100% 반영하였습니다.
3. 기본 개념 정리와 개념을 익히는 기본문제를 수록하였습니다.
4. 문제 해결력을 키우는 다양한 창의사고력 문제를 수록하였습니다.
5. 논리력 향상을 위한 서술형 문제를 강화하였습니다.

STEP 3

원리척척

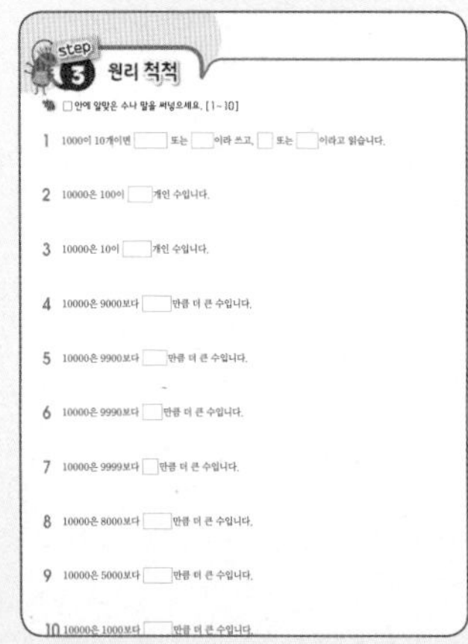

계산력 위주의 문제를 반복 연습하여 계산 능력을 향상 시킵니다.

STEP 2

원리탄탄

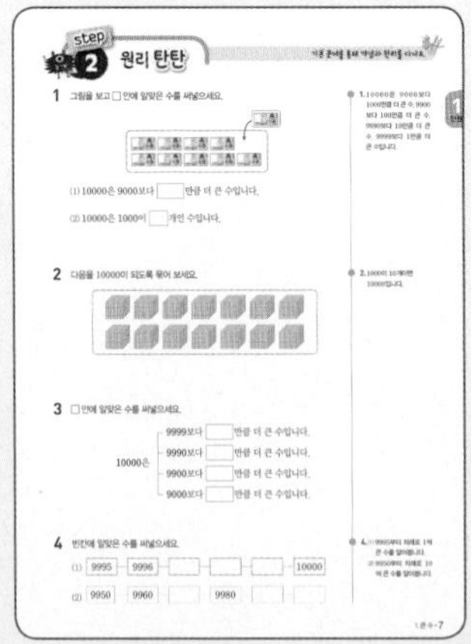

기본 문제를 풀어 보면서 개념과 원리를 튼튼히 다집니다.

STEP 1

원리꼼꼼

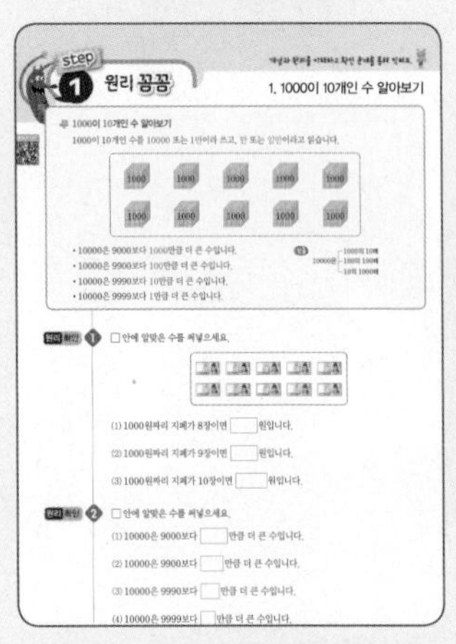

교과서 개념과 원리를 각 주제별로 익히고 원리 확인 문제를 풀어보면서 개념을 이해합니다.

다음 단계로 고고!

왕수학 기본

STEP 5

단원평가

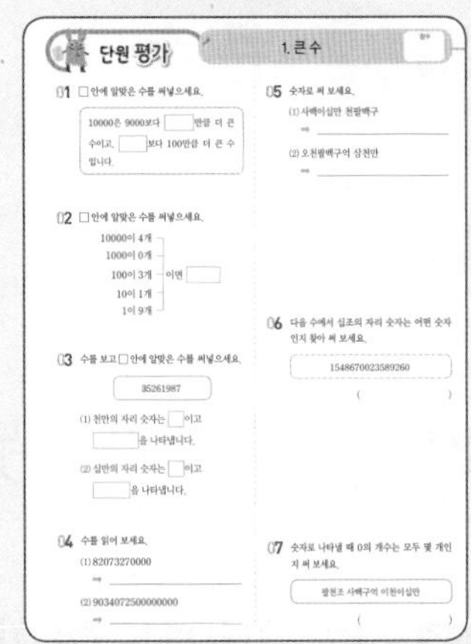

단원별 대표 문제를 풀어서 자신의 실력을 확인해 보고 학교 시험에 대비합니다.

STEP 4

유형콕콕

다양한 문제를 유형별로 풀어 보면서 실력을 키웁니다.

차례 | Contents

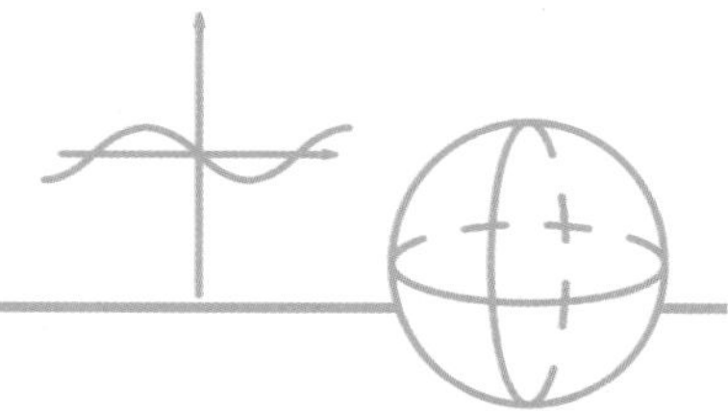

단원 1

큰 수

이번에 배울 내용

1 1000이 10개인 수 알아보기

2 다섯 자리 수 알아보기

3 십만, 백만, 천만 알아보기

4 억 알아보기

5 조 알아보기

6 큰 수를 뛰어 세기

7 큰 수의 크기 비교하기

이전에 배운 내용

- 네 자리 수 알아보기
- 네 자리 수의 크기 비교하기

다음에 배울 내용

- 약수, 공약수, 최대공약수 알아보기
- 배수, 공배수, 최소공배수 알아보기

step 1 원리 꼼꼼

1. 10000이 10개인 수 알아보기

1000이 10개인 수 알아보기

1000이 10개인 수를 10000 또는 1만이라 쓰고, 만 또는 일만이라고 읽습니다.

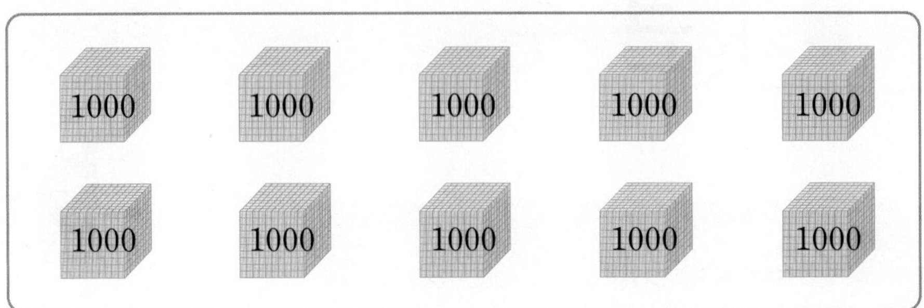

- 10000은 9000보다 1000만큼 더 큰 수입니다.
- 10000은 9900보다 100만큼 더 큰 수입니다.
- 10000은 9990보다 10만큼 더 큰 수입니다.
- 10000은 9999보다 1만큼 더 큰 수입니다.

보충

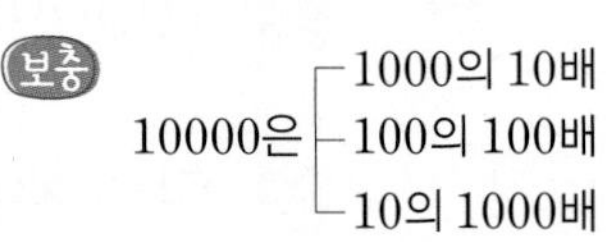

10000은
1000의 10배
100의 100배
10의 1000배

원리 확인 1 □ 안에 알맞은 수를 써넣으세요.

(1) 1000원짜리 지폐가 8장이면 □원입니다.

(2) 1000원짜리 지폐가 9장이면 □원입니다.

(3) 1000원짜리 지폐가 10장이면 □원입니다.

원리 확인 2 □ 안에 알맞은 수를 써넣으세요.

(1) 10000은 9000보다 □만큼 더 큰 수입니다.

(2) 10000은 9900보다 □만큼 더 큰 수입니다.

(3) 10000은 9990보다 □만큼 더 큰 수입니다.

(4) 10000은 9999보다 □만큼 더 큰 수입니다.

step
2
원리 탄탄

· 기본 문제를 통해 개념과 원리를 다져요.

1 단원

1 그림을 보고 □ 안에 알맞은 수를 써넣으세요.

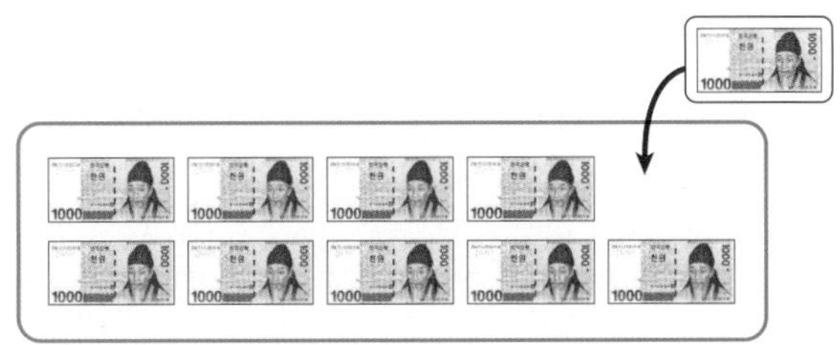

(1) 10000은 9000보다 □만큼 더 큰 수입니다.

(2) 10000은 1000이 □개인 수입니다.

2 다음을 10000이 되도록 묶어 보세요.

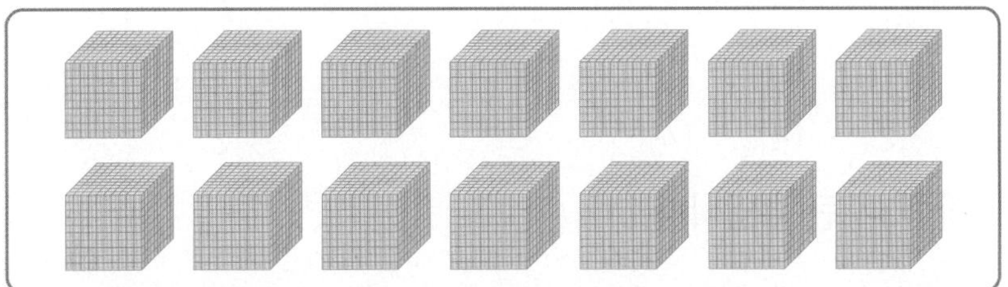

3 □ 안에 알맞은 수를 써넣으세요.

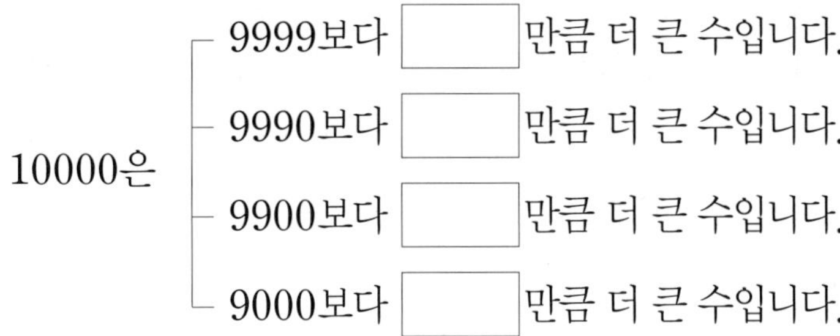
10000은
9999보다 □만큼 더 큰 수입니다.
9990보다 □만큼 더 큰 수입니다.
9900보다 □만큼 더 큰 수입니다.
9000보다 □만큼 더 큰 수입니다.

4 빈칸에 알맞은 수를 써넣으세요.

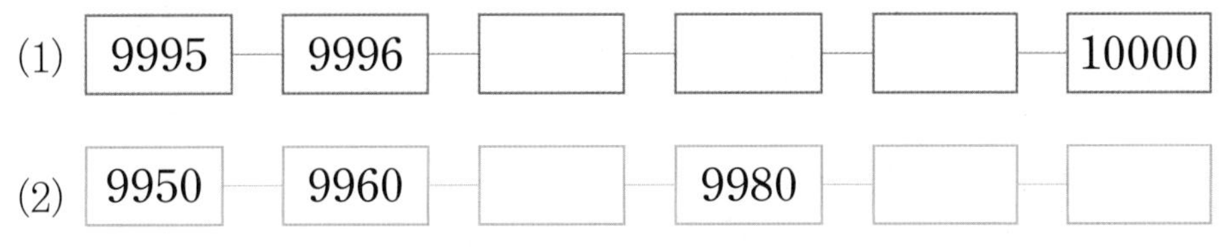
(1) 9995 9996 10000
(2) 9950 9960 9980

1. 10000은 9000보다 1000만큼 더 큰 수, 9900보다 100만큼 더 큰 수, 9990보다 10만큼 더 큰 수, 9999보다 1만큼 더 큰 수입니다.

2. 1000이 10개이면 10000입니다.

4. (1) 9995부터 차례로 1씩 큰 수를 알아봅니다.
(2) 9950부터 차례로 10씩 큰 수를 알아봅니다.

□ 안에 알맞은 수나 말을 써넣으세요. [1~10]

1 1000이 10개이면 □ 또는 □이라 쓰고, □ 또는 □이라고 읽습니다.

2 10000은 100이 □개인 수입니다.

3 10000은 10이 □개인 수입니다.

4 10000은 9000보다 □만큼 더 큰 수입니다.

5 10000은 9900보다 □만큼 더 큰 수입니다.

6 10000은 9990보다 □만큼 더 큰 수입니다.

7 10000은 9999보다 □만큼 더 큰 수입니다.

8 10000은 8000보다 □만큼 더 큰 수입니다.

9 10000은 5000보다 □만큼 더 큰 수입니다.

10 10000은 1000보다 □만큼 더 큰 수입니다.

□ 안에 알맞은 수나 말을 써넣으세요. [11~20]

11 10000이 2개이면 □ 또는 □이라 쓰고, □이라고 읽습니다.

12 10000이 3개이면 □ 또는 □이라 쓰고, □이라고 읽습니다.

13 10000이 5개이면 □ 또는 □이라 쓰고, □이라고 읽습니다.

14 10000이 6개이면 □ 또는 □이라 쓰고, □이라고 읽습니다.

15 10000이 7개이면 □ 또는 □이라 쓰고, □이라고 읽습니다.

16 10000이 8개이면 □ 또는 □이라 쓰고, □이라고 읽습니다.

17 10000이 9개이면 □ 또는 □이라 쓰고, □이라고 읽습니다.

18 50000은 10000이 □개인 수입니다.

19 70000은 10000이 □개인 수입니다.

20 90000은 10000이 □개인 수입니다.

step 1 원리 꼼꼼

2. 다섯 자리 수 알아보기

다섯 자리 수 알아보기

• 10000이 2개, 1000이 9개, 100이 7개, 10이 2개, 1이 6개이면 29726이라 쓰고, 이만 구천 칠백이십육이라고 읽습니다.

• 29726의 자릿값

	만의 자리	천의 자리	백의 자리	십의 자리	일의 자리
숫자	2	9	7	2	6
나타내는 값	20000	9000	700	20	6

원리 확인  다음을 보고 □ 안에 알맞은 수를 써넣으세요.

10000이 5개, 1000이 7개, 100이 3개, 10이 8개, 1이 9개인 수

(1) 10000이 5개인 수는 □입니다.

(2) 1000이 7개인 수는 □입니다.

(3) 100이 3개인 수는 □입니다.

(4) 10이 8개인 수는 □입니다.

(5) 1이 9개인 수는 □입니다.

(6) 10000이 5개, 1000이 7개, 100이 3개, 10이 8개, 1이 9개인 수는 □입니다.

원리 확인  46387에서 숫자 4, 6, 3, 8, 7은 각각 얼마를 나타내는지 빈칸에 알맞은 수를 써넣으세요.

	만의 자리	천의 자리	백의 자리	십의 자리	일의 자리
숫자	4	6	3	8	7
나타내는 값					

기본 문제를 통해 개념과 원리를 다져요.

1 다음 수를 읽거나 수로 나타내 보세요.

(1) 53000 ➡ (   )

(2) 74523 ➡ (   )

(3) 삼만 오백칠 ➡ (   )

(4) 육만 이천사십팔 ➡ (   )

2 빈칸에 알맞은 수를 써넣으세요.

10000이 7개, 1000이 8개, 100이 6개, 10이 3개, 1이 4개인 수

만의 자리	천의 자리	백의 자리	십의 자리	일의 자리
7		6	3	

3 □ 안에 알맞은 수를 써넣으세요.

만의 자리	천의 자리	백의 자리	십의 자리	일의 자리
4	6	8	3	9

$$46839=40000+\square+800+\square+9$$

4 보기 와 같이 나타내 보세요.

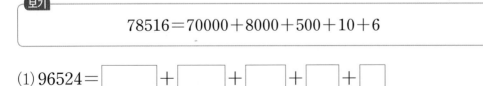

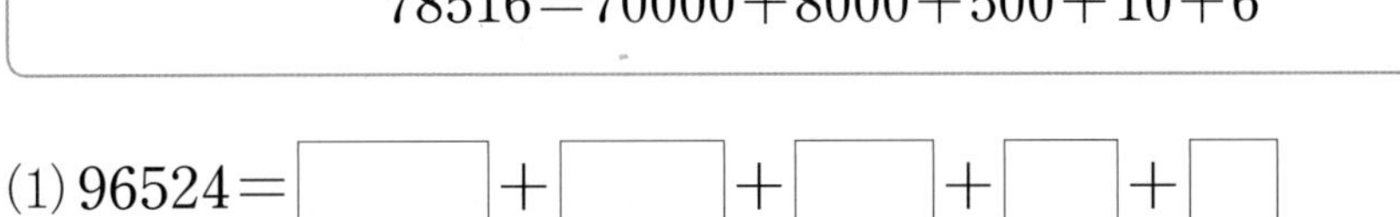

보기

78516=70000+8000+500+10+6

(1) $96524=\square+\square+\square+\square+\square$

(2) $43080=\square+\square+\square$

1. 다섯 자리 수를 읽을 때에는 만 단위로 띄어 읽습니다.

예 3 | 2548
만 | 일
➡ 삼만 이천오백사십팔

3. 수는 각각의 자릿값의 합으로 나타낼 수 있습니다.

4. 숫자가 0인 자리는 나타내지 않습니다.

□ 안에 알맞은 수를 써넣으세요. [1~3]

1 10000이 3개, 1000이 8개, 100이 7개, 10이 1개, 1이 4개이면 □ 입니다.

2 10000이 4개, 1000이 2개, 100이 5개, 10이 8개, 1이 9개이면 □ 입니다.

3 10000이 6개, 1000이 0개, 100이 1개, 10이 7개, 1이 4개이면 □ 입니다.

수를 읽어 보세요. [4~9]

4 44320 ➡ ____________

5 68292 ➡ ____________

6 57430 ➡ ____________

7 70734 ➡ ____________

8 84326 ➡ ____________

9 94072 ➡ ____________

다음을 수로 나타내 보세요. [10~15]

10 오만 사천이백구십사 ➡ ____________

11 칠만 천삼백팔십 ➡ ____________

12 팔만 천사백이십삼 ➡ ____________

13 구만 구백십칠 ➡ ____________

14 팔만 이천오백이십칠 ➡ ____________

15 구만 육백 ➡ ____________

16 58047의 각 자리의 숫자와 나타내는 값을 빈칸에 알맞게 써넣으세요.

	만의 자리	천의 자리	백의 자리	십의 자리	일의 자리
숫자	5				
나타내는 값				40	

□ 안에 알맞은 수나 말을 써넣으세요. [17~19]

17

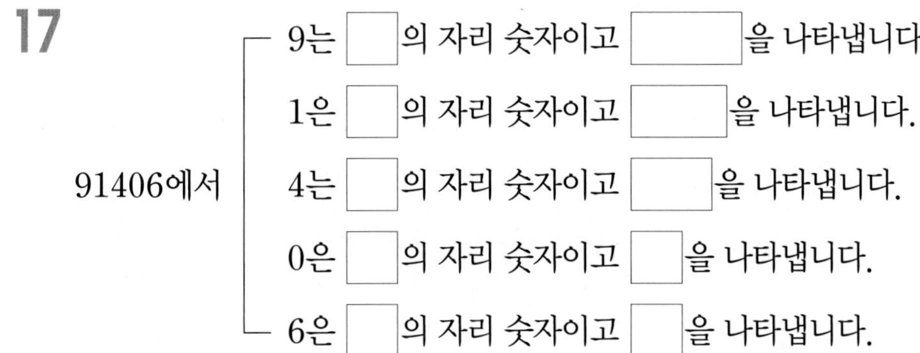

91406에서
9는 □의 자리 숫자이고 □을 나타냅니다.
1은 □의 자리 숫자이고 □을 나타냅니다.
4는 □의 자리 숫자이고 □을 나타냅니다.
0은 □의 자리 숫자이고 □을 나타냅니다.
6은 □의 자리 숫자이고 □을 나타냅니다.

18

10000이 4개
1000이 1개
100이 5개
10이 9개
1이 8개
이면 □

19

83207은
10000이 □개
1000이 □개
100이 □개
10이 □개
1이 □개

보기 와 같이 나타내 보세요. [20~22]

보기

80714=80000+700+10+4

20 18326=□+□+□+□+□

21 34702=□+□+□+□

22 54089=□+□+□+□

step 1 원리 꼼꼼

3. 십만, 백만, 천만 알아보기

동영상강의

십만, 백만, 천만 알아보기

- 만이 10개이면 100000 또는 10만이라 쓰고, 십만이라고 읽습니다.
- 만이 100개이면 1000000 또는 100만이라 쓰고, 백만이라고 읽습니다.
- 만이 1000개이면 10000000 또는 1000만이라 쓰고, 천만이라고 읽습니다.

87490000의 자릿값

8	7	4	9	0	0	0	0
천	백	십	일	천	백	십	일
			만				일

87490000＝80000000＋7000000＋400000＋90000

원리 확인 1 그림을 보고 물음에 답해 보세요.

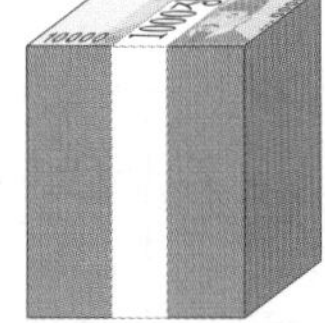

(1) 만 원짜리 지폐 10장은 얼마인가요?

(　　　　　　　　)

(2) 만 원짜리 지폐 100장은 얼마인가요?

(　　　　　　　　)

(3) 만 원짜리 지폐 1000장은 얼마인가요?

(　　　　　　　　)

원리 확인 2 62530000에서 숫자 6, 2, 5, 3은 각각 얼마를 나타내는지 빈칸에 알맞은 수를 써넣으세요.

	천만의 자리	백만의 자리	십만의 자리	만의 자리
숫자	6	2	5	3
나타내는 값	60000000			

1 □ 안에 알맞은 수나 말을 써넣으세요.

만이 28개이면 □ 또는 □이라 쓰고, □이라고 읽습니다.

2 수를 보고 □ 안에 알맞은 수를 써넣으세요.

87402546

(1) 만이 □개, 일이 □개인 수입니다.

(2) 천만의 자리 숫자는 □, 백만의 자리 숫자는 □, 십만의 자리 숫자는 □, 만의 자리 숫자는 □입니다.

3 수를 읽어 보세요.

(1) 5403821 ➡ (　　　　　　　　　　)

(2) 30972158 ➡ (　　　　　　　　　　)

3. 뒤에서부터 네 자리씩 끊어 각 자리 숫자와 그 자릿값을 읽습니다.
자리 숫자가 0일 때는 읽지 않습니다.

4 수를 보고 □ 안에 알맞은 수나 말을 써넣으세요.

62530798

숫자 6은 □의 자리 숫자이고 □을 나타냅니다.

□ 안에 알맞은 수나 말을 써넣으세요. [1~10]

1 만이 30개이면 □ 또는 □이라 쓰고, □이라고 읽습니다.

2 만이 200개이면 □ 또는 □이라 쓰고, □이라고 읽습니다.

3 만이 600개이면 □ 또는 □이라 쓰고, □이라고 읽습니다.

4 만이 4000개이면 □ 또는 □이라 쓰고, □이라고 읽습니다.

5 만이 3023개, 일이 678개이면 □입니다.

6 만이 5270개, 일이 583개이면 □입니다.

7 602743은 만이 □개, 일이 □개인 수입니다.

8 4702589는 만이 □개, 일이 □개인 수입니다.

9 82930280은 만이 □개, 일이 □개인 수입니다.

10 90200327은 만이 □개, 일이 □개인 수입니다.

다음의 수를 읽어 보세요. [11~13]

11 841762 ➡ ______________________

12 4326975 ➡ ______________________

13 54802704 ➡ ______________________

숫자로 써 보세요. [14~16]

14 사십삼만 삼천구백구십일 ➡ ______________

15 팔백이십만 사천구십칠 ➡ ______________

16 칠천사십이만 삼백이십육 ➡ ______________

□ 안에 알맞은 수나 말을 써넣으세요. [17~18]

17 97042815에서

9는 □의 자리 숫자이고 □을 나타냅니다.

7은 □의 자리 숫자이고 □을 나타냅니다.

0은 □의 자리 숫자이고 □을 나타냅니다.

18 16590473에서

□은 천만의 자리 숫자이고 □을 나타냅니다.

6은 □의 자리 숫자이고 □을 나타냅니다.

□는 십만의 자리 숫자이고 □을 나타냅니다.

4. 억 알아보기

동영상강의

억 알아보기

- 1000만이 10개이면 100000000 또는 1억이라 쓰고, 억 또는 일억이라고 읽습니다.
- 254700000000의 자릿값

2	5	4	7	0	0	0	0	0	0	0	0
천	백	십	일	천	백	십	일	천	백	십	일
			억				만				일

254700000000＝200000000000＋50000000000＋4000000000＋700000000
＝2000억＋500억＋40억＋7억

원리 확인 1 □ 안에 알맞게 써넣으세요.

(1) 1000만이 10개인 수를 □ 또는 □억이라 쓰고, □ 또는 □이라고 읽습니다.

(2) 1억이 8개이면 □ 또는 8억이라 쓰고, □이라고 읽습니다.

(3) 1억이 125개이면 12500000000 또는 □억이라 쓰고, □이라고 읽습니다.

(4) 1억이 2345개이면 234500000000 또는 □억이라 쓰고, □이라고 읽습니다.

원리 확인 2 528400000000에서 숫자 5, 2, 8, 4는 각각 얼마를 나타내는지 빈칸에 알맞은 수를 써넣으세요.

	천억의 자리	백억의 자리	십억의 자리	억의 자리
숫자	5	2	8	4
나타내는 값	500000000000			

1 □ 안에 알맞은 수를 써넣으세요.

(1) 1억이 30개이면 □ 또는 □ 억이라 씁니다.

(2) 1억이 2457개이면 □ 또는 □ 억이라 씁니다.

2 빈 곳에 알맞은 수를 써넣으세요.

3 수를 읽어 보거나 수로 나타내 보세요.

(1) 29200000000 ➡ (   )

(2) 304700000000 ➡ (   )

(3) 팔십구억 ➡ (   )

(4) 천백칠십억 ➡ (   )

3. 수를 읽을 때는 뒤에서부터 네 자리씩 끊어서 읽습니다. 자리 숫자가 0일 때는 읽지 않습니다.

4 □ 안에 알맞은 수를 써넣으세요.

(1) 302962270000은 억이 □ 개, 만이 □ 개인 수입니다.

(2) 290036450642는 억이 □ 개, 만이 □ 개, 일이 □ 개인 수입니다.

4. 뒤에서부터 네 자리씩 끊어서 일, 만, 억으로 나타내 봅니다.

원리 척척

□ 안에 알맞은 수를 써넣으세요. [1~6]

1 억이 23개, 만이 6873개이면 □ 입니다.

2 억이 484개, 만이 882개이면 □ 입니다.

3 억이 7409개, 만이 5480개이면 □ 입니다.

4 4984870000은 억이 □ 개, 만이 □ 개인 수입니다.

5 55047810000은 억이 □ 개, 만이 □ 개인 수입니다.

6 987605430210은 억이 □ 개, 만이 □ 개, 일이 □ 개인 수입니다.

수를 읽어 보세요. [7~10]

7 1740340000
➡ ______________________

8 3624080000
➡ ______________________

9 47434210000
➡ ______________________

10 56598280000
➡ ______________________

수로 나타내 보세요. [11~14]

11 삼억 오천구백사십일만
➡ ______________________

12 칠십이억 사천오백십육만
➡ ______________________

13 육십억 사백구십사만
➡ ______________________

14 백이십육억 삼천이백만
➡ ______________________

□ 안에 알맞은 수나 말을 써넣으세요. [15~19]

15

6	8	4	5	4	7	5	3	0	0	0	0
천	백	십	일	천	백	십	일	천	백	십	일
			억				만				일

- 6은 천억의 자리 숫자이고 □을 나타냅니다.
- 8은 백억의 자리 숫자이고 □을 나타냅니다.

16 48624080000에서

백억의 자리 숫자는 □이고 □을 나타냅니다.

십억의 자리 숫자는 □이고 □을 나타냅니다.

억의 자리 숫자는 □이고 □을 나타냅니다.

17 540832250000에서

□는 천억의 자리 숫자이고 □을 나타냅니다.

□는 백억의 자리 숫자이고 □을 나타냅니다.

□은 십억의 자리 숫자이고 □을 나타냅니다.

18 879324560000에서

8은 □의 자리 숫자이고 □을 나타냅니다.

7은 □의 자리 숫자이고 □을 나타냅니다.

9는 □의 자리 숫자이고 □을 나타냅니다.

19 206497130000에서

□는 천억의 자리 숫자이고 □을 나타냅니다.

6은 □의 자리 숫자이고 □을 나타냅니다.

□는 억의 자리 숫자이고 □을 나타냅니다.

5. 조 알아보기

조 알아보기

- 1000억이 10개인 수를 1000000000000 또는 1조라 쓰고, 조 또는 일조라고 읽습니다.
- 1조가 3456개이면 3456000000000000 또는 3456조라 쓰고, 삼천사백오십육조라고 읽습니다.

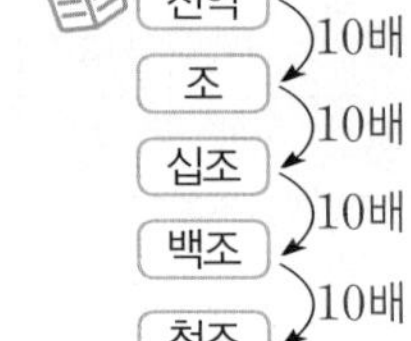

보충 조가 10개인 수 ➡ 10000000000000 ➡ 10조(십조)
조가 100개인 수 ➡ 100000000000000 ➡ 100조(백조)
조가 1000개인 수 ➡ 1000000000000000 ➡ 1000조(천조)

천조 단위까지의 자릿값 알아보기

3	4	5	6	0	0	0	0	0	0	0	0	0	0	0	0
천	백	십	일	천	백	십	일	천	백	십	일	천	백	십	일
			조				억				만				일

일, 만, 억, 조는 각각 10000배로 커집니다.

⬇

3	0	0	0	0	0	0	0	0	0	0	0	0	0	0	0
	4	0	0	0	0	0	0	0	0	0	0	0	0	0	0
		5	0	0	0	0	0	0	0	0	0	0	0	0	0
			6	0	0	0	0	0	0	0	0	0	0	0	0

3456000000000000＝3000000000000000＋400000000000000
＋50000000000000＋6000000000000

원리 확인 1 □ 안에 알맞게 써넣으세요.

(1) 1000억이 10개인 수를 1000000000000 또는 □라 쓰고, □ 또는 일조라고 읽습니다.

(2) 조가 26개이면 □ 또는 26조라 쓰고, □라고 읽습니다.

원리 확인 2 6738000000000000에서 숫자 6, 7, 3, 8은 각각 얼마를 나타내는지 빈칸에 알맞은 수를 써넣으세요.

	천조의 자리	백조의 자리	십조의 자리	조의 자리
숫자	6	7	3	8
나타내는 값	6000000000000000			

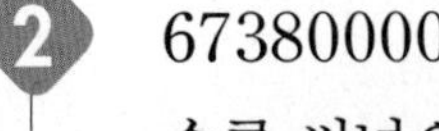

기본 문제를 통해 개념과 원리를 다져요.

1단원

1 □ 안에 알맞게 써넣으세요.

(1) 1조는 9999억보다 □ 만큼 더 큰 수입니다.

(2) 1조는 9990억보다 □ 만큼 더 큰 수입니다.

(3) 1조는 9900억보다 □ 만큼 더 큰 수입니다.

(4) 1조는 9000억보다 □ 만큼 더 큰 수입니다.

2 관계있는 것끼리 선으로 이어 보세요.

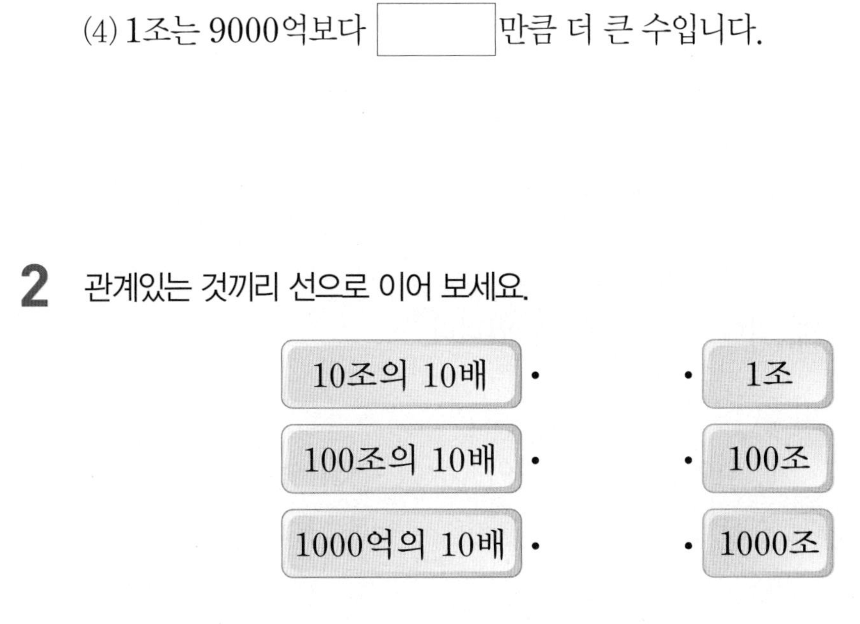

2\. 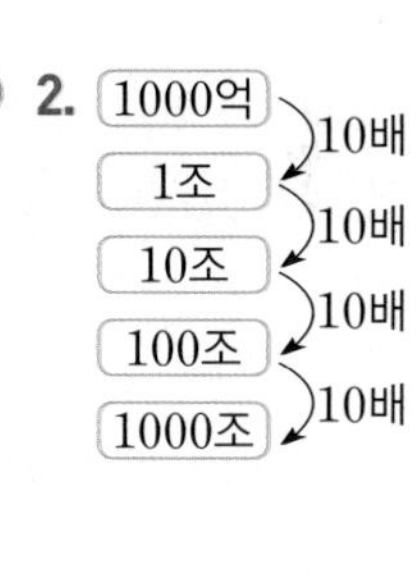

3 □ 안에 알맞은 수를 써넣으세요.

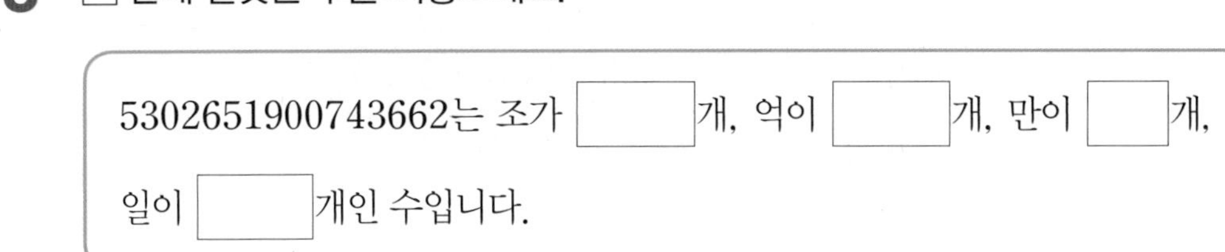

5302651900743662는 조가 □개, 억이 □개, 만이 □개,
일이 □개인 수입니다.

4 조가 500개, 억이 3692개, 만이 407개인 수를 쓰고, 읽어 보세요.

쓰기 (　　　　　　　　　　)

읽기 (　　　　　　　　　　)

4\. 수로 나타낼 때 자릿수가 없으면 0을 채워주고, 읽을 때 자릿수가 0이면 읽지 않습니다.

원리 척척

□ 안에 알맞은 수를 써넣으세요. [1~6]

1 조가 17개, 억이 8420개이면 □ 입니다.

2 조가 274개, 억이 6531개이면 □ 입니다.

3 조가 3219개, 억이 5408개이면 □ 입니다.

4 74025800000000은 조가 □ 개, 억이 □ 개인 수입니다.

5 821693200000000은 조가 □ 개, 억이 □ 개인 수입니다.

6 9740043548000000은 조가 □ 개, 억이 □ 개, 만이 □ 개인 수입니다.

수를 읽어 보세요. [7~10]

7 5407300000000

➡ ______

8 32843000000000

➡ ______

9 40285600000000

➡ ______

10 643024800000000

➡ ______

수로 나타내 보세요. [11~14]

11 사조 이천육백이십육억

➡ ______

12 십이조 삼천육백구십칠억

➡ ______

13 이십구조 사백팔십오억

➡ ______

14 삼백육십팔조 천칠백육십억

➡ ______

□ 안에 알맞은 수나 말을 써넣으세요. [15~19]

15

6	9	7	0	8	2	3	4	5	1	2	7	0	0	0	0
천	백	십	일	천	백	십	일	천	백	십	일	천	백	십	일
			조				억				만				일

- 6은 □의 자리 숫자이고 □를 나타냅니다.
- □는 백조의 자리 숫자이고 □를 나타냅니다.

16 297492078400000에서

백조의 자리 숫자는 □이고 □를 나타냅니다.

십조의 자리 숫자는 □이고 □를 나타냅니다.

조의 자리 숫자는 □이고 □를 나타냅니다.

17 7084208992370000에서

□은 천조의 자리 숫자이고 □를 나타냅니다.

□은 백조의 자리 숫자이고 □을 나타냅니다.

□은 십조의 자리 숫자이고 □를 나타냅니다.

18 9327148560000000에서

9는 □의 자리 숫자이고 □를 나타냅니다.

3은 □의 자리 숫자이고 □를 나타냅니다.

2는 □의 자리 숫자이고 □를 나타냅니다.

19 4512638970000000에서

□는 천조의 자리 숫자이고 □를 나타냅니다.

1은 □의 자리 숫자이고 □를 나타냅니다.

□는 조의 자리 숫자이고 □를 나타냅니다.

6. 큰 수를 뛰어 세기

10000씩 뛰어 세기

28000 — 38000 — 48000 — 58000 — 68000

➡ 만의 자리 숫자가 1씩 커지므로 10000씩 뛰어 센 것입니다.

10조씩 뛰어 세기

234조 — 244조 — 254조 — 264조 — 274조

➡ 십조의 자리 숫자가 1씩 커지므로 10조씩 뛰어 센 것입니다.

10배 하기

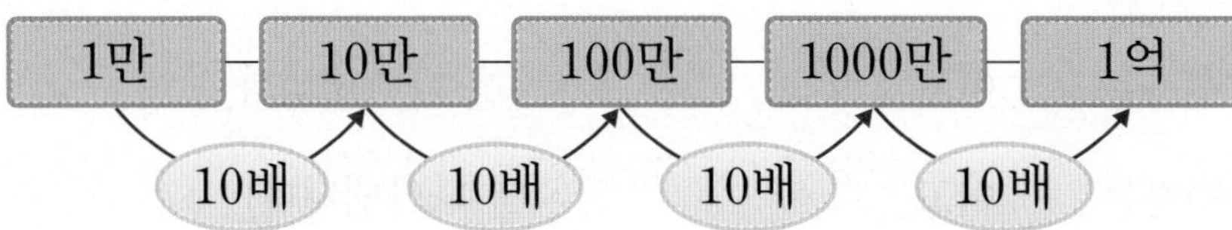

원리 확인 1 얼마씩 뛰어 세었는지 알아보려고 합니다. 물음에 답해 보세요.

7140억 — 7240억 — 7340억 — 7440억 — 7540억

(1) 어느 자리의 숫자가 1씩 커졌나요?

( )

(2) 얼마씩 뛰어 세었나요?

( )

원리 확인 2 1만씩 뛰어 센 것입니다. 빈 곳에 알맞은 수를 써넣으세요.

25400 — 35400 — 45400 — ☐ — ☐

원리 확인 3 1조씩 뛰어 센 것입니다. 빈 곳에 알맞은 수를 써넣으세요.

56조 — 57조 — ☐ — ☐ — 60조

기본 문제를 통해 개념과 원리를 다져요.

1 얼마씩 뛰어 세었나요?

(1) 123790 – 223790 – 323790 – 423790

(　　　　　　　　　　)

(2) 1조 35억 – 1조 36억 – 1조 37억 – 1조 38억

(　　　　　　　　　　)

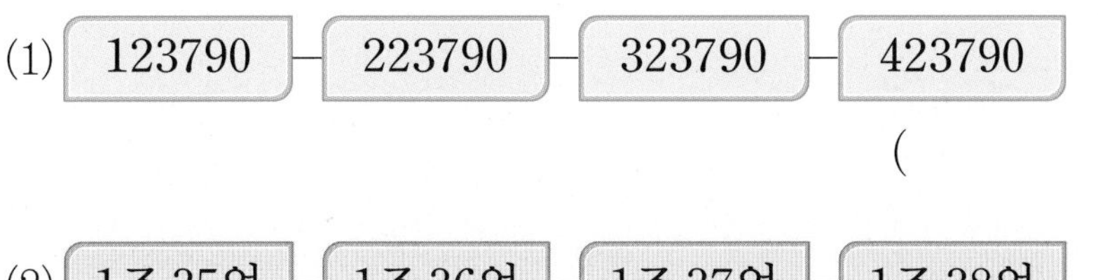

1. 어느 자리의 숫자가 1씩 커졌는지 알아봅니다.

2 100만씩 뛰어 센 것입니다. 빈 곳에 알맞은 수를 써넣으세요.

2. 100만씩 뛰어 세면 백만의 자리 숫자가 1씩 커집니다.

3 빈 곳에 알맞은 수를 써넣으세요.

(1) 14조, 15조, 16조, ☐, ☐

(2) 6조 479억, 6조 489억, ☐, 6조 509억, ☐

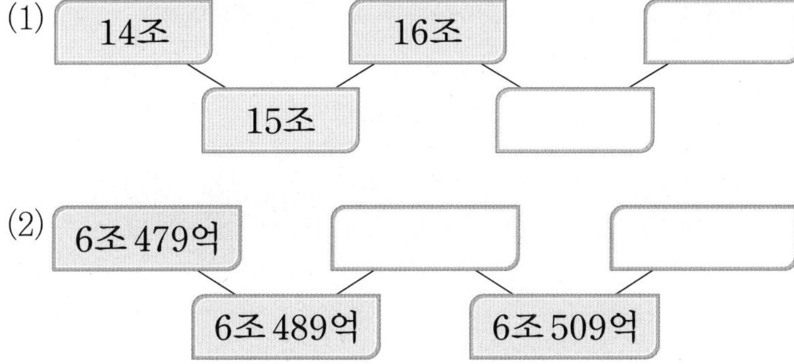

3. 얼마씩 뛰어 세었는지 알아본 후 뛰어 센 자리의 숫자를 1씩 크게 씁니다.

4 빈 곳에 알맞은 수를 써넣으세요.

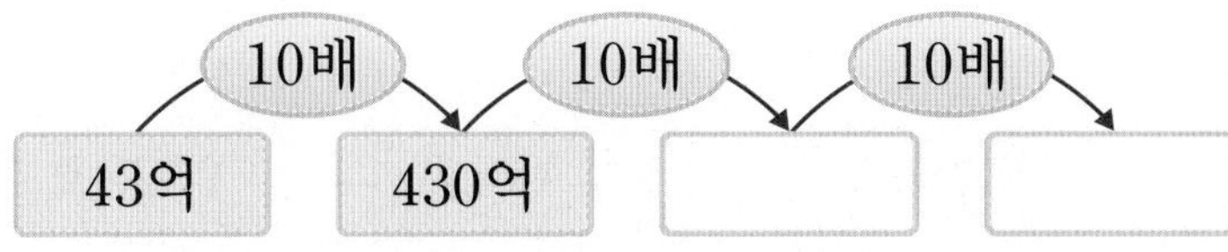

4. 수가 10배씩 커지면 수의 오른쪽 끝에 0이 1개씩 더 많아집니다.

1 단원

뛰어 세기를 하였습니다. 빈 곳에 알맞은 수를 써넣으세요. [1~10]

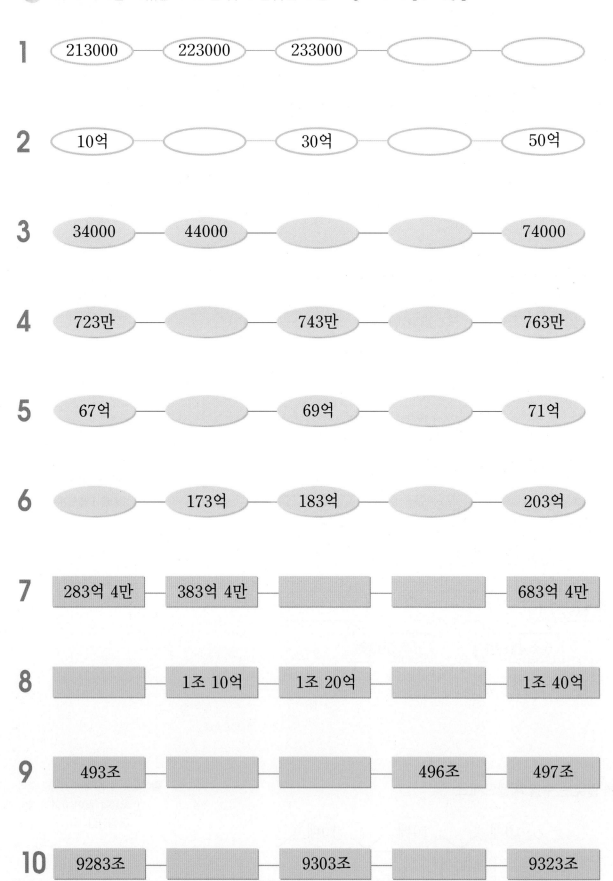

1 213000 — 223000 — 233000 — ( ) — ( )

2 10억 — ( ) — 30억 — ( ) — 50억

3 34000 — 44000 — ( ) — ( ) — 74000

4 723만 — ( ) — 743만 — ( ) — 763만

5 67억 — ( ) — 69억 — ( ) — 71억

6 ( ) — 173억 — 183억 — ( ) — 203억

7 283억 4만 — 383억 4만 — ( ) — ( ) — 683억 4만

8 ( ) — 1조 10억 — 1조 20억 — ( ) — 1조 40억

9 493조 — ( ) — ( ) — 496조 — 497조

10 9283조 — ( ) — 9303조 — ( ) — 9323조

빈 곳에 알맞은 수를 써넣으세요. [11~16]

11
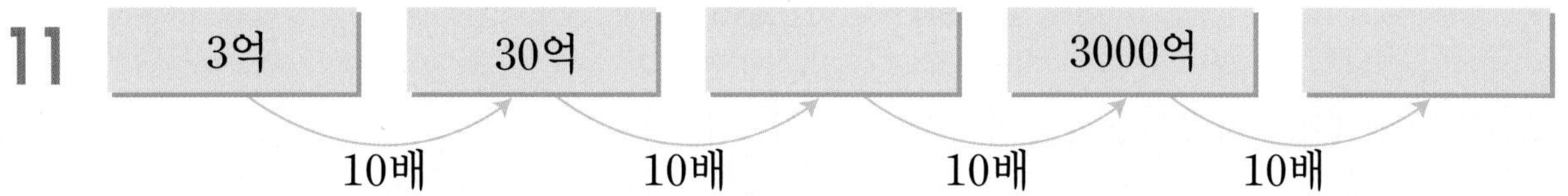

12
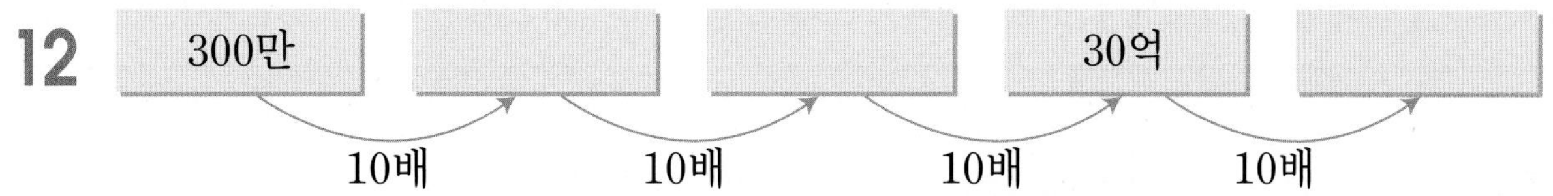

13
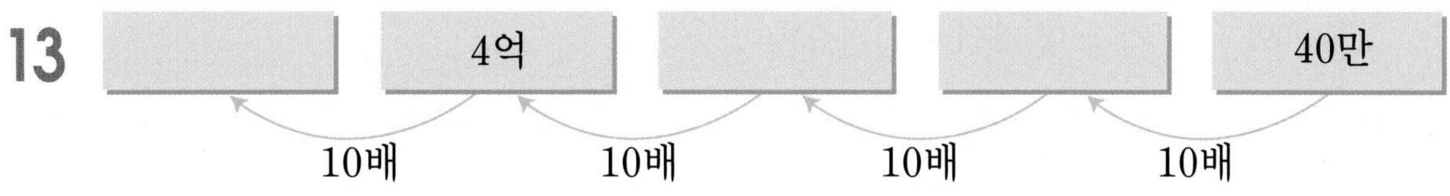

14
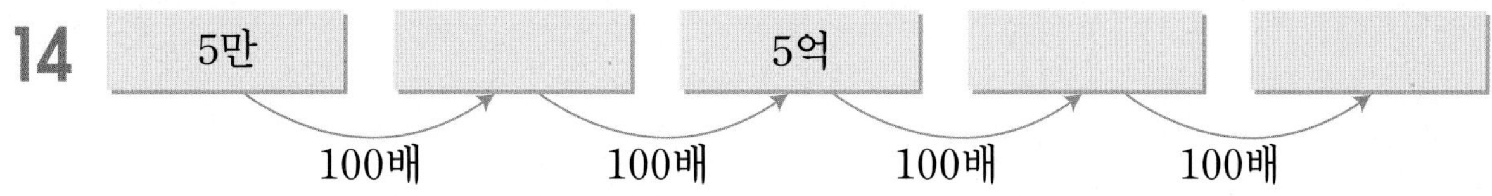

15
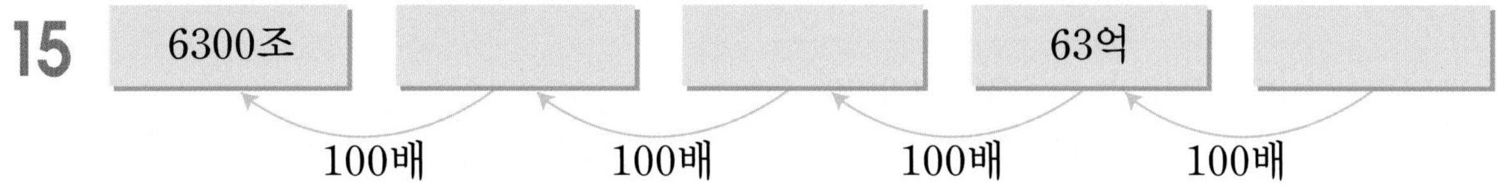

16
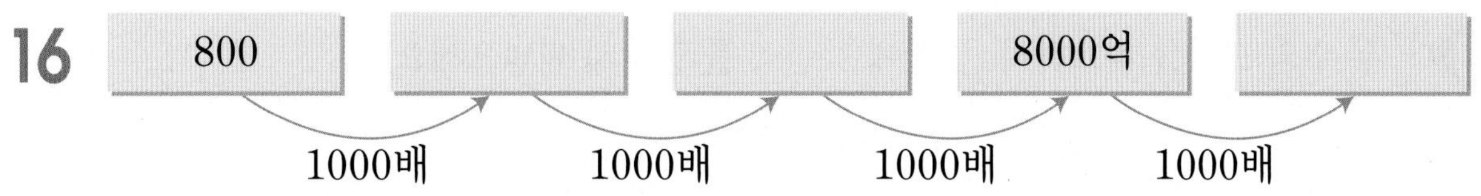

7. 큰 수의 크기 비교하기

자릿수가 다른 경우

10756 < 102357
(5자리 수) (6자리 수)

➡ 자릿수가 다를 때에는 자릿수가 많은 쪽이 더 큰 수입니다.

자릿수가 같은 경우

179543062 > 170649079
9>0

➡ 자릿수가 같으면 높은 자리부터 차례로 비교하여 높은 자리 숫자가 큰 쪽이 더 큰 수입니다.

원리 확인 1 두 수를 보고 물음에 답해 보세요.

㉮ 89700 ㉯ 1003450

(1) ㉮와 ㉯는 각각 몇 자리 수인가요?

㉮ ( ), ㉯ ( )

(2) ㉮와 ㉯ 중에서 어느 것이 더 크나요?

( )

원리 확인 2 두 수의 크기를 비교하려면 어느 자리의 숫자를 비교해야 하나요?

(1) 75435600 75440500 ( )

(2) 3억 1740만 3억 1690만 ( )

원리 확인 3 두 수의 크기를 비교하여 ○ 안에 >, <를 알맞게 써넣으세요.

8937만 ○ 8957만

1 두 수의 크기를 비교하여 ○ 안에 >, <를 알맞게 써넣으세요.

(1) 54326782 ○ 945012

(2) 330189 ○ 439124

(3) 45억 1297만 ○ 45억 1290만

(4) 178조 1590억 ○ 1003조 57억

1. • 두 수의 자릿수를 비교하여 자릿수가 많은 쪽이 더 큰 수입니다.
• 두 수의 자릿수가 같은 경우에는 높은 자리부터 차례로 비교하여 높은 자리 숫자가 큰 쪽이 더 큰 수입니다.

2 더 큰 수의 기호를 써 보세요.

㉠ 367805435634
㉡ 367805086507

(　　　　　)

2. 두 수의 자릿수가 같은 경우에는 높은 자리 숫자부터 차례로 비교합니다.

3 가장 큰 수에 ○표, 가장 작은 수에 △표 하세요.

(1) 25043 (　　)
194560 (　　)
200493 (　　)

(2) 359조 4700억 (　　)
367조 5887만 (　　)
1359억 9766만 (　　)

4 0에서 9까지의 숫자 중에서 □ 안에 들어갈 수 있는 숫자를 모두 구해 보세요.

2846793612048 < 2846□02530000

(　　　　　)

4. 자릿수가 같으므로 높은 자리 숫자부터 차례로 비교한 후 □ 안에 들어갈 수 있는 숫자를 구합니다.

수의 크기를 비교하여 ○ 안에 >, <를 알맞게 써넣으세요. [1~9]

1 1849002700 ○ 423283290

2 2873232400 ○ 2879292800

3 2374090000 ○ 274063020000

4 347480208340000 ○ 347450283240000

5 574300000000 ○ 오백육십칠억 팔천사백이십일만

6 5558822000000 ○ 사조 오천팔백이십억 칠백만

7 623조 178억 ○ 623조 178만

8 8282923190560000 ○ 8482조 9000만

9 9478조 478억 ○ 9488243900000000

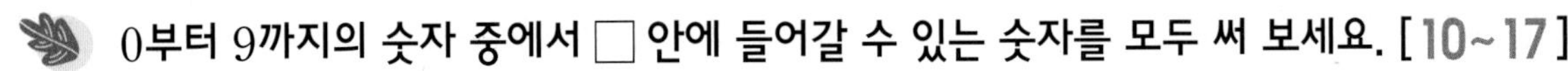

0부터 9까지의 숫자 중에서 □ 안에 들어갈 수 있는 숫자를 모두 써 보세요. [10~17]

10 $65370543 < 65370\square56$ ➡ ______

11 $103540765 > 10\square679653$ ➡ ______

12 $2409\square6723 < 240957821$ ➡ ______

13 $823\square80357 > 823765249$ ➡ ______

14 $53274\square427 < 532745214$ ➡ ______

15 $736245872 > 7\square3248164$ ➡ ______

16 $123\square763245 < 1234567890$ ➡ ______

17 $68\square54768321 > 68573424958$ ➡ ______

step 4 유형 콕콕

01 □ 안에 알맞은 수를 써넣으세요.

10000이 2개
1000이 9개
100이 0개 ─ 이면 □
10이 3개
1이 7개

02 수를 읽어 보세요.

(1) 10000 ➡ (   )

(2) 20000 ➡ (   )

(3) 58000 ➡ (   )

(4) 73000 ➡ (   )

03 숫자로 써 보세요.

(1) 삼만 사천오백삼십팔
➡ (   )

(2) 육만 오천백칠십사
➡ (   )

(3) 이만 천사십일
➡ (   )

(4) 구만 육백
➡ (   )

04 □ 안에 알맞게 써넣으세요.

10000이 2개, 1000이 7개, 100이 8개, 10이 5개, 1이 9개이면 □라 쓰고, □라고 읽습니다.

05 □ 안에 알맞은 수를 써넣으세요.

8	2	1	4	6	9	7	3
천	백	십	일	천	백	십	일
			만				일

82146973은 만이 □개, 일이 □개인 수입니다.

06 수를 보고 □ 안에 알맞은 수를 써넣으세요.

72031869

(1) 천만의 자리 숫자는 □이고 □을 나타냅니다.

(2) 백만의 자리 숫자는 □이고 □을 나타냅니다.

07 수를 보기와 같이 나타내 보세요.

보기
이천삼백오십만 사천구십일
➡ 2350만 4091 ➡ 23504091

오천구백이십팔만 삼천팔백육
➡ (   )
➡ (   )

08 □ 안에 알맞은 수를 쓰고, 읽어 보세요.

만이 480개, 일이 7359개이면 □
➡ (   )

09 □ 안에 알맞은 수를 써넣으세요.

5931476420000에서 5는 조의 자리 숫자이고 □를 나타냅니다.
또, 9는 천억의 자리 숫자이고 □을 나타냅니다.

10 □ 안에 알맞은 수를 써넣으세요.

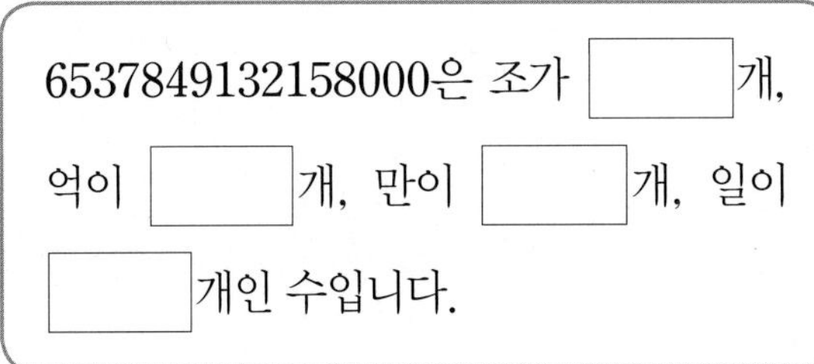

6537849132158000은 조가 □개, 억이 □개, 만이 □개, 일이 □개인 수입니다.

11 수를 읽어 보세요.

(1) 216000000000000

➡ ______________________

(2) 5163072400000000

➡ ______________________

(3) 8419370200000000

➡ ______________________

12 숫자로 써 보세요.

(1) 억이 2701개, 만이 946개, 일이 3765개인 수

➡ ______________________

(2) 사백오십칠조 천삼백억

➡ ______________________

(3) 천구백육십일조 사천이백십팔억

➡ ______________________

13 빈칸에 알맞은 수를 써넣으세요.

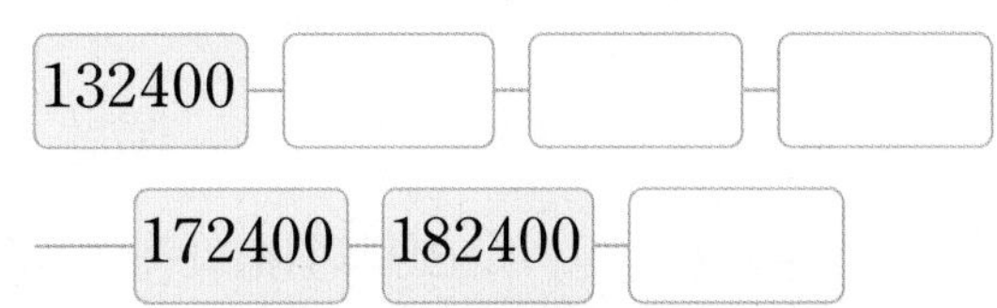

14 빈칸에 알맞은 수를 써넣으세요.

15 빈칸에 알맞은 수를 써넣으세요.

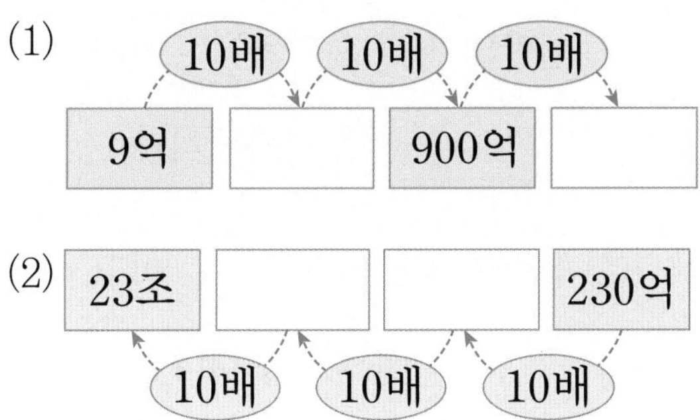

16 두 수의 크기를 비교하여 ○ 안에 >, <를 알맞게 써넣으세요.

1672조 3485억 ○ 1673조 348억

단원 평가

1. 큰 수

점수

01 □ 안에 알맞은 수를 써넣으세요.

10000은 9000보다 □ 만큼 더 큰 수이고, □ 보다 100만큼 더 큰 수입니다.

02 □ 안에 알맞은 수를 써넣으세요.

10000이 4개
1000이 0개
100이 3개 ─ 이면 □
10이 1개
1이 9개

03 수를 보고 □ 안에 알맞은 수를 써넣으세요.

35261987

(1) 천만의 자리 숫자는 □ 이고 □ 을 나타냅니다.

(2) 십만의 자리 숫자는 □ 이고 □ 을 나타냅니다.

04 수를 읽어 보세요.

(1) 82073270000

➡ ____________________

(2) 9034072500000000

➡ ____________________

05 숫자로 써 보세요.

(1) 사백이십만 천팔백구

➡ ____________________

(2) 오천팔백구억 삼천만

➡ ____________________

06 다음 수에서 십조의 자리 숫자는 어떤 숫자인지 찾아 써 보세요.

1548670023589260

(　　　　　　　　)

07 숫자로 나타낼 때 0의 개수는 모두 몇 개인지 써 보세요.

팔천조 사백구억 이천이십만

(　　　　　　　　)

08 보기 와 같이 나타내 보세요.

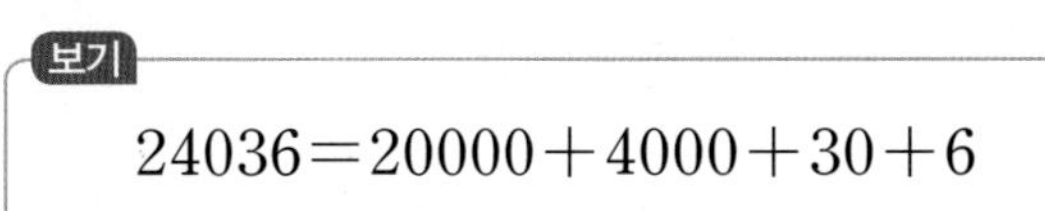

보기

24036=20000+4000+30+6

82927=☐+☐+☐+☐+☐

09 78321500에서 숫자 7은 어느 자리의 숫자이고, 나타내는 값은 얼마인가요?

(　　　)의 자리, (　　　　　)

10 823470015000에서 숫자 2는 어느 자리의 숫자이고, 나타내는 값은 얼마인가요?

(　　　)의 자리, (　　　　　)

11 516275983230000은 조가 ☐개, 억이 ☐개, 만이 ☐개인 수입니다.

다음을 보고 물음에 답해 보세요. [12~15]

㉠ 이십칠조 오천구백십사억 팔십오만
㉡ 72조 2598만 25
㉢ 589억 324만의 10배인 수
㉣ 10958274000000
㉤ 7820억 47만보다 100억만큼 더 큰 수

12 가장 큰 수를 찾아 기호를 써 보세요.

(　　　　　)

13 가장 작은 수부터 차례대로 기호를 써 보세요.

(　　　　　)

14 백억의 자리 숫자가 5인 수를 찾아 기호를 써 보세요.

(　　　　　)

15 숫자 2가 20억을 나타내는 수는 어느 것인지 기호를 써 보세요.

(　　　　　)

16 뛰어 세는 규칙에 맞도록 빈 곳에 알맞은 수를 써넣으세요.

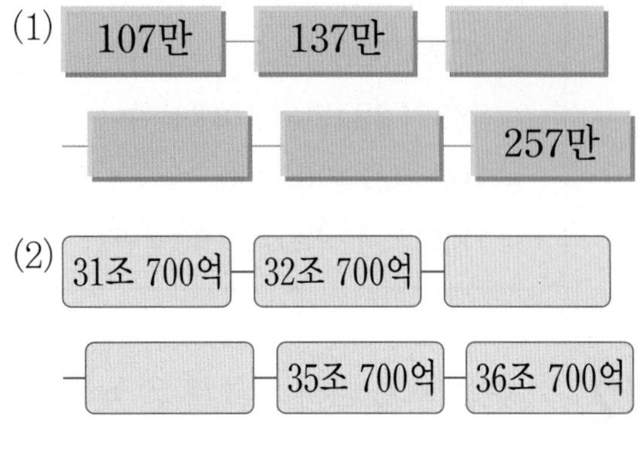

(3) 1조

3000억 작은 수　　3000억 큰 수

17 □ 안에 0부터 9까지 어느 숫자를 넣어도 됩니다. 가장 작은 수부터 차례대로 기호를 써 보세요.

㉠ 2799□78060
㉡ 27990606□□
㉢ 279906□875
㉣ 27□0645740

(　　　　　　)

18 두 수의 크기를 비교하여 ○ 안에 >, <를 알맞게 써넣으세요.

(1) 378만 2900 ○ 37743600

(2) 8234억 7200만 ○ 8240억

19 가장 큰 수에 ○표, 가장 작은 수에 △표 하세요.

65042598 (　　　　)
15435292 (　　　　)
1035529800 (　　　　)

20 가장 큰 수부터 차례대로 기호를 써 보세요.

㉠ 10000이 7개, 1000이 5개, 100이 3개, 10이 6개, 1이 0개인 수
㉡ 80000＋2000＋30＋5
㉢ 칠만 육천사십팔

(　　　　　　)

단원 2

각도

이번에 배울 내용

1. 각의 크기 비교하기, 각의 크기 재기
2. 각을 크기에 따라 분류하기
3. 각도를 어림하고 합과 차 구하기
4. 삼각형의 세 각의 크기의 합 알아보기
5. 사각형의 네 각의 크기의 합 알아보기

이전에 배운 내용

- 각과 직각 알아보기
- 직각삼각형 알아보기
- 직사각형, 정사각형 알아보기

다음에 배울 내용

- 각의 크기에 따라 삼각형 분류하기
- 이등변삼각형, 정삼각형의 성질

step 1 원리 꼼꼼

1. 각의 크기 비교하기, 각의 크기 재기

각의 크기 비교하기

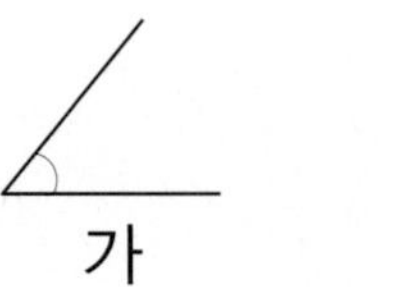

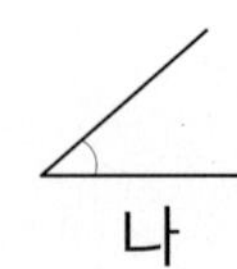

각의 크기는 그려진 변의 길이와 관계없이 두 변이 벌어진 정도에 따라 비교할 수 있습니다.

가는 나보다 두 변의 벌어진 정도가 크므로 가는 나보다 각의 크기가 더 큽니다.

각의 크기를 나타내는 단위 알아보기

- 각의 크기를 각도라고 합니다.
- 직각의 크기를 똑같이 90으로 나눈 것 중 하나를 1도라 하고, 1°라고 씁니다.

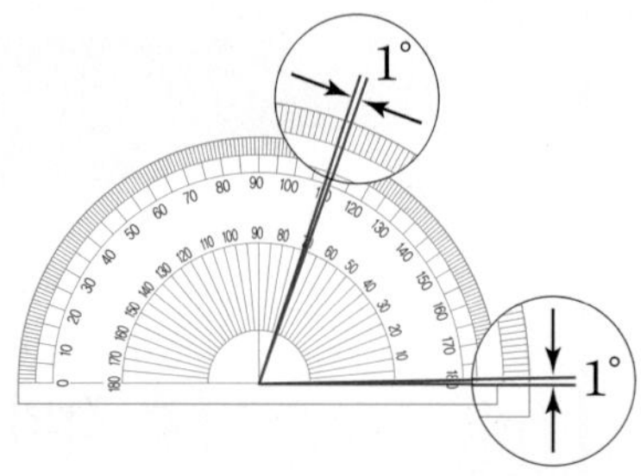

각도기를 사용하여 각의 크기를 재기

① 각의 꼭짓점 ㄴ에 각도기의 중심을 맞춥니다.
② 각도기의 밑금을 변 ㄴㄷ에 맞춥니다.
③ 변 ㄴㄱ과 만나는 눈금을 읽습니다.
➡ 따라서 각도는 40°입니다.

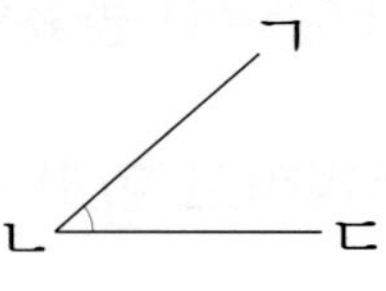

원리 확인 1 깃을 더 넓게 편 공작에 ○표 하세요.

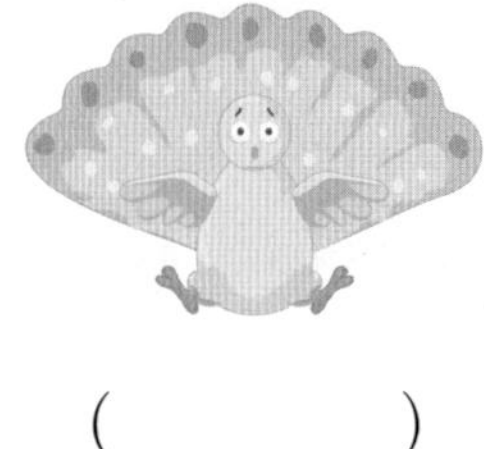

(　　　　)　　(　　　　)

원리 확인 2 각도기로 각 ㄱㄴㄷ의 크기를 재려고 합니다. □ 안에 알맞게 써넣으세요.

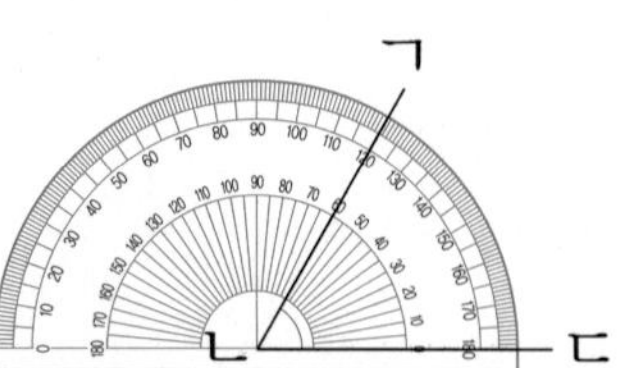

(1) 꼭짓점 □에 각도기의 중심을 맞춥니다.

(2) 각도기의 밑금을 변 □에 맞춥니다.

(3) 변 ㄴㄱ과 만나는 눈금은 □이므로 각 ㄱㄴㄷ의 크기는 □°입니다.

step 2 원리 탄탄

기본 문제를 통해 개념과 원리를 다져요.

2 단원

1 가장 큰 각부터 순서대로 번호를 써 보세요.

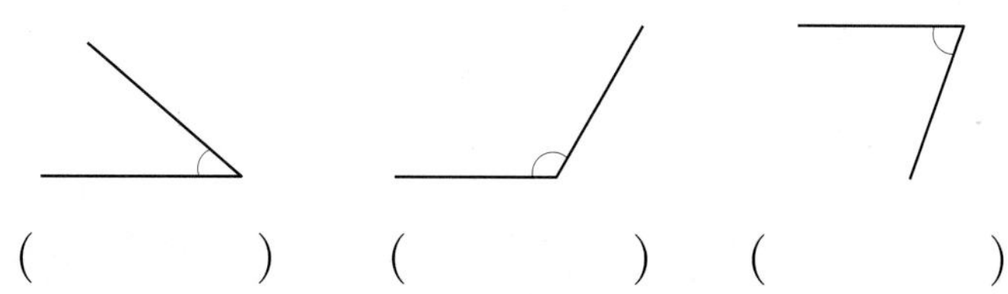

(　　　　) (　　　　) (　　　　)

> 1. 투명 종이에 하나의 각의 본을 떠서 다른 각에 겹쳐 보는 방법으로 각의 크기를 비교할 수도 있습니다.

2 각도를 바르게 잰 것은 어느 것인가요? (　　　　)

① 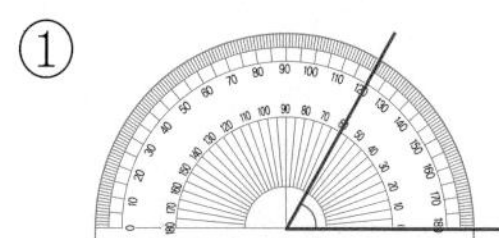 120°

② 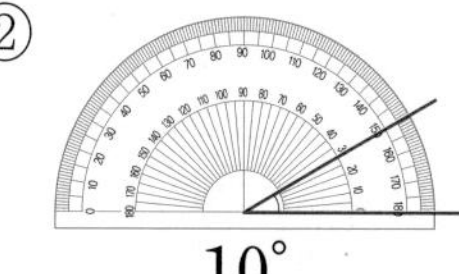 10°

③ 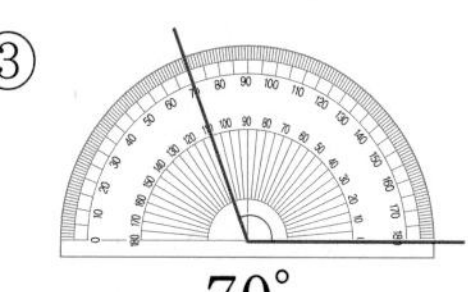 70°

④ 140°

⑤ 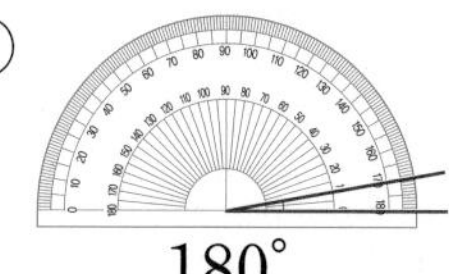 180°

3 각도를 읽어 보세요.

(1) 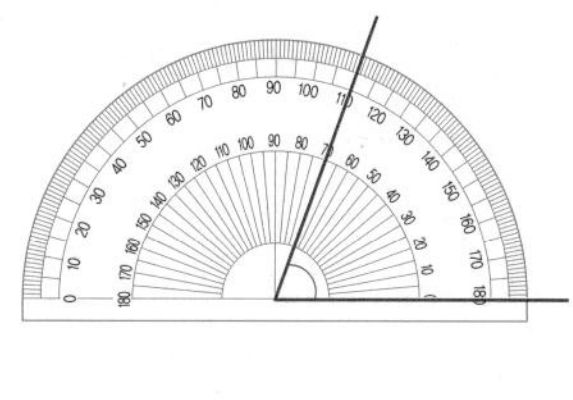

(　　　　　　)

(2) 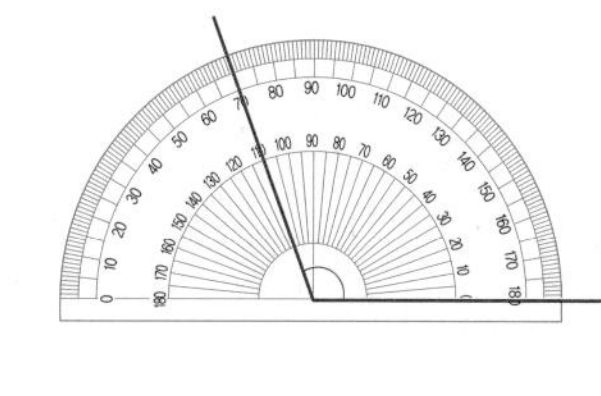

(　　　　　　)

4 각도기로 각도를 재어 보세요.

(1) 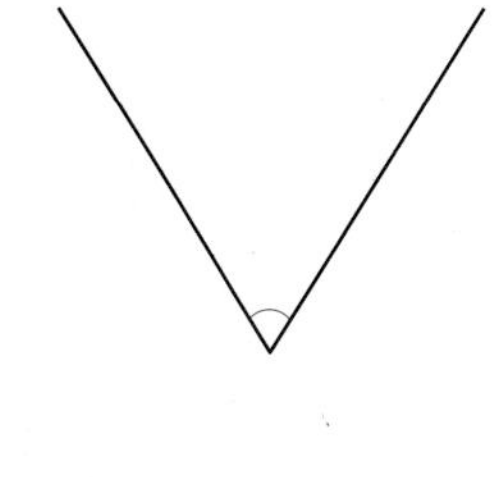

(　　　　　　)

(2) 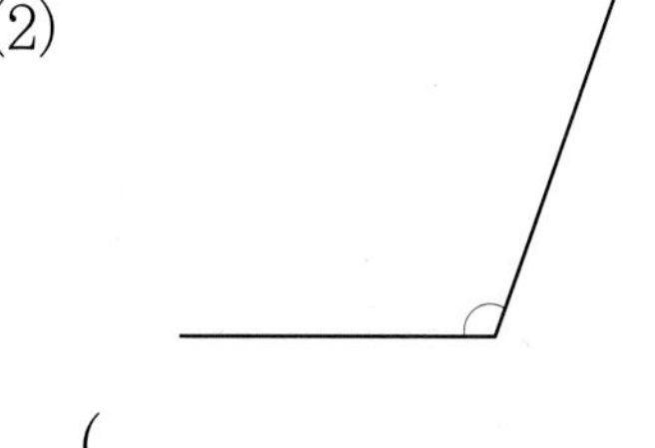

(　　　　　　)

> 4. 각의 꼭짓점에 각도기의 중심을 맞추고, 각도기의 밑금을 각의 한 변에 잘 맞춘 후 나머지 한 변과 만나는 눈금을 읽습니다.

원리 척척

가장 큰 각을 찾아 기호를 써 보세요. [1~5]

1 가 나 다

(　　　　　　)

2 가 나 다

(　　　　　　)

3 가 나 다

(　　　　　　)

4 가 나 다

(　　　　　　)

5 가 나 다

(　　　　　　)

각도를 읽어 보세요. [6~11]

6
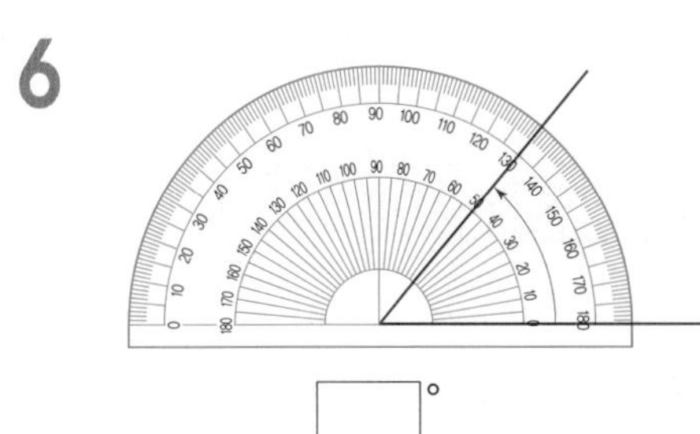
□°

7
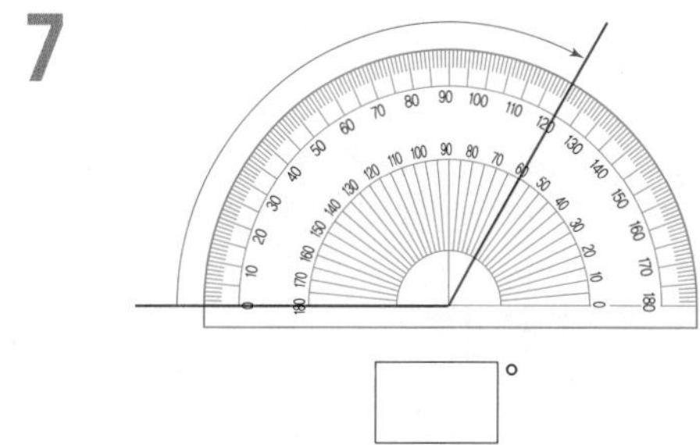
□°

8
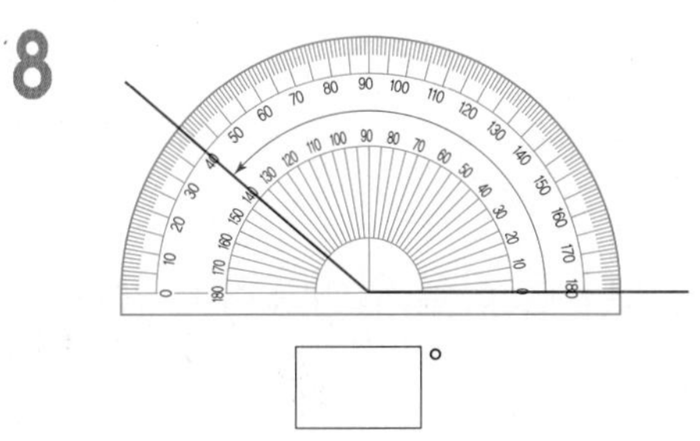
□°

9
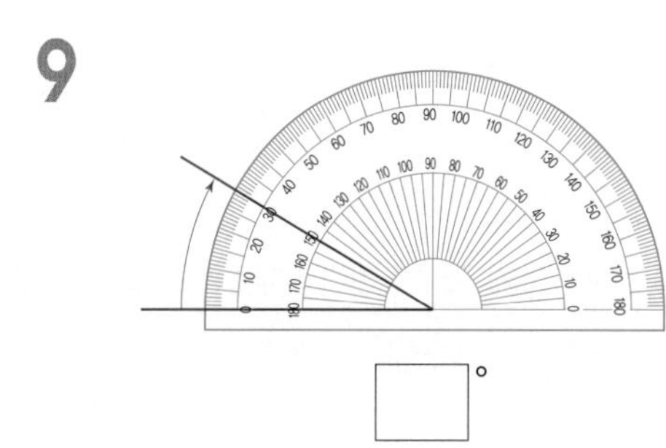
□°

10
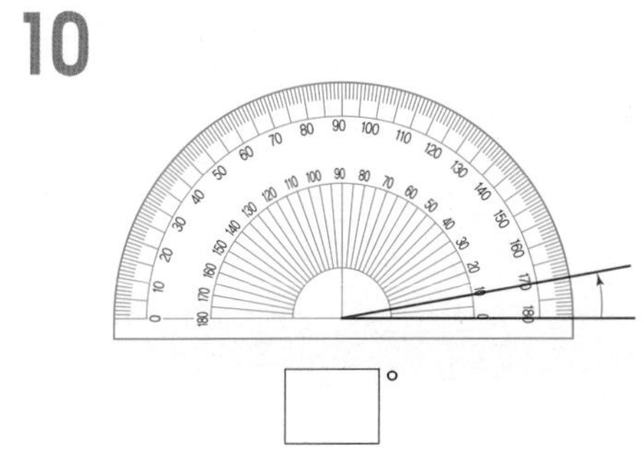
□°

11
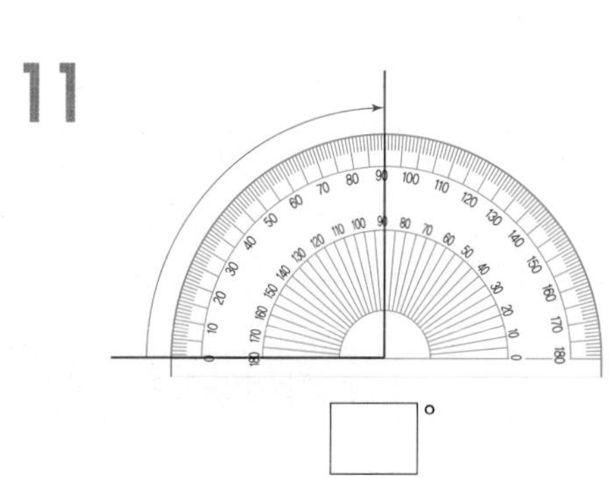
□°

각도기로 각도를 재어 보세요. [12~15]

12
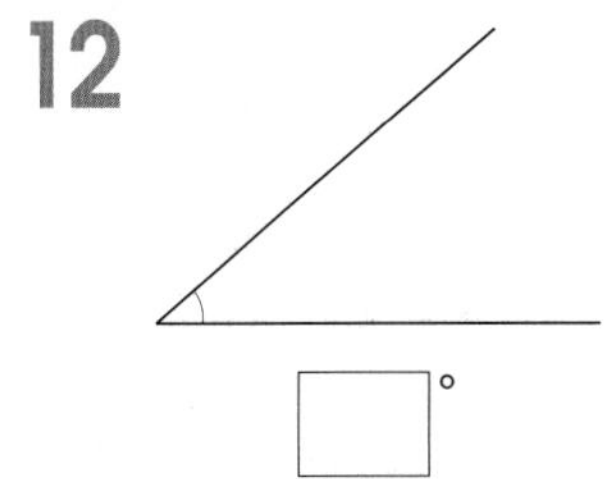
□°

13
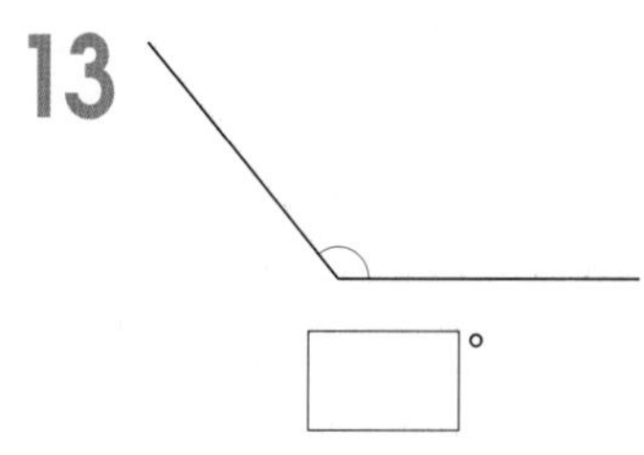
□°

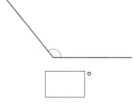

14
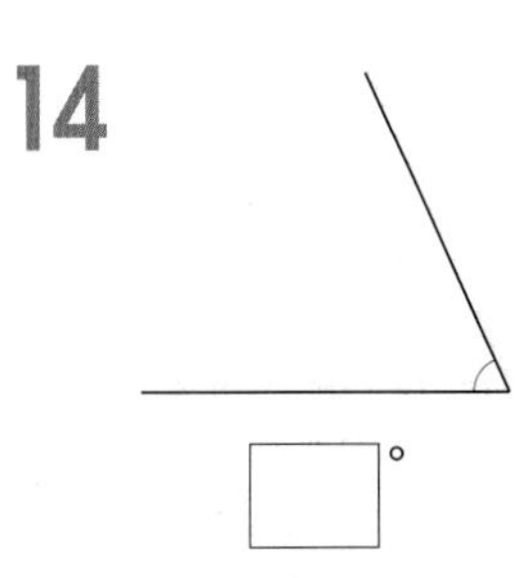
□°

15
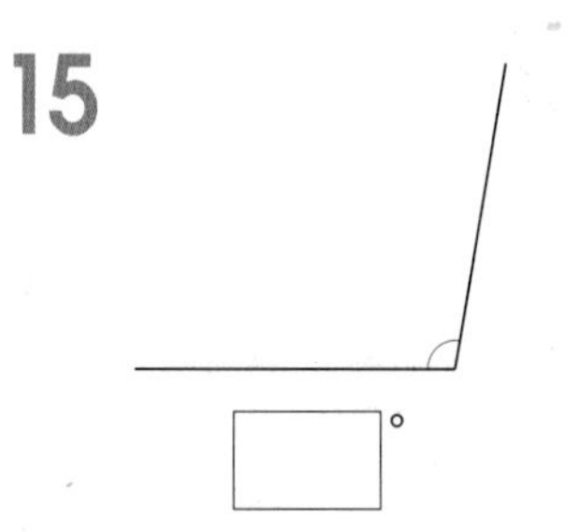
□°

원리 꼼꼼

2. 각을 크기에 따라 분류하기

직각보다 작은 각 알아보기

각도가 0°보다 크고 직각보다 작은 각을 예각이라고 합니다.

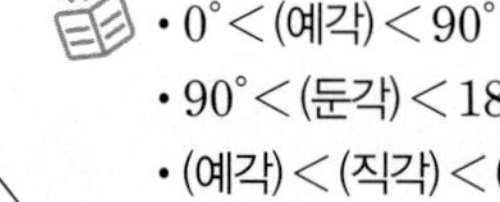

- $0° <$ (예각) $< 90°$
- $90° <$ (둔각) $< 180°$
- (예각) $<$ (직각) $<$ (둔각)

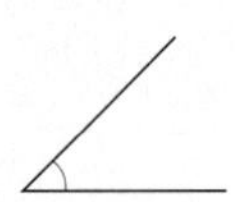
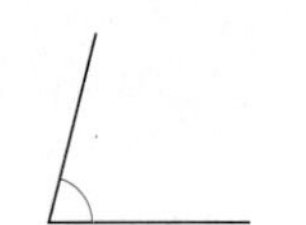
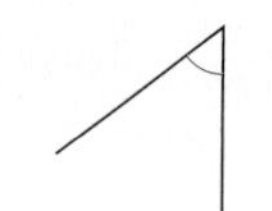

직각보다 큰 각 알아보기

각도가 직각보다 크고 180°보다 작은 각을 둔각이라고 합니다.

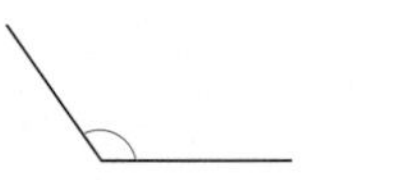
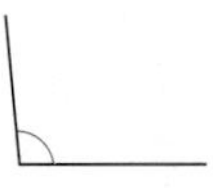

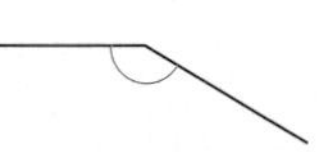

원리 확인 1

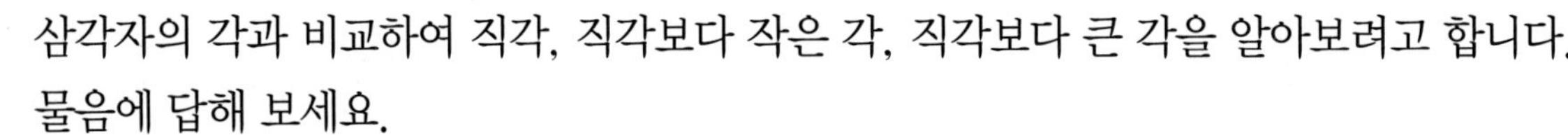

삼각자의 각과 비교하여 직각, 직각보다 작은 각, 직각보다 큰 각을 알아보려고 합니다. 물음에 답해 보세요.

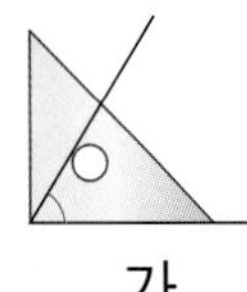
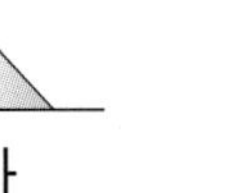
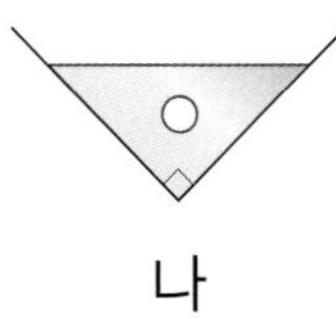
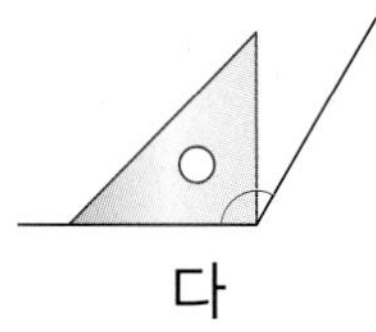
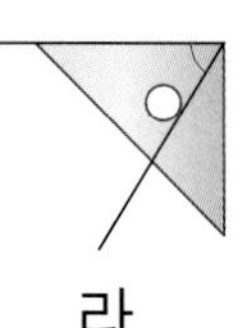

가 나 다 라

(1) 빈 곳에 알맞은 기호를 써넣으세요.

직각보다 작은 각	직각	직각보다 큰 각

(2) □ 안에 알맞은 말을 써넣으세요.

각도가 0°보다 크고 직각보다 작은 각을 □이라 하고, 각도가 직각보다 크고 180°보다 작은 각을 □이라고 합니다.

원리 확인 2 각을 보고 □ 안에 예각과 둔각을 알맞게 써넣으세요.

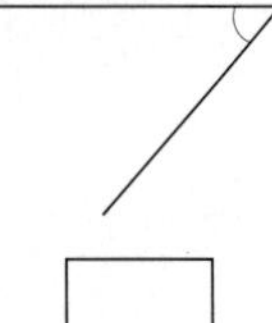
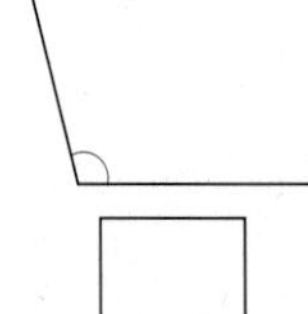
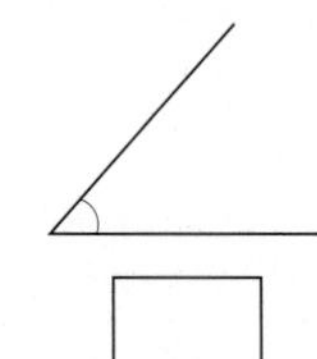
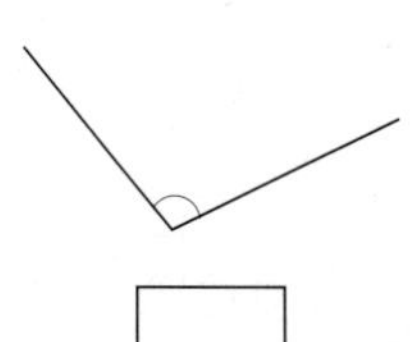

원리 탄탄

기본 문제를 통해 개념과 원리를 다져요.

1 각을 보고 물음에 답해 보세요.

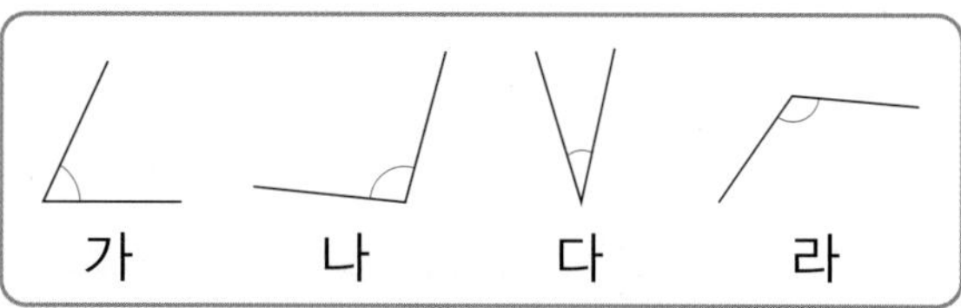

(1) 예각을 모두 찾아 기호를 써 보세요.

( )

(2) 둔각을 모두 찾아 기호를 써 보세요.

( )

2 시계의 긴바늘과 짧은바늘이 이루는 작은 쪽의 각이 예각인 경우와 둔각인 경우를 각각 찾아 기호를 써 보세요.

예각 ( )

둔각 ( )

3 오른쪽 그림에서 찾을 수 있는 예각에는 ○표, 둔각에는 ×표, 직각에는 △표 하세요.

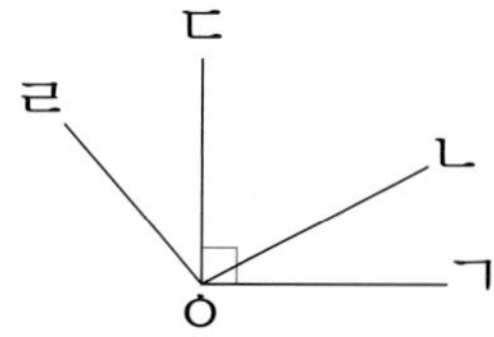

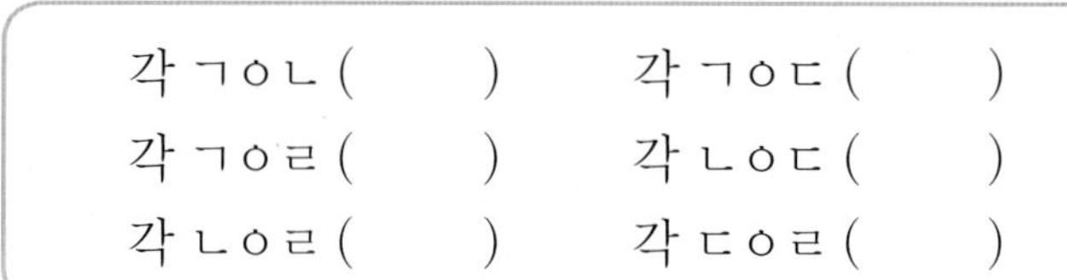

각 ㄱㅇㄴ ( )	각 ㄱㅇㄷ ( )
각 ㄱㅇㄹ ( )	각 ㄴㅇㄷ ( )
각 ㄴㅇㄹ ( )	각 ㄷㅇㄹ ( )

4 주어진 각의 한 변을 이용하여 예각과 둔각을 그려 보세요.

(1)

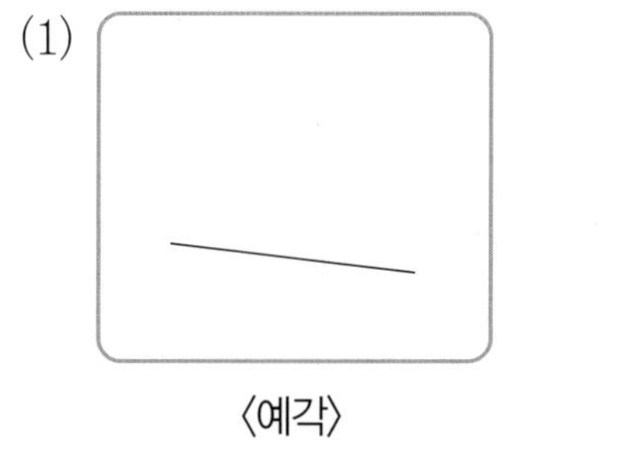

〈예각〉

(2)

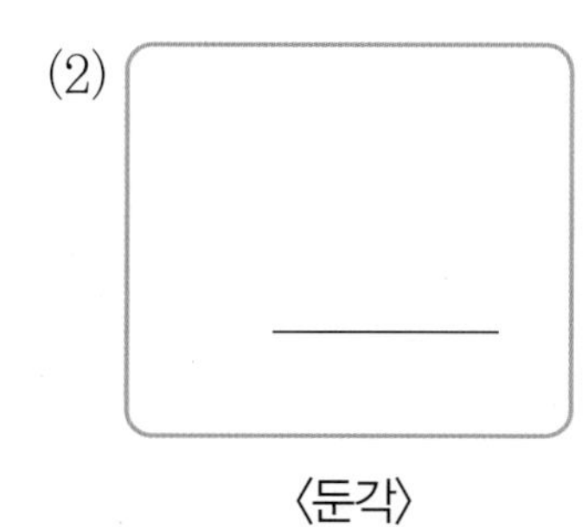

〈둔각〉

1. • $0° <$ (예각) $< 90°$
• $90° <$ (둔각) $< 180°$

2. 1시간 동안 시계의 짧은 바늘이 움직이는 각도는 $360° \div 12 = 30°$입니다.

2 단원

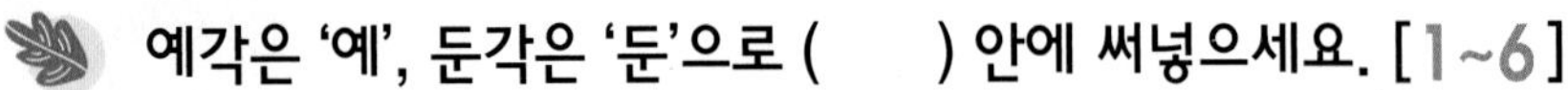

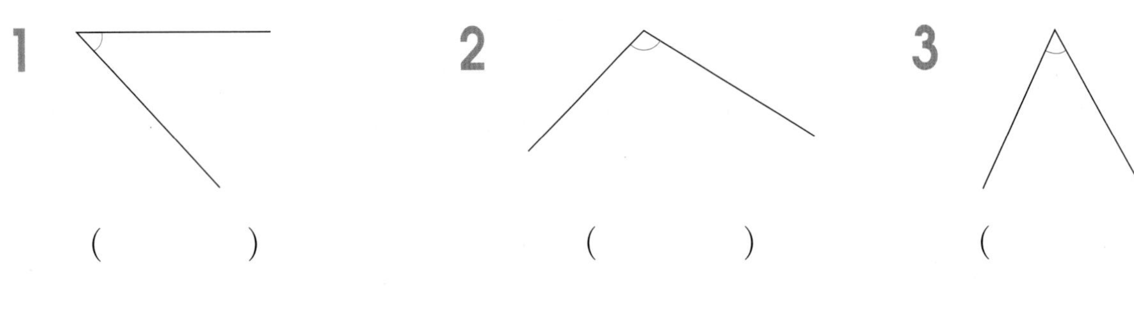

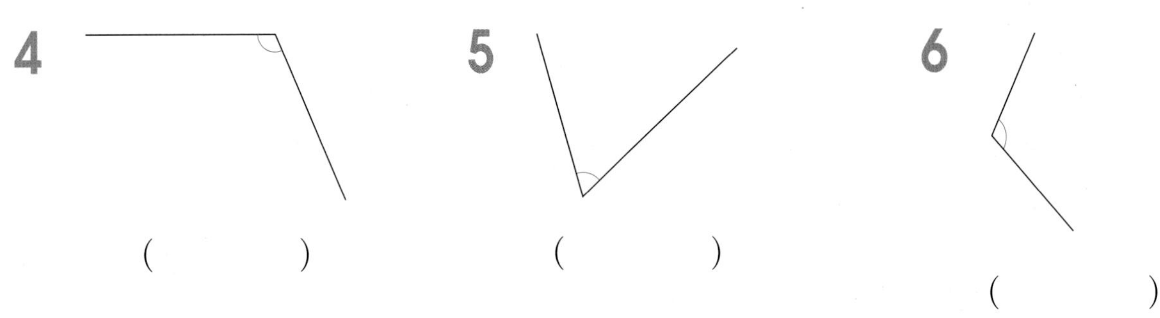

주어진 각의 한 변을 이용하여 예각과 둔각을 그려 보세요. [7~10]

시계의 긴바늘과 짧은바늘이 이루는 작은 쪽의 각이 예각인 것은 '예', 직각인 것은 '직', 둔각인 것은 '둔'으로 (　　) 안에 써넣으세요. [11~25]

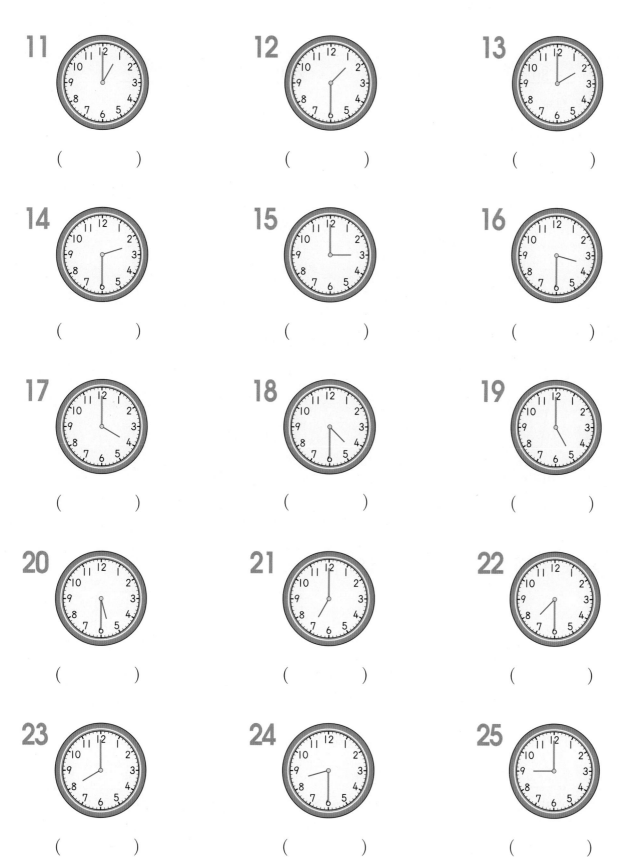

11

(　　　　)

12

(　　　　)

13

(　　　　)

14

(　　　　)

15

(　　　　)

16

(　　　　)

17

(　　　　)

18

(　　　　)

19

(　　　　)

20

(　　　　)

21

(　　　　)

22

(　　　　)

23

(　　　　)

24

(　　　　)

25

(　　　　)

3. 각도를 어림하고 합과 차 구하기

동영상강의

각도를 어림하기

주어진 각을 비교하여 어림합니다.

삼각자의 각과 비교하여 어림합니다.

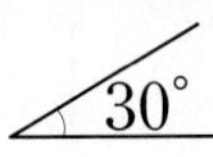

30° 45° 60° 90°

어림한 각은 실제 크기와 다를 수 있습니다.

각도의 합과 차 구하기

각도의 합과 차는 자연수의 덧셈, 뺄셈과 같은 방법으로 계산한 다음 단위(°)를 붙입니다.

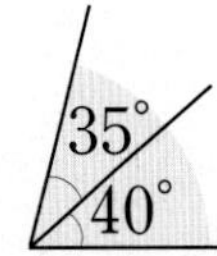

합: 35°+40°=75°

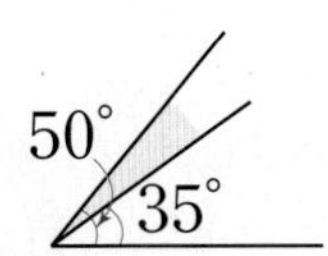

차: 50°−35°=15°

원리 확인 1 각도를 어림해 보고 각도기를 사용하여 재어 보세요.

(1)

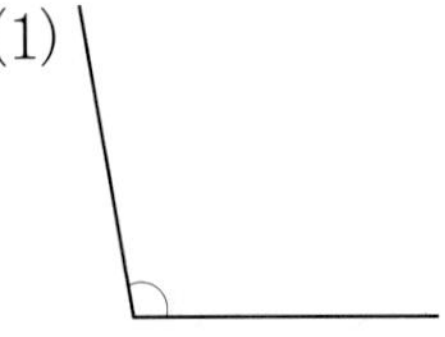

어림한 각도: 약 □°

잰 각도: □°

(2)

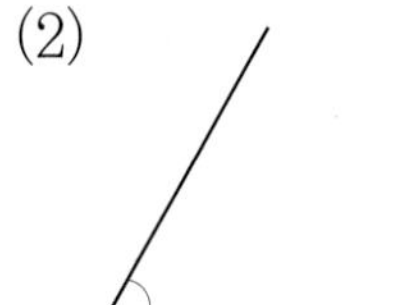

어림한 각도: 약 □°

잰 각도: □°

원리 확인 2 두 각도의 합과 차를 계산해 보세요.

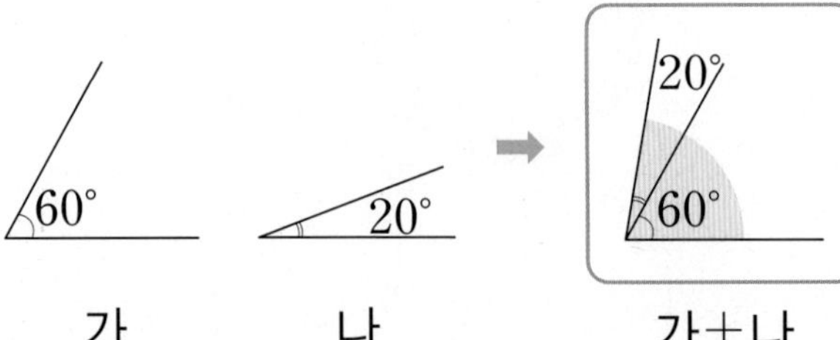

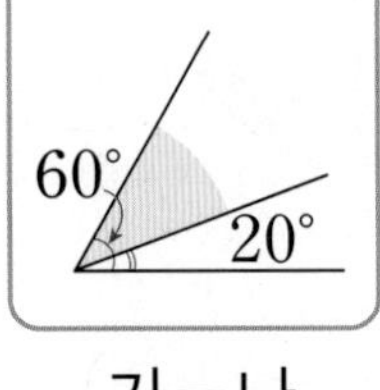

(1) 가+나와 같이 두 각을 겹치지 않게 이어 놓았을 때, 전체의 각도는

□°+□°=□°입니다.

(2) 가−나와 같이 두 각의 한 변을 겹쳐 놓았을 때, 겹치지 않은 부분의 각도는

□°−□°=□°입니다.

2 원리 탄탄

기본 문제를 통해 개념과 원리를 다져요.

1 각도를 어림해 보고 각도기를 사용하여 재어 보세요.

(1)

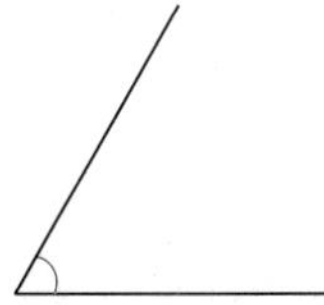

어림한 각도: 약 □°

잰 각도: □°

(2)

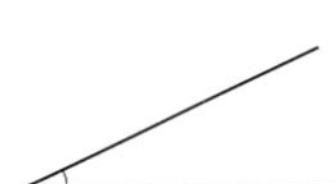

어림한 각도: 약 □°

잰 각도: □°

1. 각도기를 사용하지 않고 각도를 어림하여 알아보는 것을 각도의 어림하기라고 합니다.

2 □ 안에 알맞은 수를 써넣으세요.

(1)

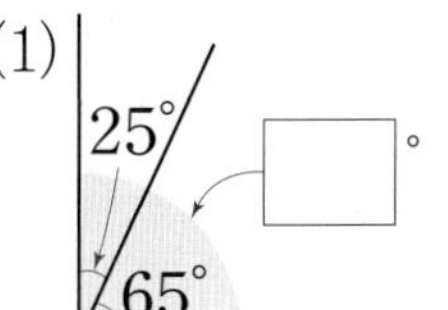

(2)

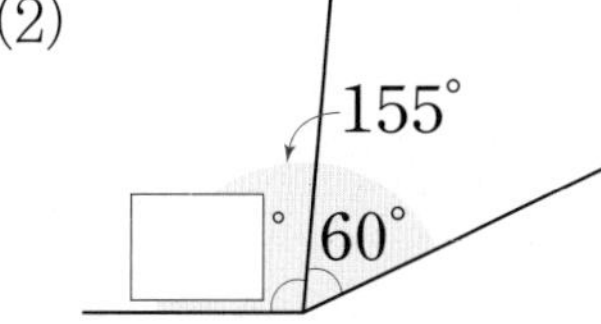

2. 두 각도의 합과 차를 자연수의 덧셈, 뺄셈과 같은 방법으로 계산합니다.

3 각도의 합을 구해 보세요.

(1) $20°+130°$ (2) $125°+80°$

(3) $90°+45°$ (4) $35°+180°$

4 각도의 차를 구해 보세요.

(1) $70°-40°$ (2) $115°-65°$

(3) $90°-15°$ (4) $270°-95°$

2 단원

원리 척척

주어진 각의 각도를 어림하여 쓰고 각도기로 각도를 재어 확인해 보세요. [1~8]

1

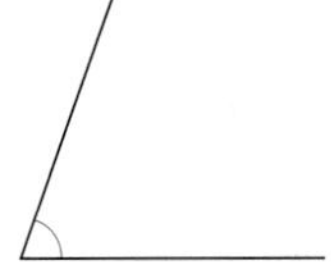

어림한 각도: 약 □°

잰 각도: □°

2

어림한 각도: 약 □°

잰 각도: □°

3

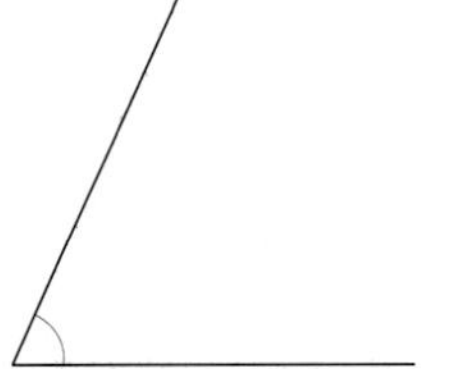

어림한 각도: 약 □°

잰 각도: □°

4

어림한 각도: 약 □°

잰 각도: □°

5

어림한 각도: 약 □°

잰 각도: □°

6

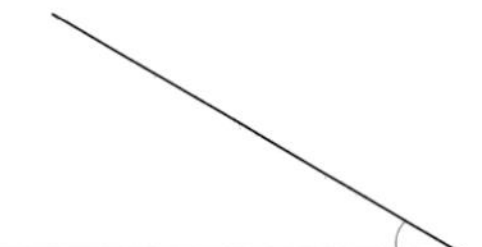

어림한 각도: 약 □°

잰 각도: □°

7

어림한 각도: 약 □°

잰 각도: □°

8

어림한 각도: 약 □°

잰 각도: □°

각도의 합을 구해 보세요. [9~14]

9

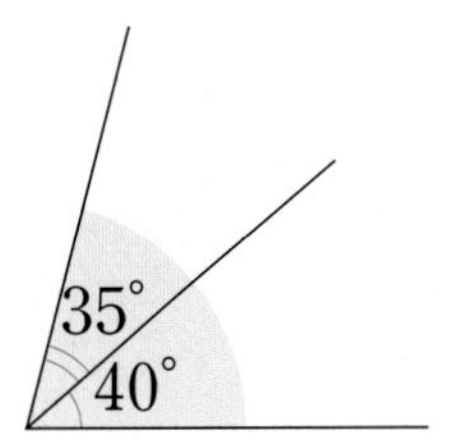

$40° + 35° = \square°$

10

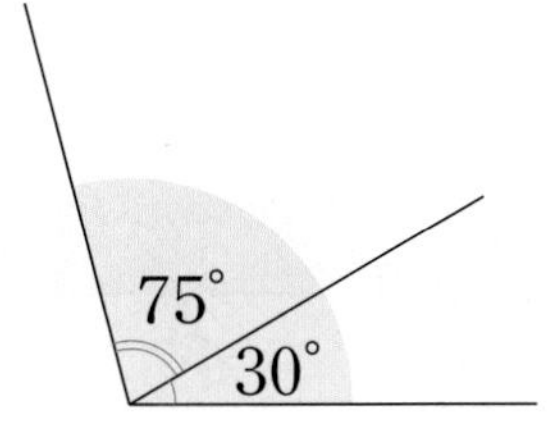

$30° + 75° = \square°$

11

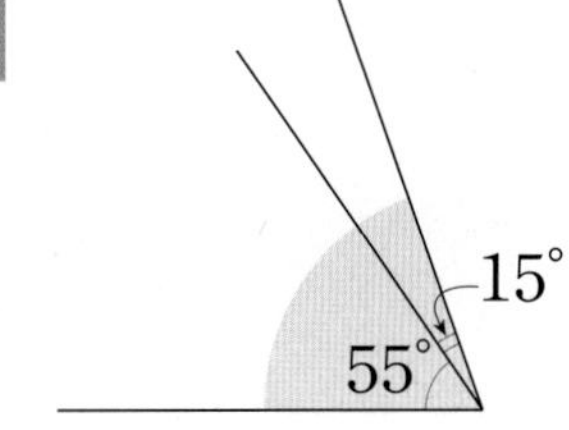

$55° + 15° = \square°$

12

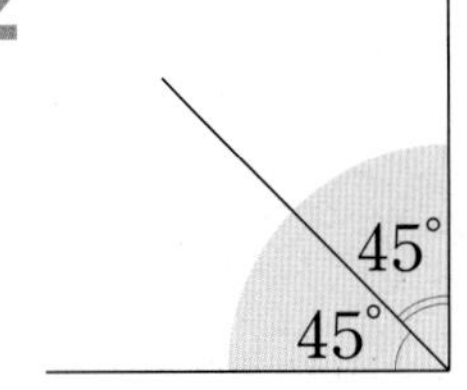

$45° + 45° = \square°$

13

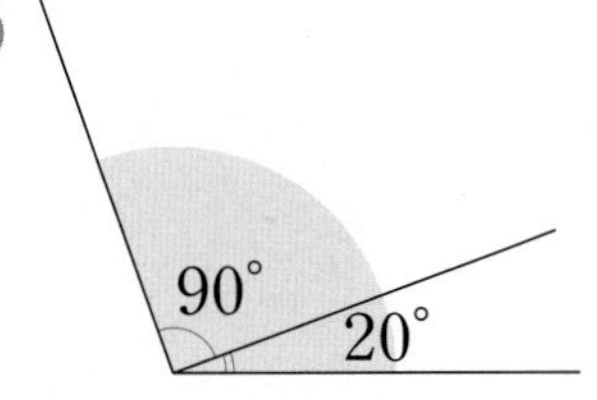

$90° + 20° = \square°$

14

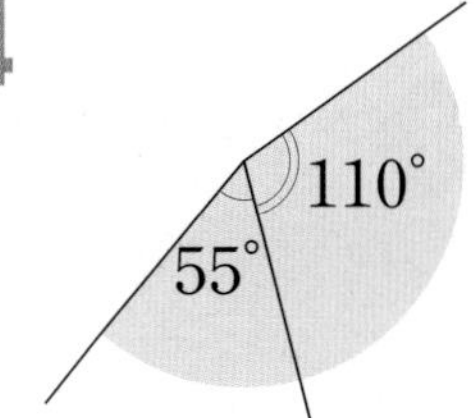

$55° + 110° = \square°$

각도의 차를 구해 보세요. [15~20]

15

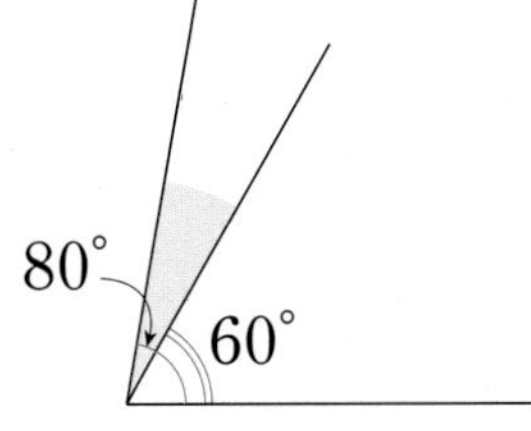

$80° - 60° = \square°$

16

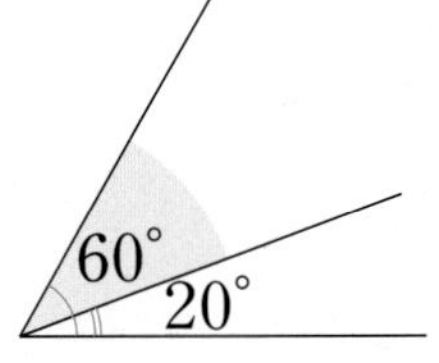

$60° - 20° = \square°$

17

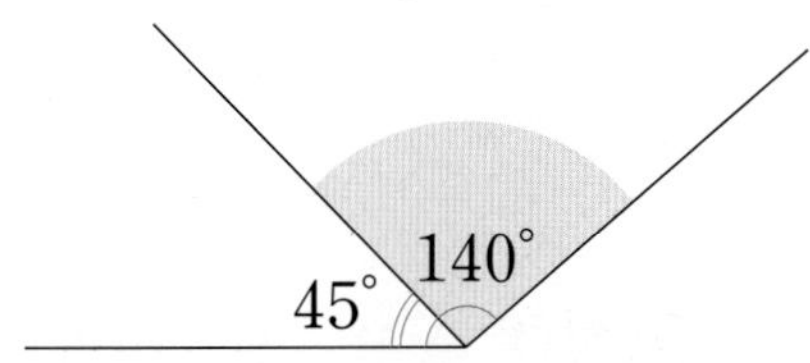

$140° - 45° = \square°$

18

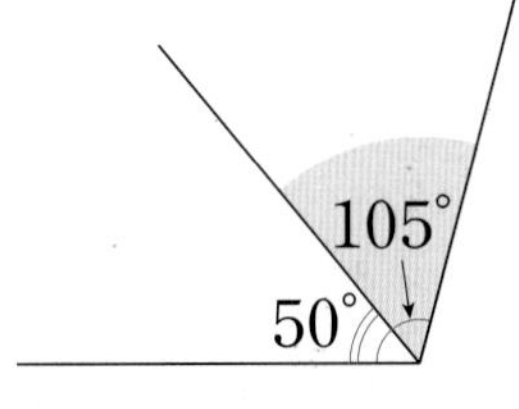

$105° - 50° = \square°$

19

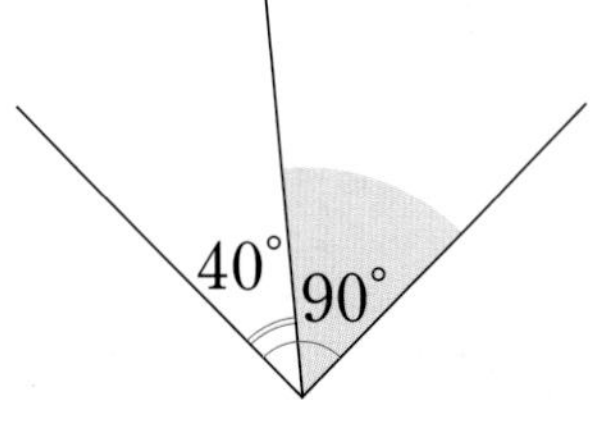

$90° - 40° = \square°$

20

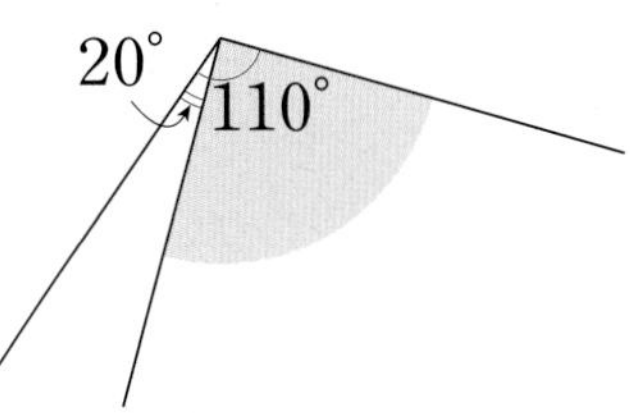

$110° - 20° = \square°$

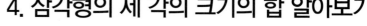

원리 꼼꼼

4. 삼각형의 세 각의 크기의 합 알아보기

삼각형의 세 각의 크기의 합

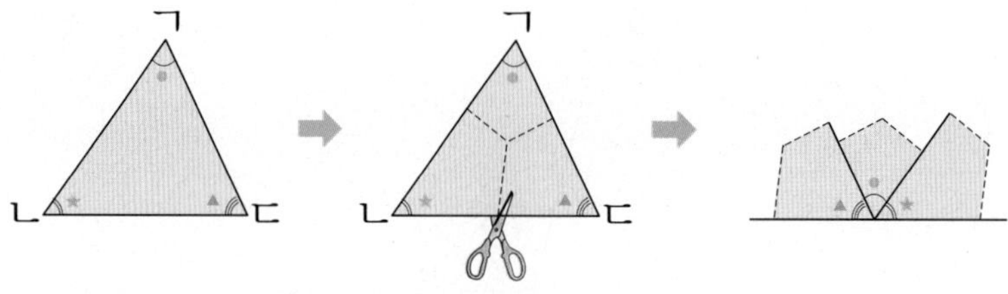

삼각형을 잘라 세 각을 붙이면 한 직선 위에 놓이므로 180°입니다.

삼각형의 세 각의 크기의 합은 180°입니다.

1 삼각형의 세 각의 크기의 합을 각도기로 재어 알아보세요.

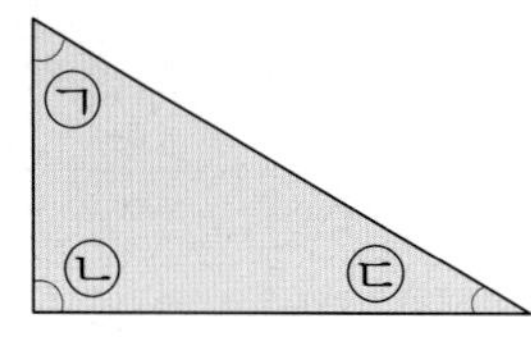

(1) ㉠의 크기는 □°, ㉡의 크기는 □°, ㉢의 크기는 □°입니다.

(2) 삼각형의 세 각의 크기의 합은 □° + □° + □° = □°입니다.

2 삼각형의 세 각의 크기의 합을 종이를 접어서 알아보세요.

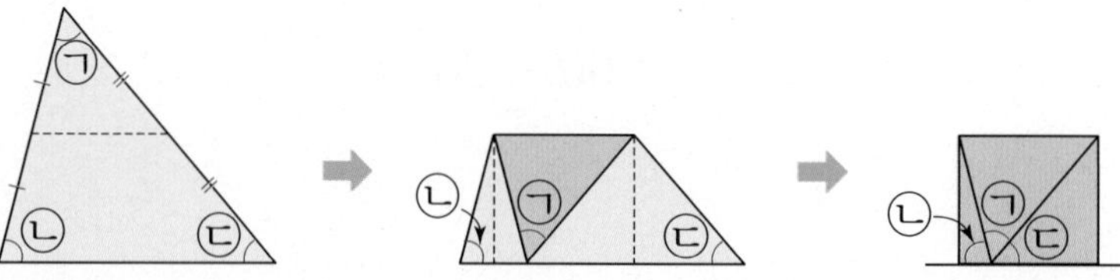

(1) 삼각형을 그림과 같이 점선을 따라 접었을 때 세 각이 한 직선 위에 놓입니다.
직선은 직각이 2개 모인 크기이므로 □°입니다.

(2) 삼각형의 세 각의 크기의 합은 □°입니다.

기본 문제를 통해 개념과 원리를 다져요.

1 각도기로 삼각형의 세 각의 크기를 각각 재어 보고 그 합을 구해 보세요.

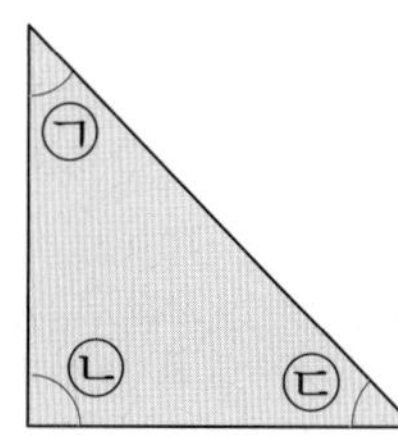

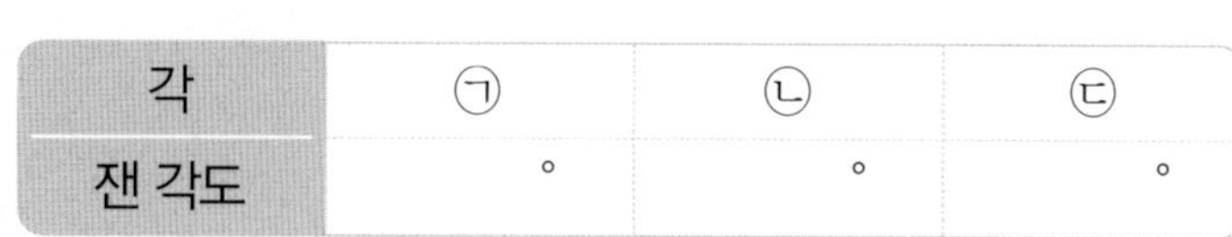

각	㉠	㉡	㉢
잰 각도	°	°	°

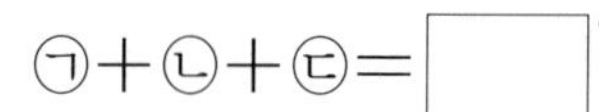

㉠+㉡+㉢= □°

2 □ 안에 알맞은 수를 써넣으세요.

(1)

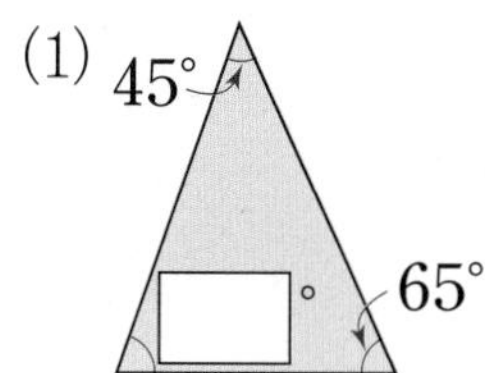

(2)

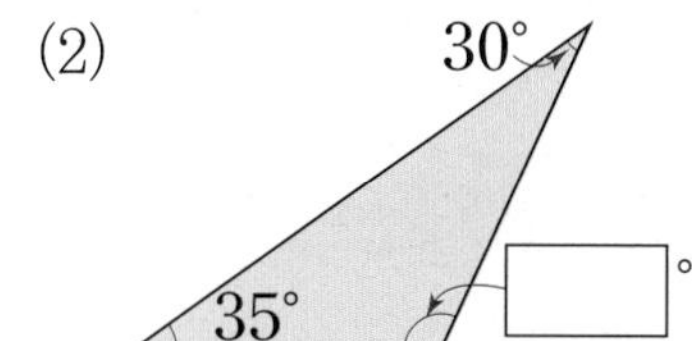

2. 삼각형의 세 각의 크기의 합이 180°임을 이용하여 나머지 각도를 구합니다.

3 도형에서 ㉠과 ㉡의 각도의 합을 구해 보세요.

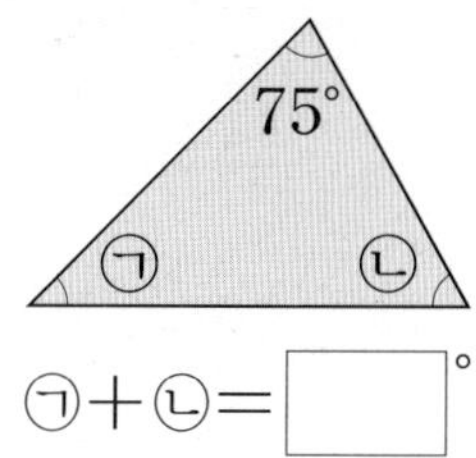

㉠+㉡= □°

3. 세 각의 크기의 합은 75°+㉠+㉡과 같습니다.

4 도형에서 각 ㄴㄱㄷ과 각 ㄹㅁㅂ의 각도의 차를 구해 보세요.

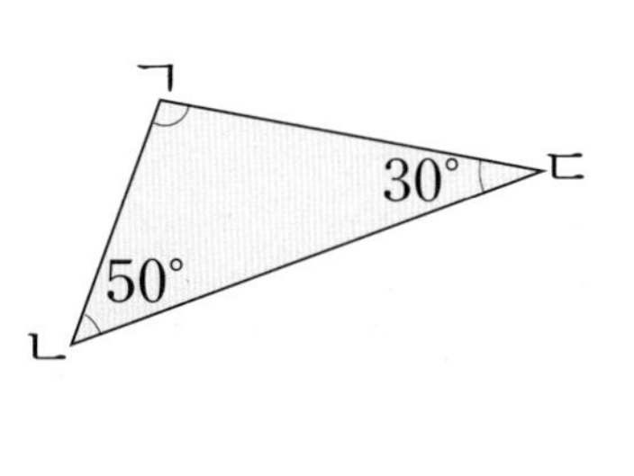

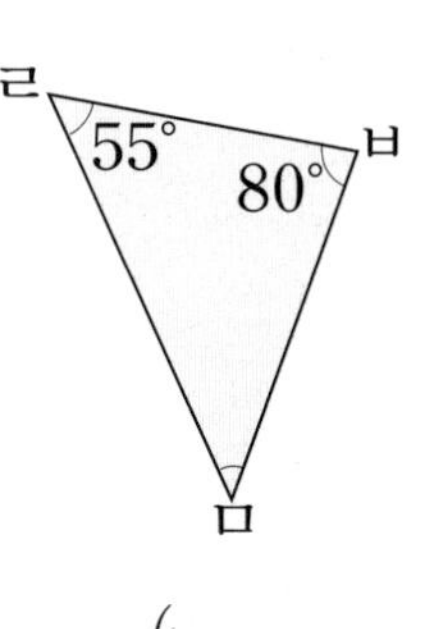

(　　　　　　　　　　)

2 단원

step 3 원리 척척

 각도기로 삼각형의 세 각의 크기를 각각 재어 보고 그 합을 구해 보세요. [1~2]

1

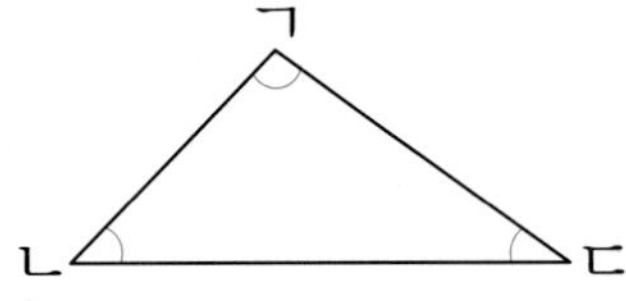

각	각 ㄴㄱㄷ	각 ㄱㄴㄷ	각 ㄱㄷㄴ
잰 각도	°	°	°

세 각의 크기의 합: □°

2

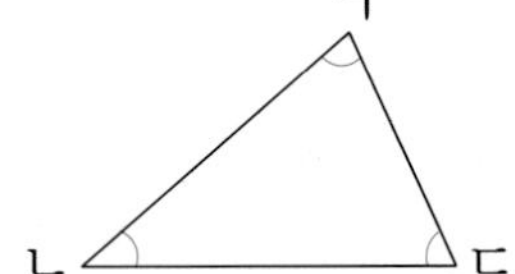

각	각 ㄴㄱㄷ	각 ㄱㄴㄷ	각 ㄱㄷㄴ
잰 각도	°	°	°

세 각의 크기의 합: □°

 □ 안에 알맞은 수를 써넣으세요. [3~8]

3

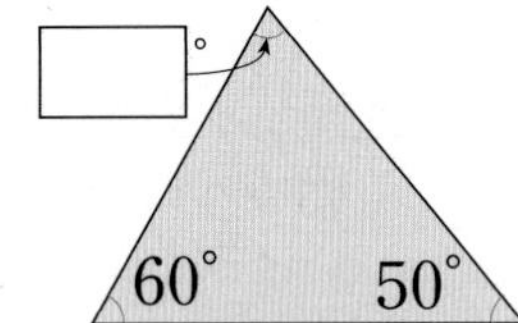

4

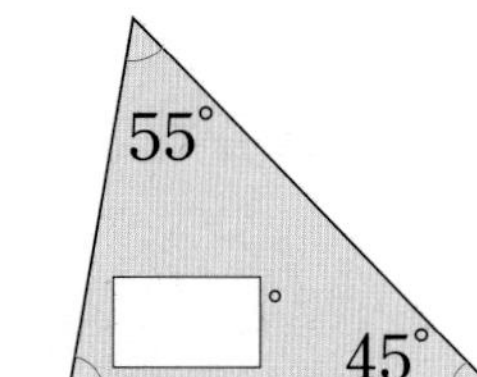

5

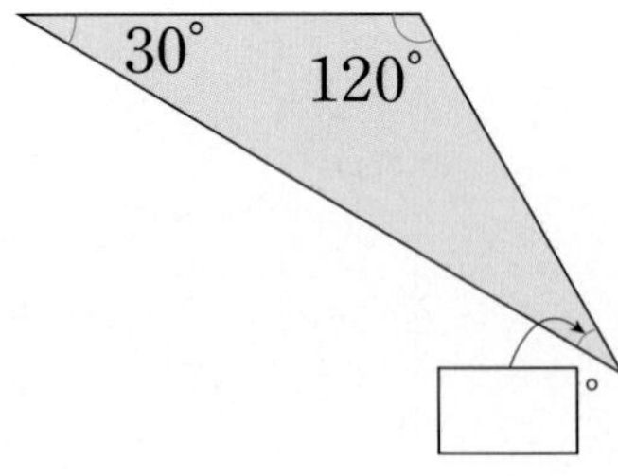

6

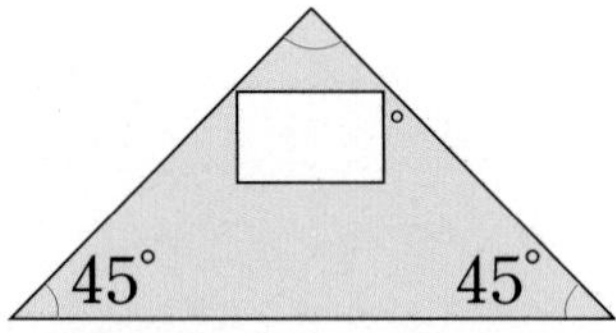

7

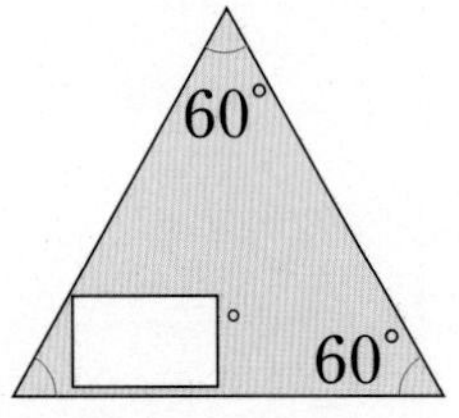

8

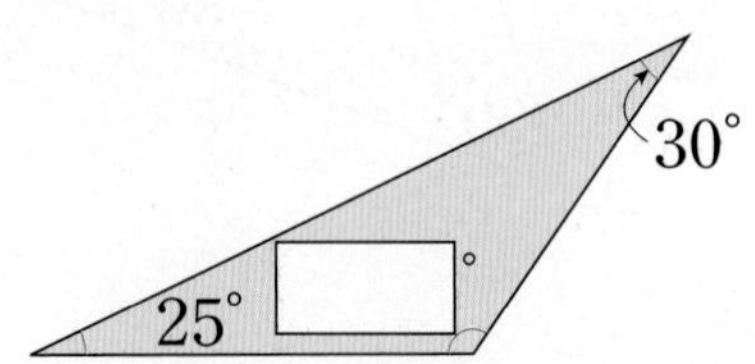

도형에서 ㉠과 ㉡의 각도의 합을 구해 보세요. [9~12]

9

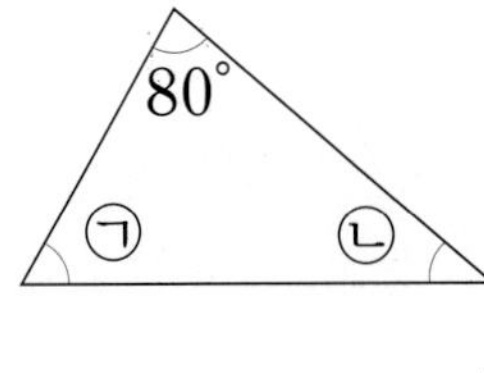

(   )

10

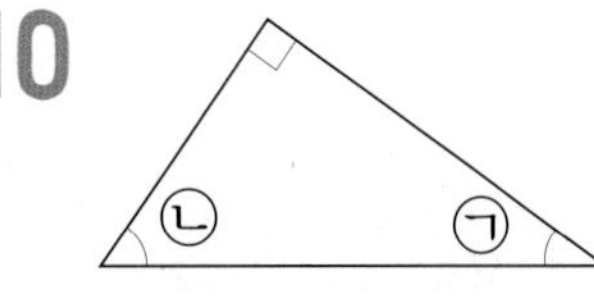

(   )

11

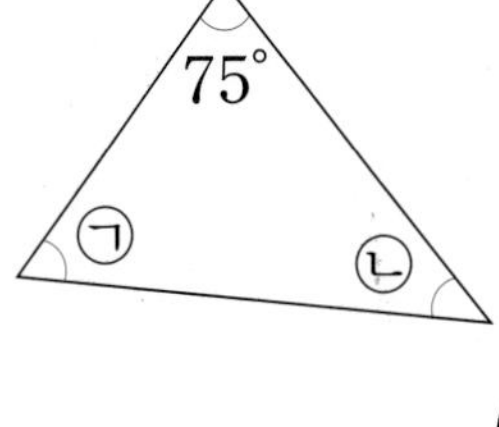

(   )

12

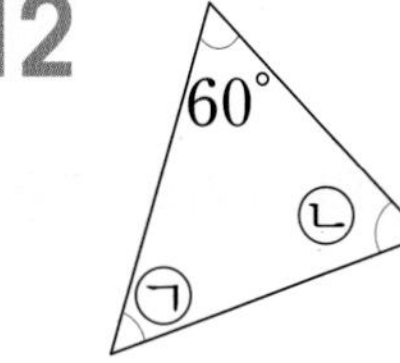

(   )

□ 안에 알맞은 수를 써넣으세요. [13~16]

13

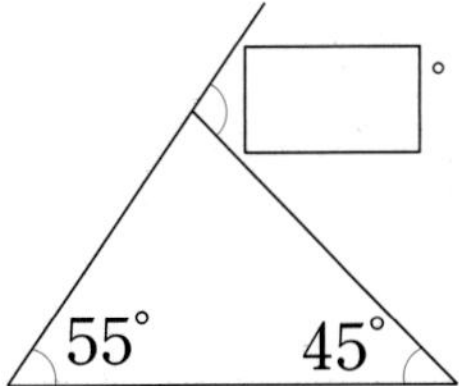

14

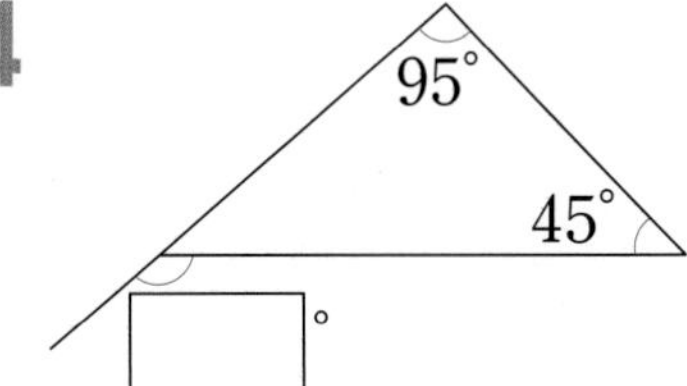

15

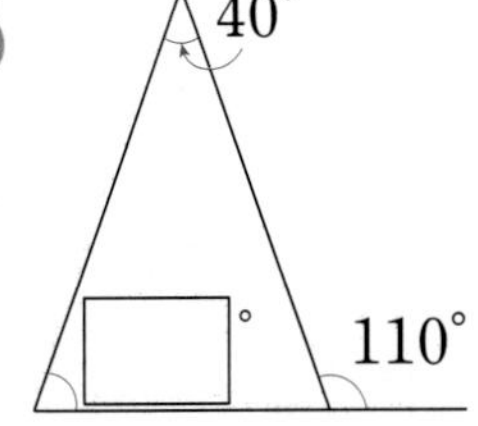

16

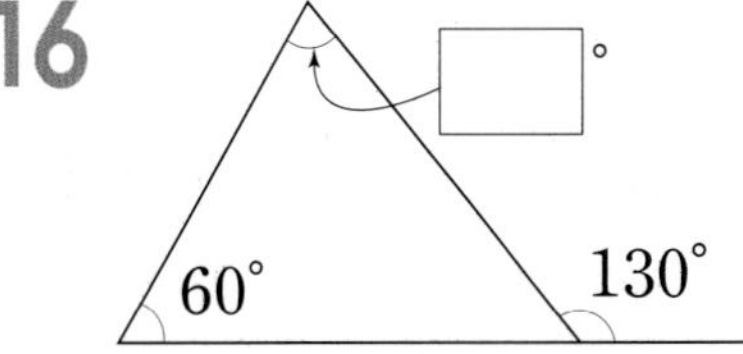

5. 사각형의 네 각의 크기의 합 알아보기

사각형의 네 각의 크기의 합

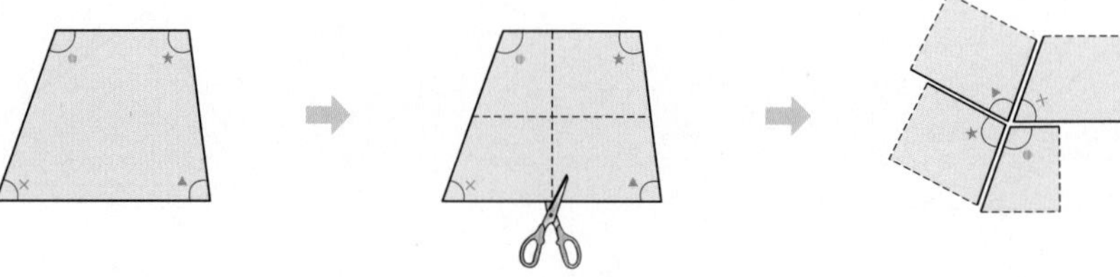

사각형을 잘라 네 각을 붙이면 네 각이 모인 각의 크기의 합은 직선 2개의 각의 크기를 합한 크기와 같으므로 360°입니다.

사각형의 네 각의 크기의 합은 360°입니다.

1 사각형의 네 각의 크기의 합을 각도기로 재어 알아보세요.

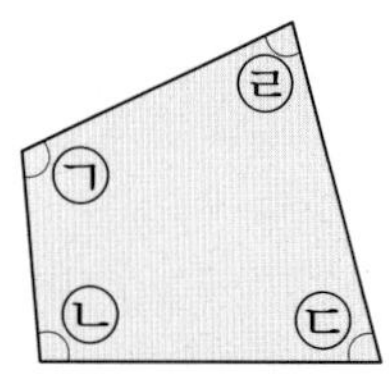

(1) ㉠의 크기는 □°, ㉡의 크기는 □°, ㉢의 크기는 □°, ㉣의 크기는 □° 입니다.

(2) 사각형의 네 각의 크기의 합은 □°+□°+□°+□°=□°입니다.

2 삼각형을 이용하여 사각형의 네 각의 크기의 합을 알아보세요.

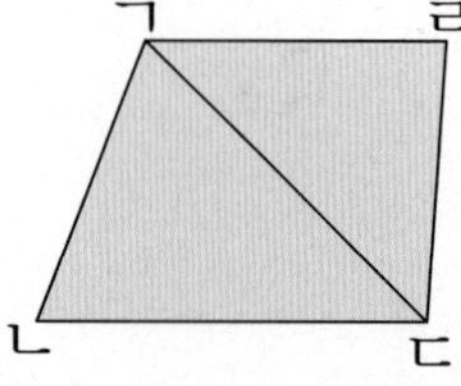

(1) 삼각형 ㄱㄴㄷ의 세 각의 크기의 합은 □°입니다.

(2) 삼각형 ㄱㄷㄹ의 세 각의 크기의 합은 □°입니다.

(3) 사각형 ㄱㄴㄷㄹ의 네 각의 크기의 합은 □°×2=□°입니다.

기본 문제를 통해 개념과 원리를 다져요.

1 각도기로 사각형의 네 각의 크기를 각각 재어 보고 그 합을 구해 보세요.

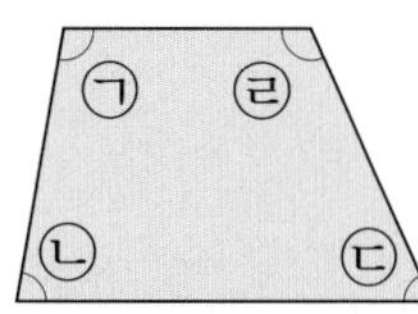

각	㉠	㉡	㉢	㉣
잰 각도	°	°	°	°

㉠+㉡+㉢+㉣=□°

2 □ 안에 알맞은 수를 써넣으세요.

(1)

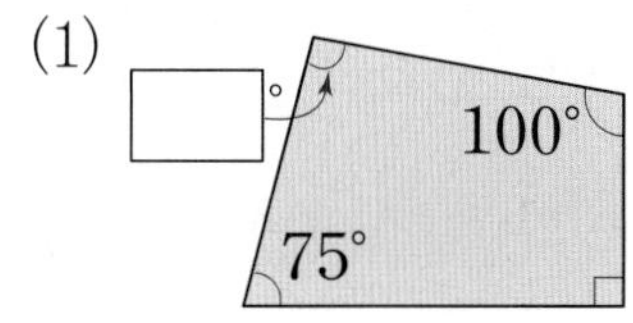

(2)

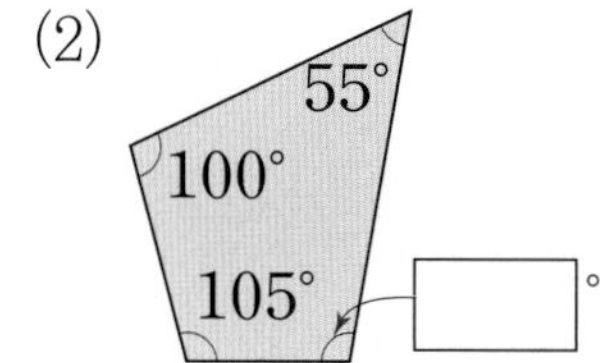

2. 사각형의 네 각의 크기의 합이 360°임을 이용하여 나머지 각도를 구합니다.

3 도형에서 ㉠과 ㉡의 각도의 합을 구해 보세요.

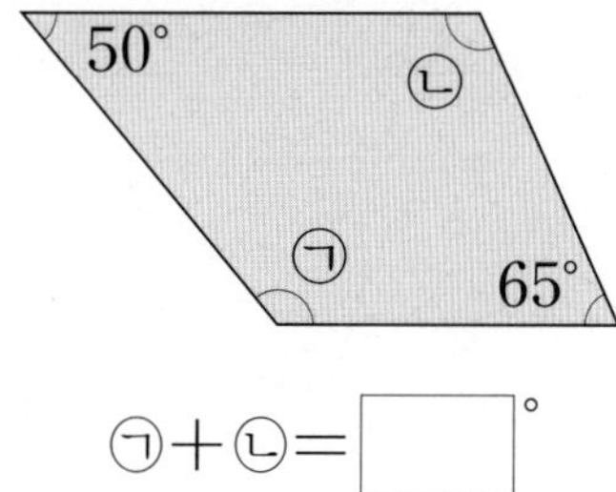

㉠+㉡=□°

3. 사각형의 네 각의 크기의 합에서 두 각의 크기를 빼면 나머지 두 각의 크기가 남습니다.

4 도형에서 ㉠과 ㉡의 각도의 차를 구해 보세요.

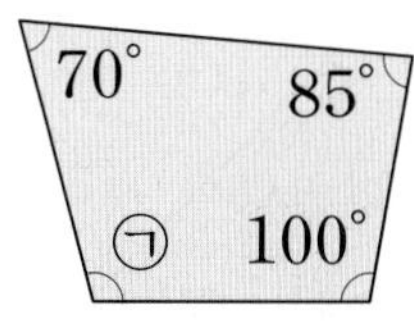

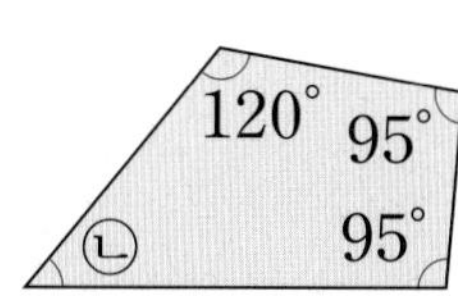

㉠−㉡=□°

4. ㉠과 ㉡의 각도를 먼저 구해 봅니다.

3 원리 척척

각도기로 사각형의 네 각의 크기를 각각 재어 보고 그 합을 구해 보세요. [1~2]

1

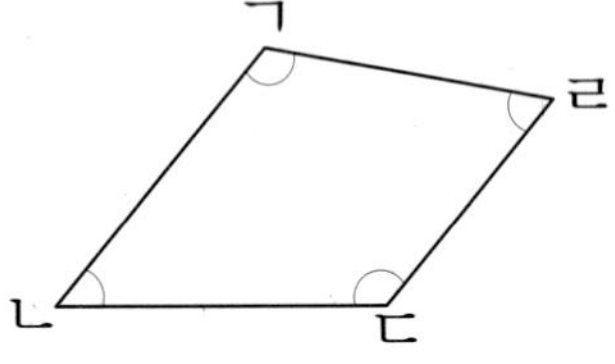

각	각 ㄴㄱㄹ	각 ㄱㄴㄷ	각 ㄴㄷㄹ	각 ㄱㄹㄷ
잰 각도	°	°	°	°

네 각의 크기의 합: □°

2

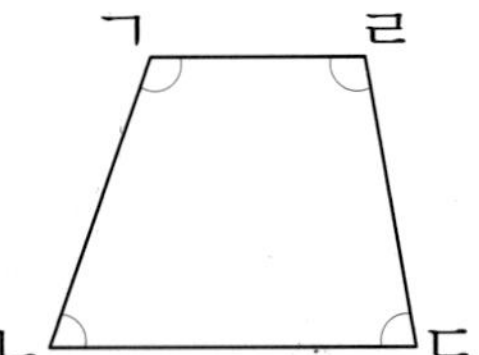

각	각 ㄴㄱㄹ	각 ㄱㄴㄷ	각 ㄴㄷㄹ	각 ㄱㄹㄷ
잰 각도	°	°	°	°

네 각의 크기의 합: □°

□ 안에 알맞은 수를 써넣으세요. [3~8]

3

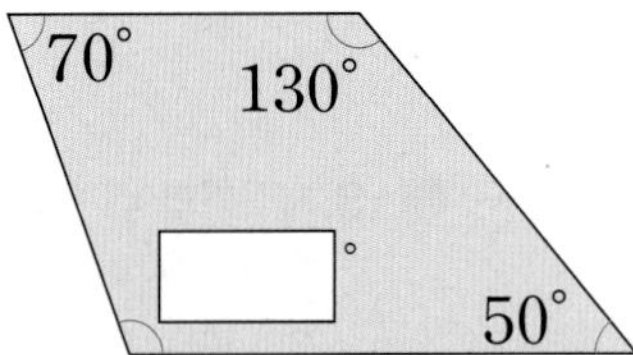

4

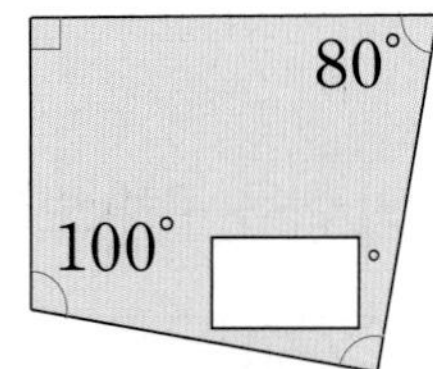

5

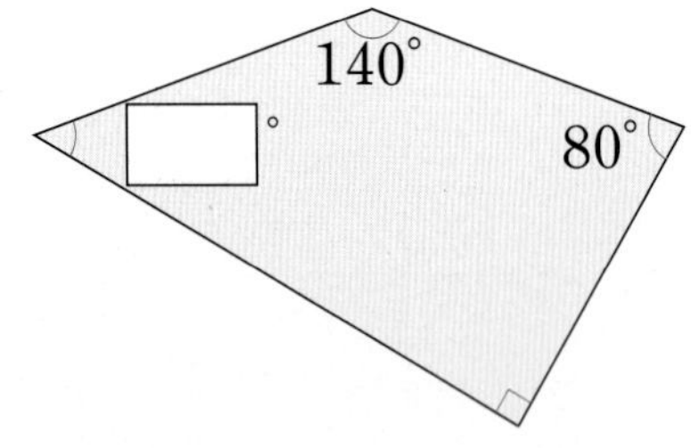

6

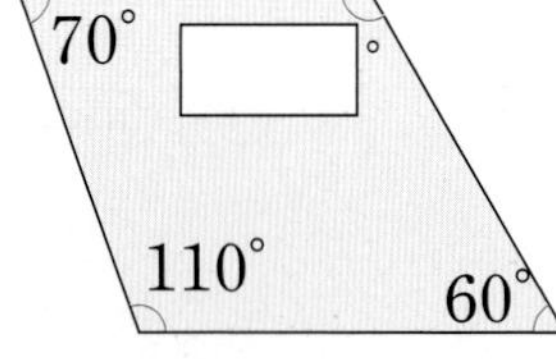

7

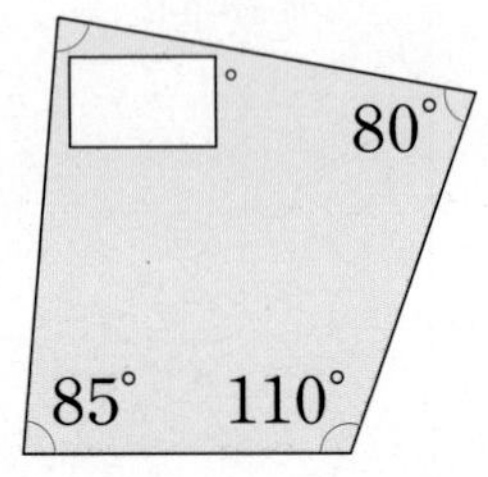

8

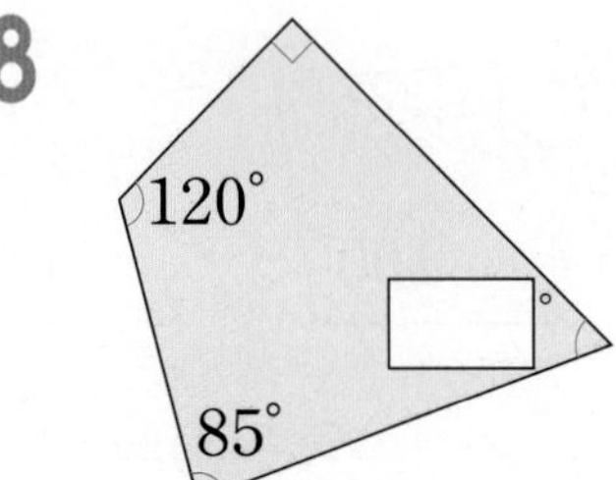

도형에서 ㉠과 ㉡의 각도의 합을 구해 보세요. [9~12]

9

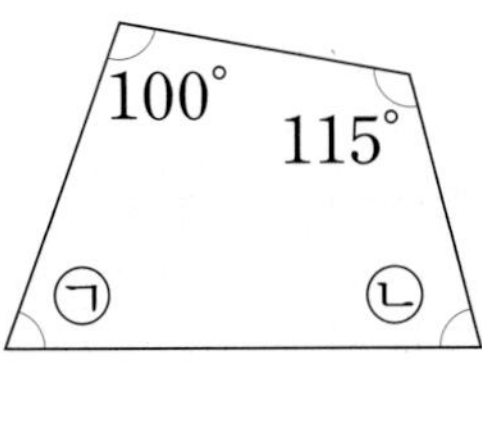

(　　　　　　　　)

10

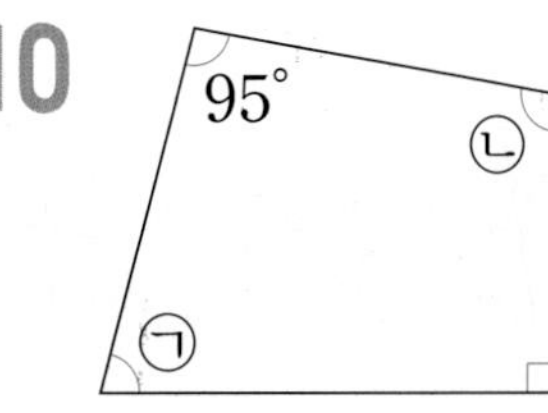

(　　　　　　　　)

11

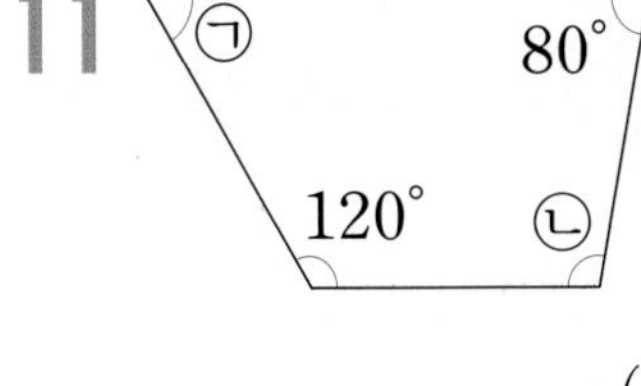

(　　　　　　　　)

12

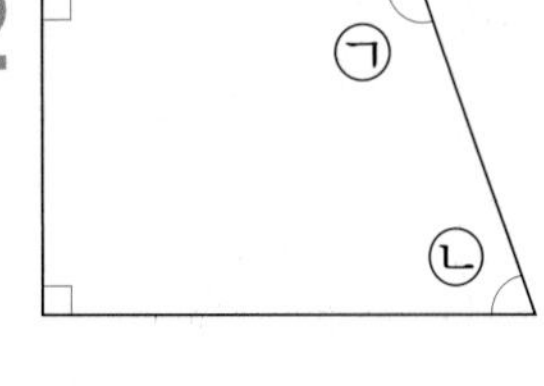

(　　　　　　　　)

□ 안에 알맞은 수를 써넣으세요. [13~16]

13

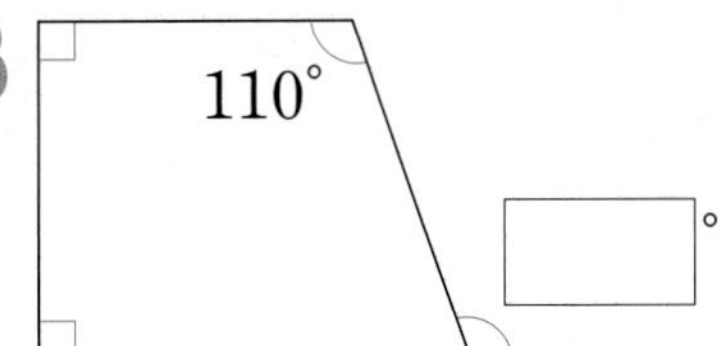

14

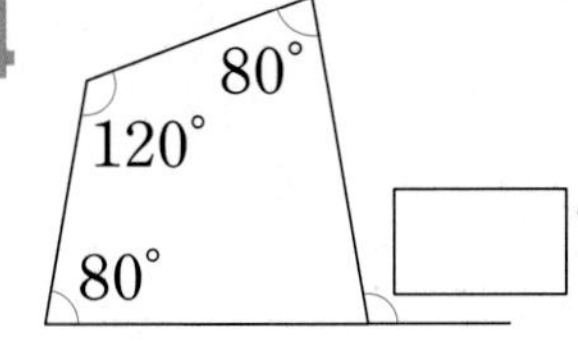

15

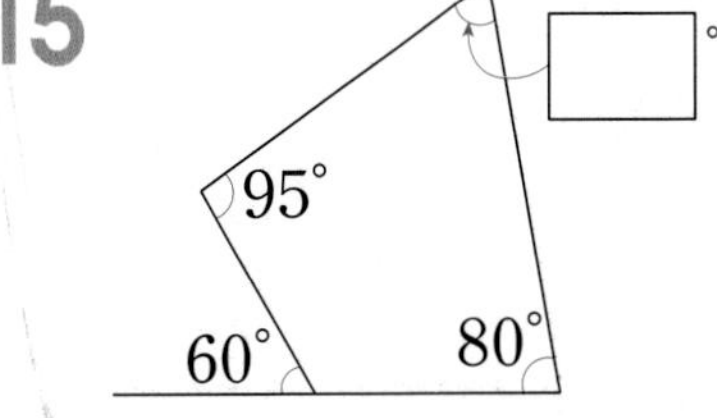

16

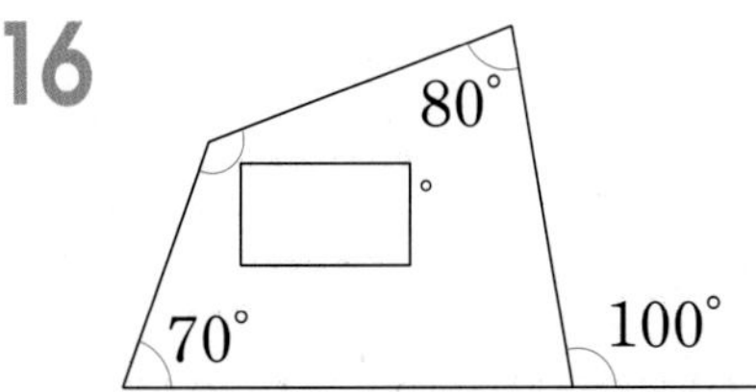

step 4 유형 콕콕

01 □ 안에 알맞은 수를 써넣으세요.

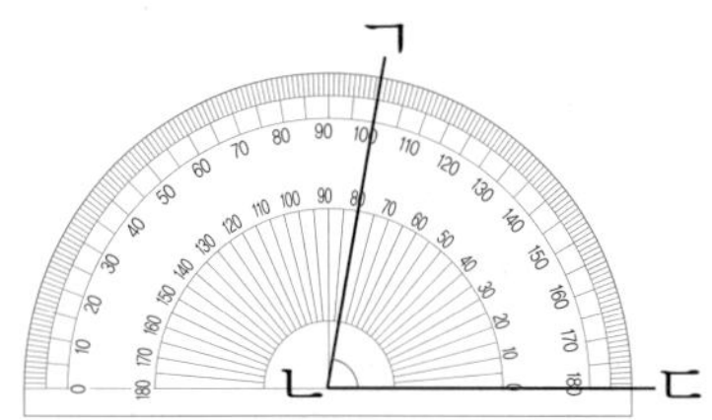

각 ㄱㄴㄷ의 크기는 □°입니다.

02 각도기로 각도를 재어 보세요.

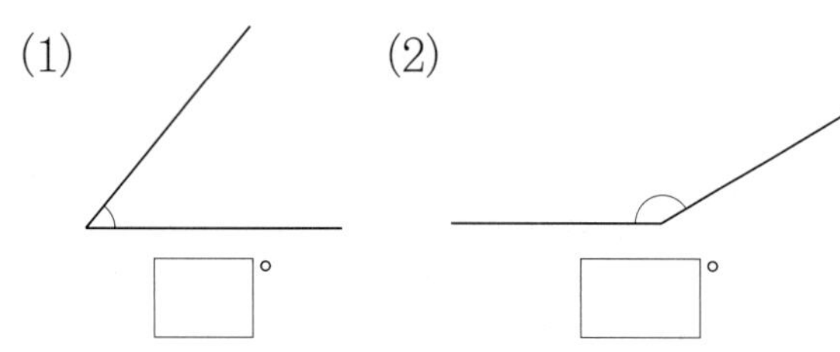

□° □°

03 시계의 두 바늘이 이루는 작은 쪽의 크기를 알아보고, □ 안에 알맞은 수를 써넣으세요.

□°

04 예각과 둔각을 알맞게 써넣으세요.

(1) 50° ➡ (　　　　　　)

(2) 95° ➡ (　　　　　　)

05 시계의 긴바늘과 짧은바늘이 이루는 작은 쪽의 각이 둔각인 것을 찾아 기호를 써 보세요.

㉠ 2시　㉡ 3시　㉢ 4시　㉣ 9시

(　　　　　　)

06 □ 안에 알맞은 수를 써넣으세요.

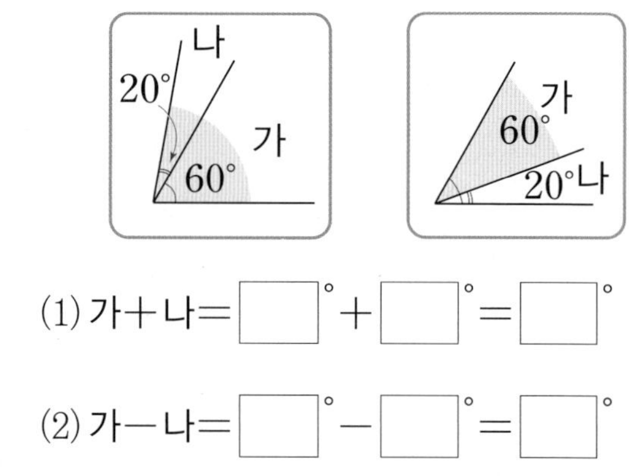

(1) 가+나=□°+□°=□°

(2) 가−나=□°−□°=□°

07 □ 안에 알맞은 수를 써넣으세요.

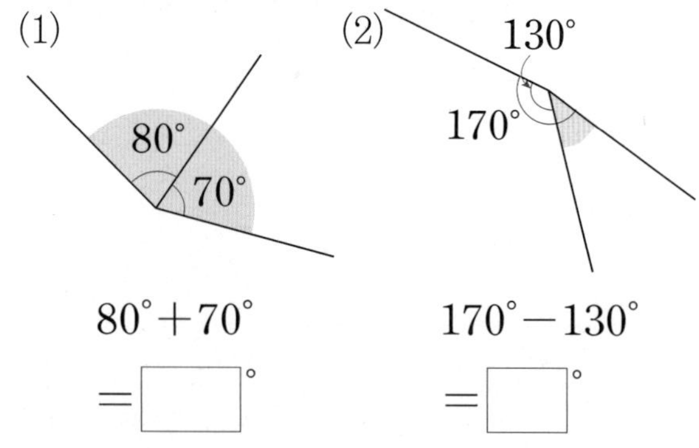

(1) 80°+70°=□°

(2) 170°−130°=□°

08 각도의 합과 차를 구해 보세요.

(1) 45°+90°=□°

(2) 105°−20°=□°

09 □ 안에 알맞은 수를 써넣으세요.

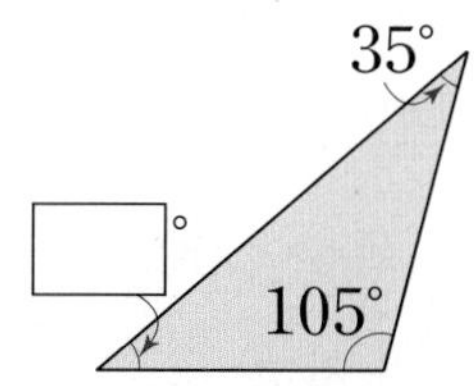

10 □ 안에 알맞은 수를 써넣으세요.

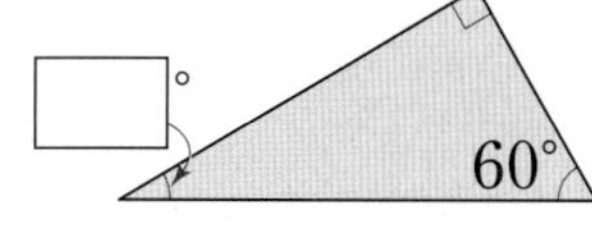

11 도형에서 ㉠과 ㉡의 각도의 합을 구해 보세요.

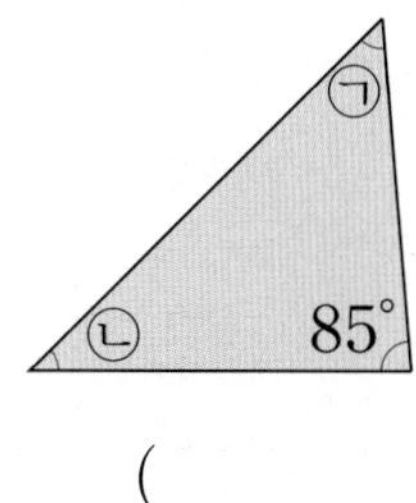

( )

12 도형에서 각 ㄴㄱㄷ과 각 ㄹㅁㅂ의 크기의 합을 구해 보세요.

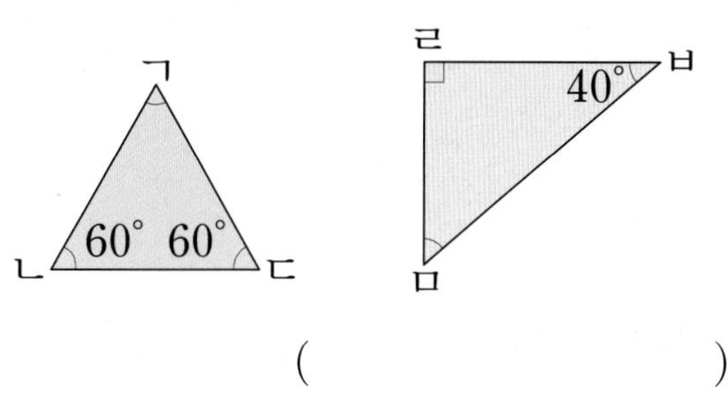

( )

13 □ 안에 알맞은 수를 써넣으세요.

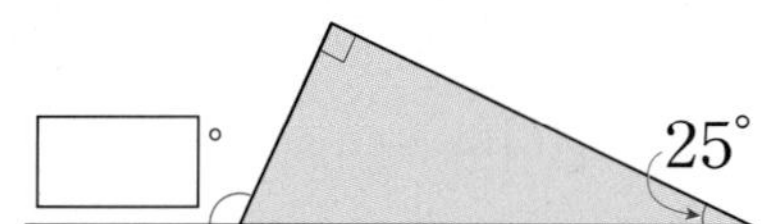

14 □ 안에 알맞은 수를 써넣으세요.

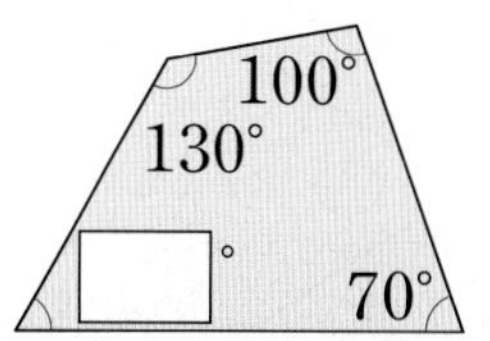

15 □ 안에 알맞은 수를 써넣으세요.

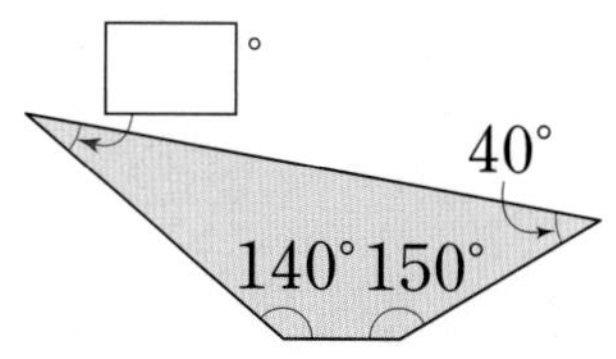

16 ㉠과 ㉡의 각도의 합을 구해 보세요.

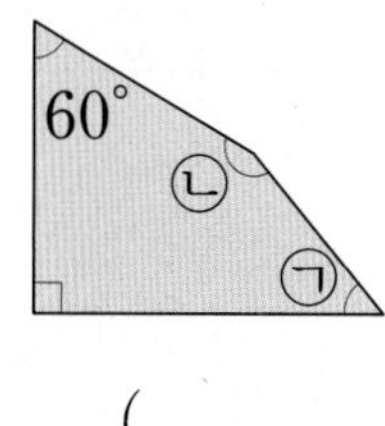

( )

17 □ 안에 알맞은 수를 써넣으세요.

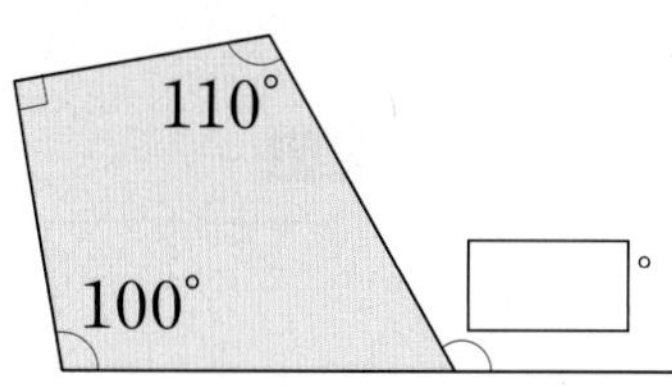

18 □ 안에 알맞은 수를 써넣으세요.

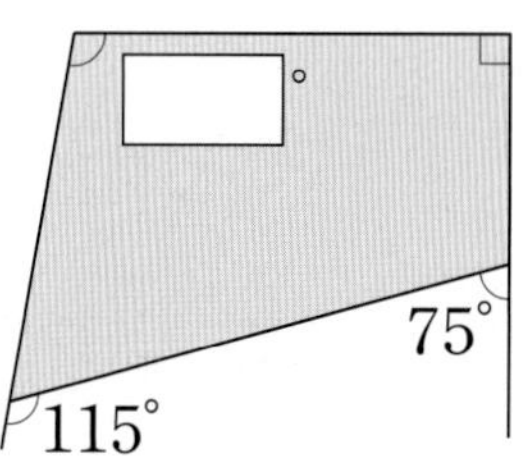

단원 평가

2. 각도

점수

01 가와 나 중에서 더 큰 각의 기호를 써 보세요.

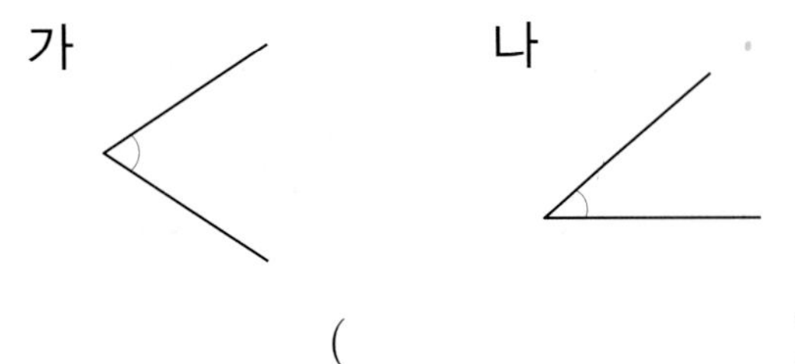

(　　　　　　　　)

02 ㉮, ㉯, ㉰ 중에서 크기가 큰 각부터 차례대로 기호를 써 보세요.

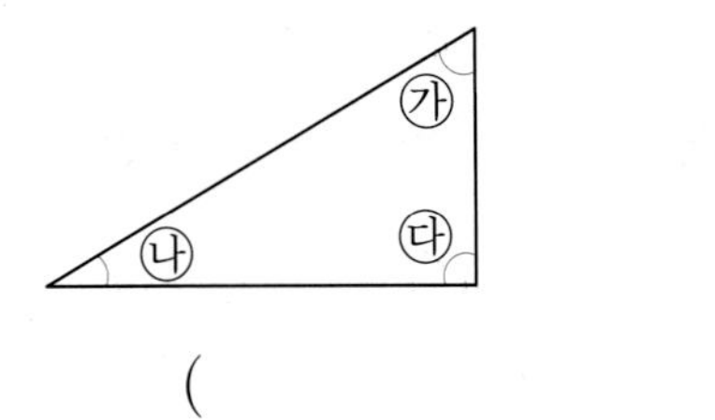

(　　　　　　　　)

03 보기 보다 큰 각과 작은 각을 각각 그려 보세요.

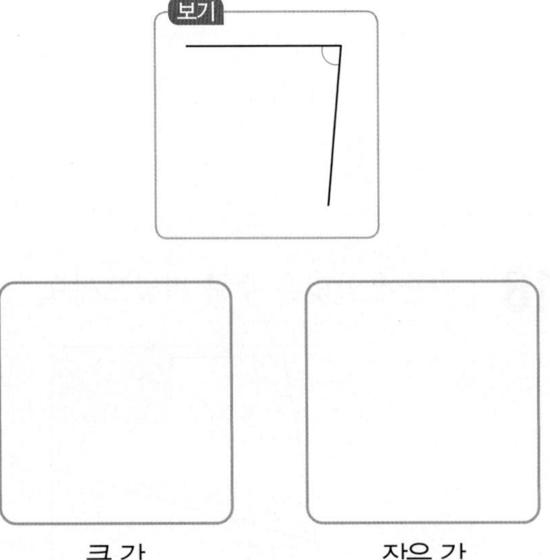

04 □ 안에 알맞게 써넣으세요.

각의 크기를 □라고 합니다. 직각의 크기를 똑같이 90으로 나눈 것 중 하나를 □라 하고, □라고 씁니다.

05 각도를 구해 보세요.

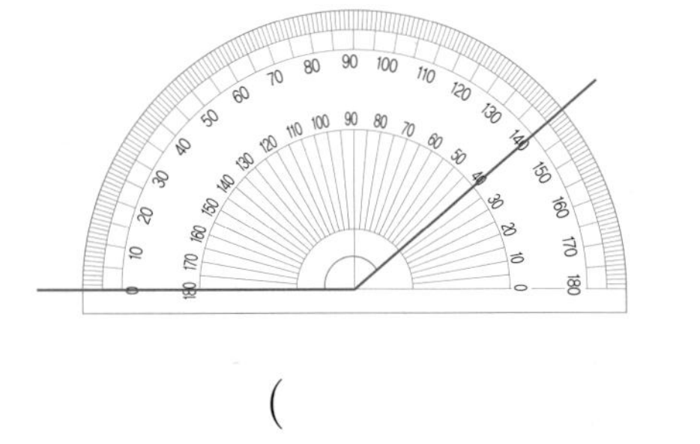

(　　　　　　　　)

06 □ 안에 알맞은 말을 써넣으세요.

각도기로 각의 크기를 잴 때에는 먼저 각의 □을 각도기의 중심에 맞추고, 각의 한 변을 각도기의 □에 맞추어 각을 잽니다.

07 그림은 각도를 잘못 잰 것입니다. 그 이유를 써 보세요.

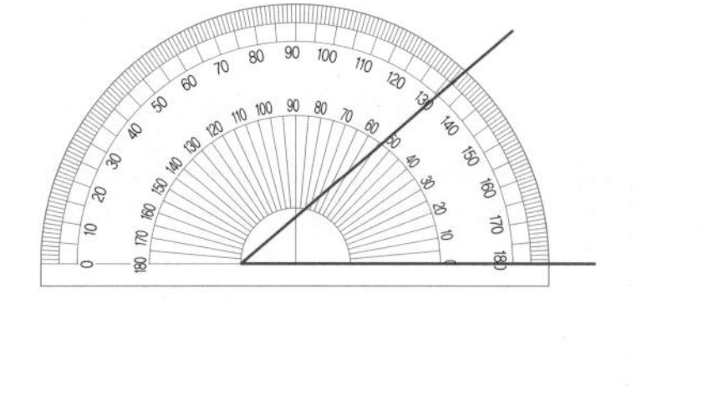

이유 ________________________________

____

08 각도기로 각도를 재어 보세요.

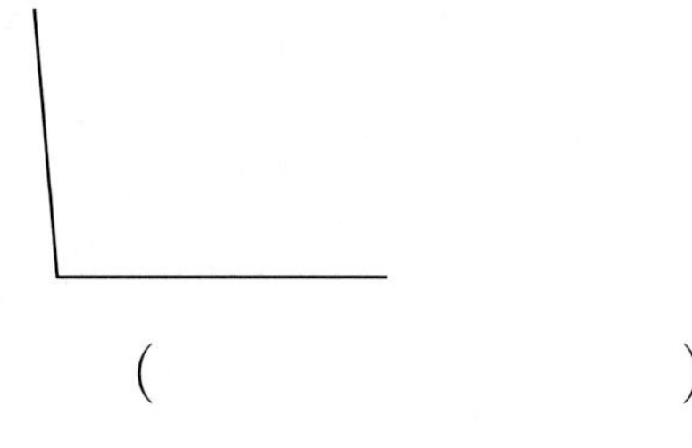

(   )

09 주어진 선분을 이용하여 예각을 그려 보세요.

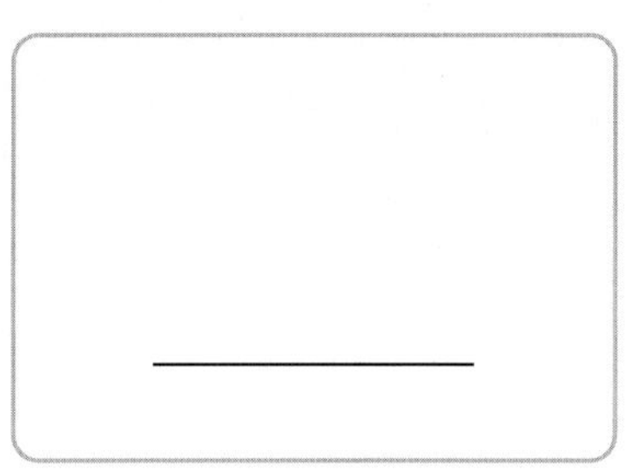

10 다음 중 둔각을 모두 찾아 써 보세요.

60°	125°	90°	75°	160°

(   )

11 영훈이와 진수는 각도를 다음과 같이 어림하였습니다. 각도기로 각도를 재어 보고 더 정확하게 어림한 사람은 누구인지 써 보세요.

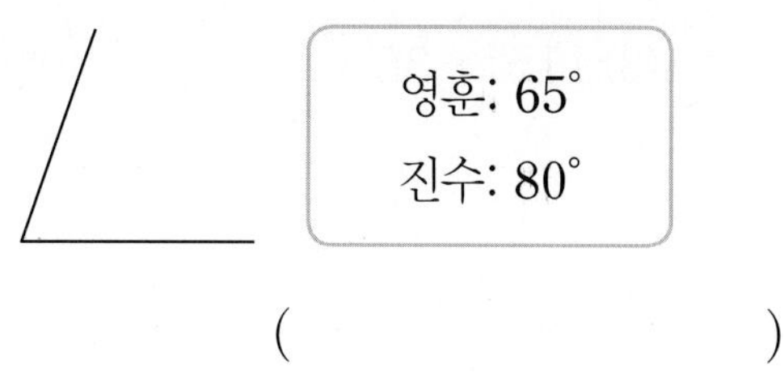

(   )

12 □ 안에 알맞은 수를 써넣으세요.

(1)

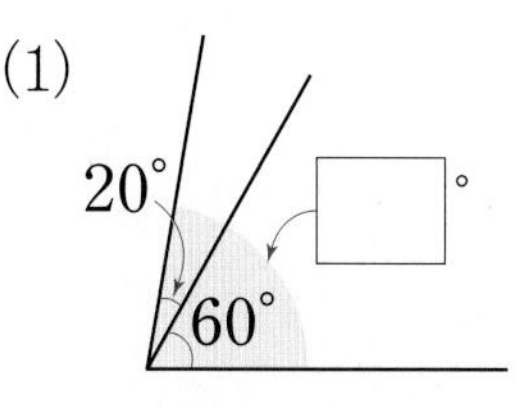

(2)

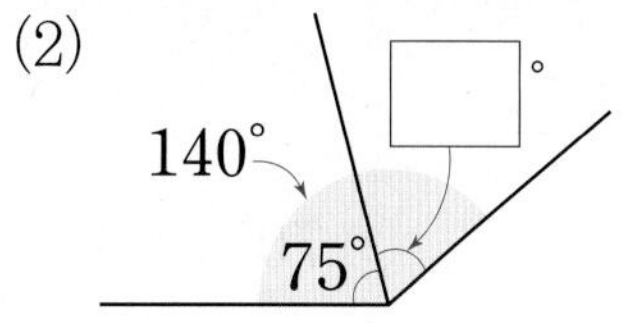

13 각도의 합을 잘못 계산한 것은 어느 것인가요? (   )

① $70° + 20° = 90°$

② $35° + 25° = 60°$

③ $15° + 70° = 85°$

④ $120° + 20° = 140°$

⑤ $125° + 25° = 140°$

14 각도의 합을 구해 보세요.

(1) 25°+75°

(2) 140°+120°

(3) 115°+35°

15 각도의 차를 구해 보세요.

(1) 180°−75°

(2) 165°−35°

(3) 85°−40°

16 각도가 가장 큰 것은 어느 것인가요?

( )

① 90°+20° ② 70°+60°
③ 90°−5° ④ 180°−15°
⑤ 155°−36°

17 가장 큰 각도와 가장 작은 각도의 합과 차는 각각 얼마인가요?

177°	59°	88°	120°

합 ( ), 차 ( )

18 □ 안에 알맞은 수를 써넣으세요.

삼각형의 세 각의 크기의 합은 □° 이고, 사각형의 네 각의 크기의 합은 □°입니다.

19 □ 안에 알맞은 수를 써넣으세요.

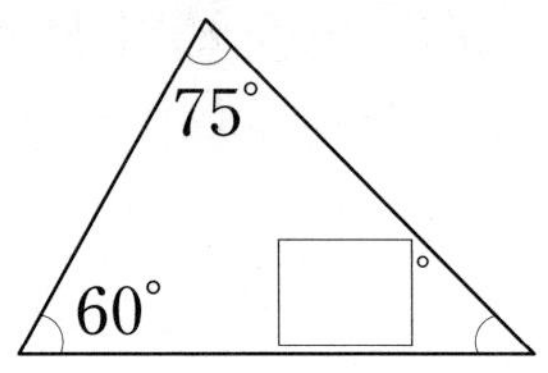

20 도형에서 ㉠과 ㉡의 각도의 합을 구해 보세요.

(1)
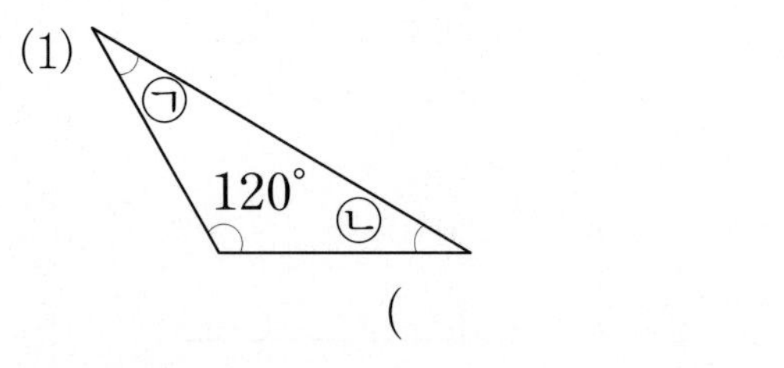

( )

(2)
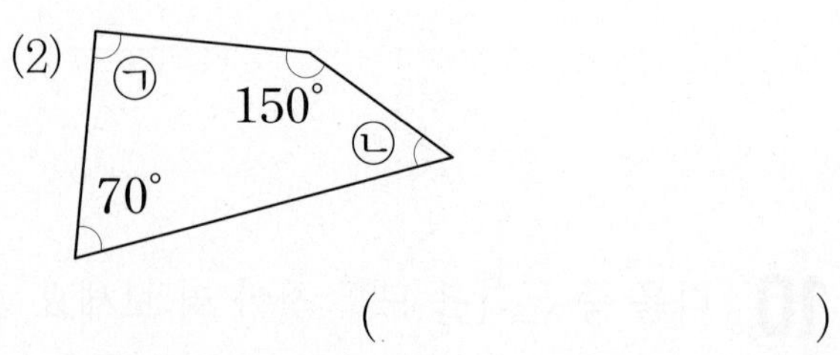

( )

곱셈과 나눗셈

이번에 배울 내용

1. (세 자리 수)×(몇십)
2. (세 자리 수)×(두 자리 수)
3. 몇십으로 나누기
4. 몇십몇으로 나누기 (1)
5. 몇십몇으로 나누기 (2)
6. 어림셈을 이용하여 계산하기

이전에 배운 내용

- (세 자리 수)×(한 자리 수)
- (두 자리 수)×(두 자리 수)
- (두 자리 수)÷(한 자리 수)
- (세 자리 수)÷(한 자리 수)

다음에 배울 내용

- (분수)×(자연수)
- (자연수)×(분수)
- (분수)×(분수)

원리 꼼꼼

1. (세 자리 수)×(몇십)

(몇백)×(몇십) 알아보기

(몇백)×(몇십)의 계산은 (몇)×(몇)을 계산한 다음, 그 곱의 결과에 곱하는 두 수의 0의 개수만큼 0을 붙입니다.

$400 \times 20 = 8000$ ($4 \times 2 = 8$)

$$\begin{array}{r} 400 \\ \times \quad 2 \\ \hline 800 \end{array} \Rightarrow \begin{array}{r} 400 \\ \times \quad 20 \\ \hline 8000 \end{array}$$

(세 자리 수)×(몇십) 알아보기

(세 자리 수)×(몇)을 계산한 후 0을 붙입니다.

$213 \times 40 = 8520$ ($213 \times 4 = 852$)

$$\begin{array}{r} 213 \\ \times \quad 40 \\ \hline 8520 \end{array}$$

원리 확인 1 공책이 한 상자에 200권씩 30상자가 있습니다. □ 안에 알맞은 수를 써넣으세요.

(1) 한 상자에 200권씩 들어 있는 공책이 3상자이면 200×3=□(권)입니다.

(2) 한 상자에 200권씩 들어 있는 공책이 30상자이면 200×30=□(권)입니다.

원리 확인 2 (세 자리 수)×(몇십)을 계산하는 방법을 알아보려고 합니다. □ 안에 알맞은 수를 써넣으세요.

(1) 280×3=□
280×30=□ (□배)

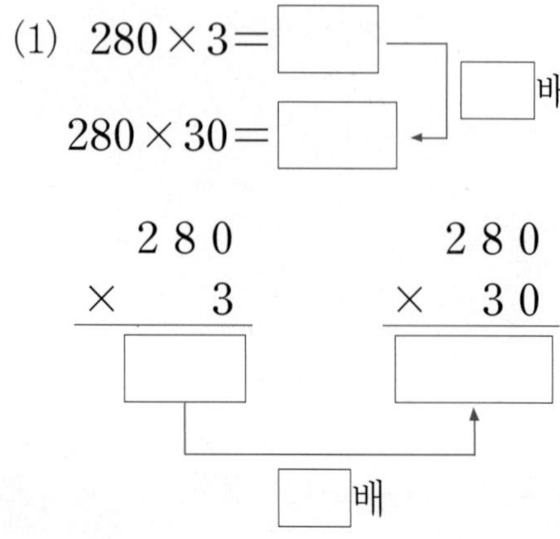

(2) 254×3=□
254×30=□ (□배)

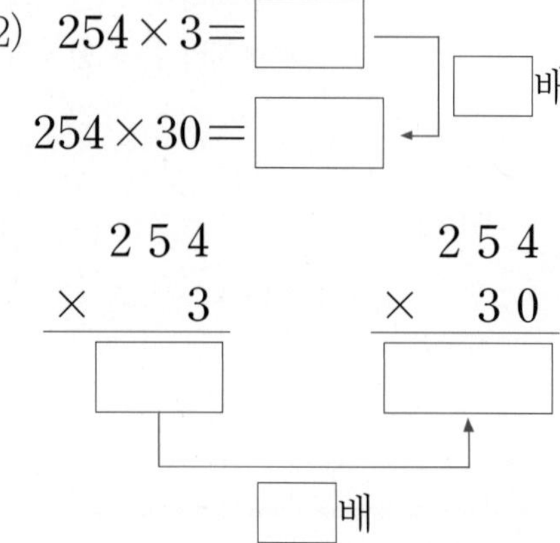

원리 탄탄

기본 문제를 통해 개념과 원리를 다져요.

1 □ 안에 알맞은 수를 써넣으세요.

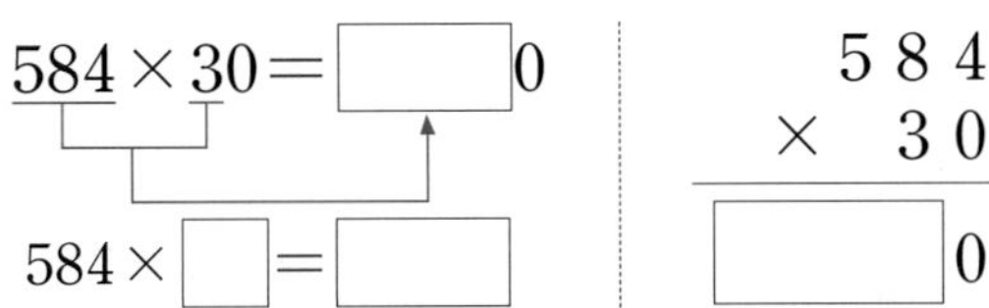

2 □ 안에 알맞은 수를 써넣으세요.

$243\times30=243\times\square\times10$

$=\square\times10$

$=\square$

2. (세 자리 수)×(몇십)의 계산은 (세 자리 수)×(몇)의 계산을 먼저 한 후 계산 결과에 0을 붙여 씁니다.

3 빈 곳에 알맞은 수를 써넣으세요.

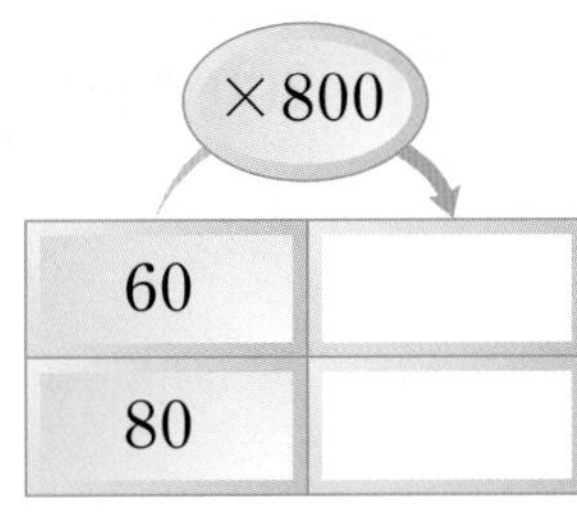

3. (몇)×(몇)의 계산을 한 다음 그 곱의 결과에 곱하는 두 수의 0의 개수만큼 0을 붙입니다.

4 계산 결과에 맞게 선으로 이어 보세요.

500×40 •	• 20000
450×40 •	• 42000
70×600 •	• 18000

3 단원

원리 척척

계산해 보세요. [1~17]

1 $\begin{array}{r} 200 \\ \times \quad 30 \\ \hline \end{array}$

2 $\begin{array}{r} 300 \\ \times \quad 30 \\ \hline \end{array}$

3 $\begin{array}{r} 300 \\ \times \quad 40 \\ \hline \end{array}$

4 $\begin{array}{r} 500 \\ \times \quad 30 \\ \hline \end{array}$

5 $\begin{array}{r} 400 \\ \times \quad 60 \\ \hline \end{array}$

6 $\begin{array}{r} 500 \\ \times \quad 80 \\ \hline \end{array}$

7 $\begin{array}{r} 800 \\ \times \quad 30 \\ \hline \end{array}$

8 $\begin{array}{r} 900 \\ \times \quad 40 \\ \hline \end{array}$

9 $\begin{array}{r} 30 \\ \times 900 \\ \hline \end{array}$

10 700×60

11 200×90

12 900×80

13 800×50

14 700×20

15 400×90

16 20×200

17 20×300

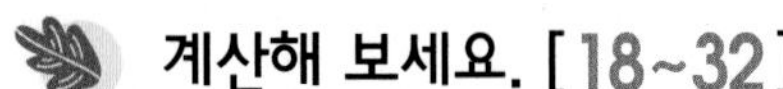
계산해 보세요. [18~32]

18
$$\begin{array}{r} 1\,4\,3 \\ \times \quad 3\,0 \\ \hline \end{array}$$

19
$$\begin{array}{r} 2\,3\,5 \\ \times \quad 4\,0 \\ \hline \end{array}$$

20
$$\begin{array}{r} 1\,7\,8 \\ \times \quad 6\,0 \\ \hline \end{array}$$

21
$$\begin{array}{r} 6\,9\,5 \\ \times \quad 2\,0 \\ \hline \end{array}$$

22
$$\begin{array}{r} 4\,7\,2 \\ \times \quad 4\,0 \\ \hline \end{array}$$

23
$$\begin{array}{r} 5\,0\,2 \\ \times \quad 7\,0 \\ \hline \end{array}$$

24
$$\begin{array}{r} 2\,4\,6 \\ \times \quad 5\,0 \\ \hline \end{array}$$

25
$$\begin{array}{r} 3\,1\,5 \\ \times \quad 8\,0 \\ \hline \end{array}$$

26
$$\begin{array}{r} 1\,9\,7 \\ \times \quad 9\,0 \\ \hline \end{array}$$

27 238×30

28 345×50

29 376×80

30 524×70

31 723×60

32 876×90

3 단원

step 1 원리 꼼꼼

2. (세 자리 수)×(두 자리 수)

(세 자리 수)×(두 자리 수) 알아보기

(세 자리 수)×(두 자리 수)의 일의 자리 수를 계산하고, (세 자리 수)×(두 자리 수)의 십의 자리 수를 계산한 후 두 계산 결과의 합을 구합니다.

$$\begin{array}{r} 135 \\ \times\ \ 53 \\ \hline \end{array} \rightarrow \begin{array}{r} 135 \\ \times\ \ \ 3 \\ \hline 405 \end{array} \rightarrow \begin{array}{r} 135 \\ \times\ \ 50 \\ \hline 6750 \end{array} \rightarrow \begin{array}{r} 135 \\ \times\ \ 53 \\ \hline 405 \\ 6750 \\ \hline 7155 \end{array}$$

원리 확인 1 □ 안에 알맞은 수를 써넣으세요.

382×34=382×□+382×30

=□+□

=□

원리 확인 2 □ 안에 알맞은 수를 써넣으세요.

$$\begin{array}{r} 287 \\ \times\ \ 23 \\ \hline \square \\ \square \\ \hline \square \end{array} \qquad \begin{array}{r} 287 \\ \times\ \ \ 3 \\ \hline \square \end{array} \qquad \begin{array}{r} 287 \\ \times\ \ 20 \\ \hline \square \end{array}$$

원리 확인 3 □ 안에 알맞은 수를 써넣으세요.

(1)

$$\begin{array}{r} 258 \\ \times\ \ 34 \\ \hline \square \\ \square \\ \hline \square \end{array}$$

← 258×4

← 258×30

(2)

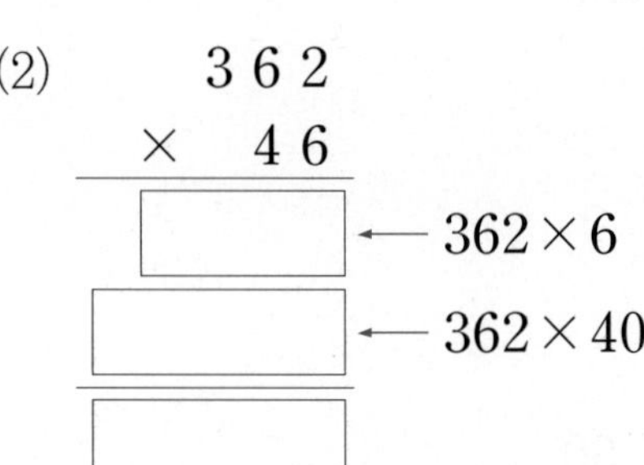

$$\begin{array}{r} 362 \\ \times\ \ 46 \\ \hline \square \\ \square \\ \hline \square \end{array}$$

← 362×6

← 362×40

원리 탄탄

기본 문제를 통해 개념과 원리를 다져요.

1 □ 안에 알맞게 써넣으세요.

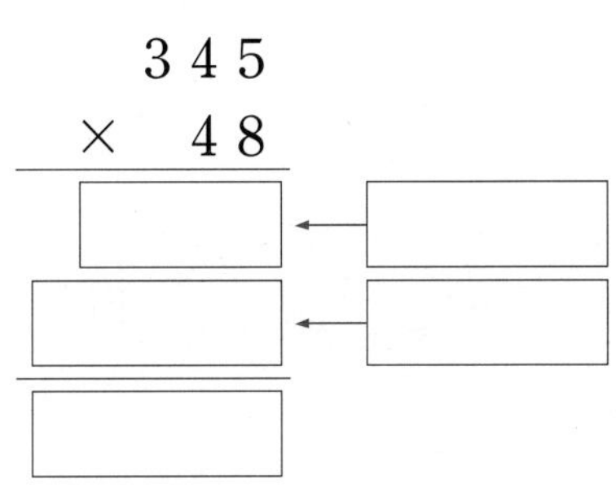

2 □ 안에 알맞은 수를 써넣으세요.

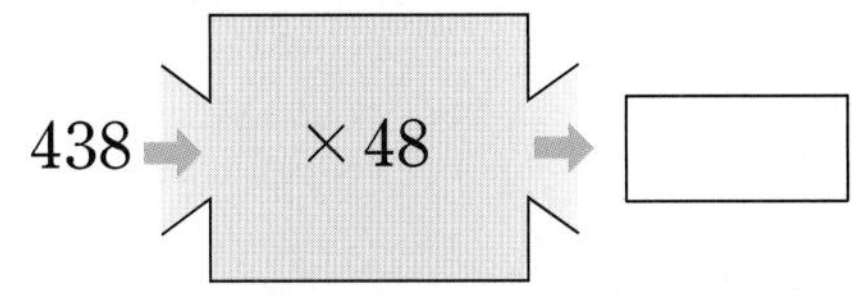

3 빈 곳에 두 수의 곱을 써넣으세요.

413	45

4 ○ 안에 >, =, <를 알맞게 써넣으세요.

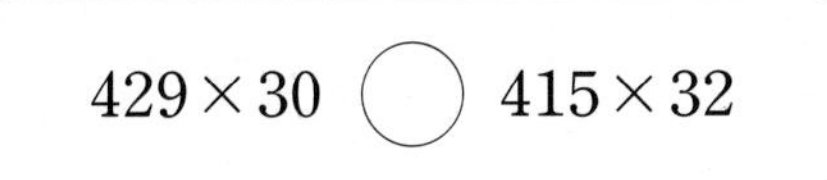

1. (세 자리 수)×(두 자리 수)의 곱은 (세 자리 수)×(몇)과 (세 자리 수)×(몇십)의 곱을 구한 후 더하여 구할 수 있습니다.

4. 두 수의 곱을 각각 구한 후 크기를 비교합니다.

3 단원

원리 척척

□ 안에 알맞은 수를 써넣으세요. [1~8]

1

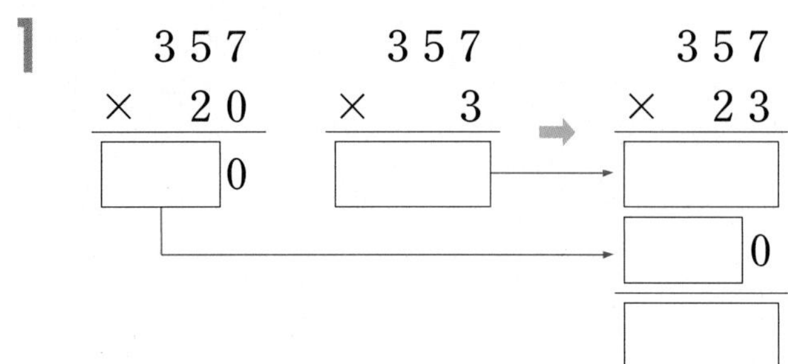

2

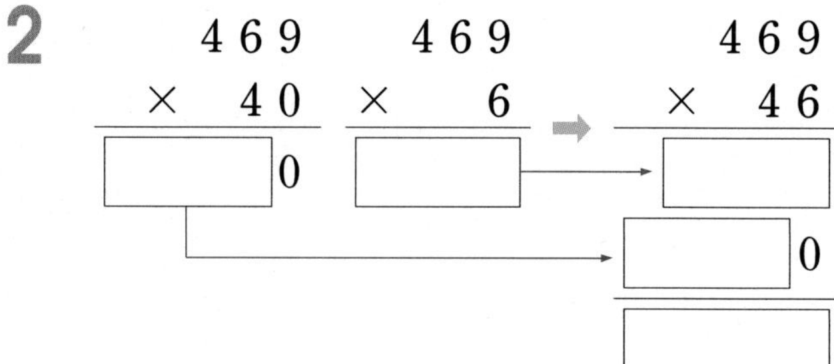

3

$$536 \times 60 = \square 0 \qquad 536 \times 4 = \square \quad \Rightarrow \quad 536 \times 64$$

4

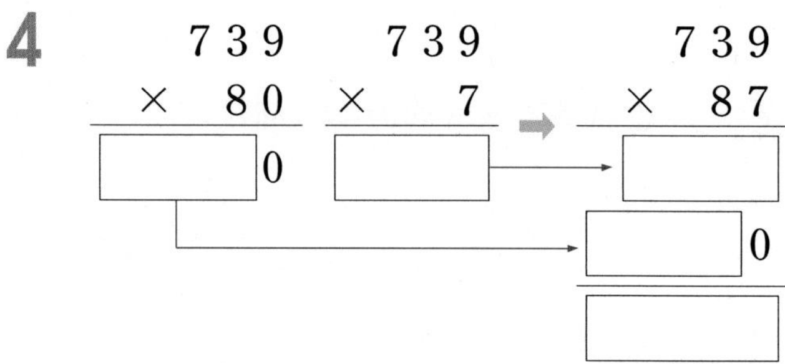

5

$$326 \times 53$$

□ ← □ × □

□ ← □ × □

□

6

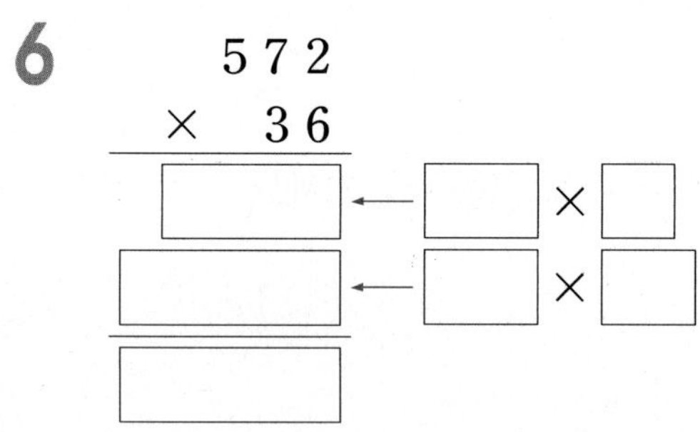

7

$$625 \times 46$$

□ ← □ × □

□ ← □ × □

□

8

$$487 \times 58$$

□ ← □ × □

□ ← □ × □

□

계산해 보세요. [9~23]

9 $\begin{array}{r} 209 \\ \times \quad 47 \\ \hline \end{array}$

10 $\begin{array}{r} 879 \\ \times \quad 28 \\ \hline \end{array}$

11 $\begin{array}{r} 632 \\ \times \quad 36 \\ \hline \end{array}$

12 $\begin{array}{r} 734 \\ \times \quad 82 \\ \hline \end{array}$

13 $\begin{array}{r} 436 \\ \times \quad 56 \\ \hline \end{array}$

14 $\begin{array}{r} 923 \\ \times \quad 68 \\ \hline \end{array}$

15 $\begin{array}{r} 571 \\ \times \quad 39 \\ \hline \end{array}$

16 $\begin{array}{r} 638 \\ \times \quad 73 \\ \hline \end{array}$

17 $\begin{array}{r} 729 \\ \times \quad 67 \\ \hline \end{array}$

18 479×58

19 563×49

20 702×23

21 807×86

22 368×96

23 647×71

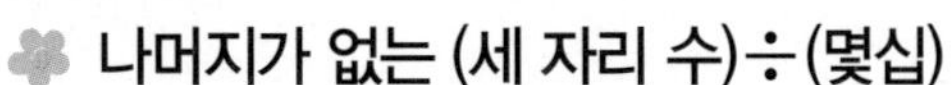

step 1 원리 꼼꼼

3. 몇십으로 나누기

나머지가 없는 (세 자리 수)÷(몇십)

$20 \times 4 = 80$
$20 \times 5 = 100$
$20 \times 6 = 120$
$20 \times 7 = 140$

$$\begin{array}{r} 6 \\ 20\overline{)120} \\ \underline{120} \\ 0 \end{array}$$

$120 \div 20 = 6$

$12 \div 2 = 6$

$120 \div 20$의 몫은 $12 \div 2$의 몫과 같습니다.

나머지가 있는 (세 자리 수)÷(몇십)

$70 \times 4 = 280$
$70 \times 5 = 350$
$70 \times 6 = 420$
$70 \times 7 = 490$

$$\begin{array}{r} 6 \\ 70\overline{)459} \\ \underline{420} \\ 39 \end{array}$$

6 ← 몫, 39 ← 나머지

$459 \div 70 = 6 \cdots 39$

확인 $70 \times 6 = 420$, $420 + 39 = 459$

원리 확인 1 보기 와 같이 나눗셈을 하려고 합니다. □ 안에 알맞은 수를 써넣으세요.

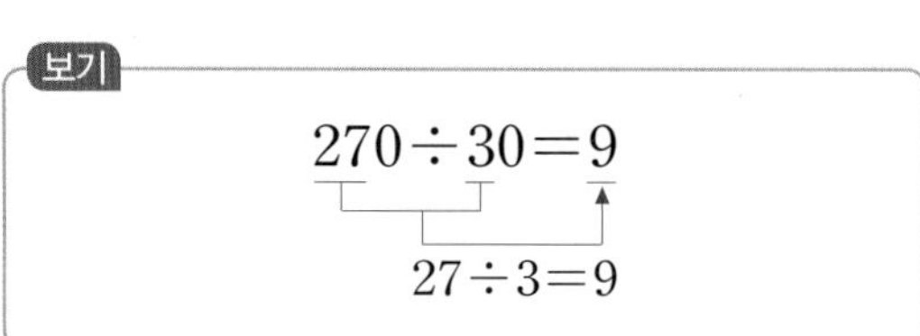

보기

$270 \div 30 = 9$

$27 \div 3 = 9$

(1) $160 \div 40 = \square$

$16 \div 4 = \square$

(2) $350 \div 50 = \square$

$35 \div 5 = \square$

원리 확인 2 □ 안에 알맞은 수를 써넣으세요.

$205 \div 60 = \square \cdots \square$

$$\begin{array}{r} \square \\ 60\overline{)205} \\ \underline{\square} \\ \square \end{array}$$

확인 $60 \times \square = \square$, $\square + \square = 205$

원리 탄탄

기본 문제를 통해 개념과 원리를 다져요.

1 □ 안에 알맞은 수를 써넣으세요.

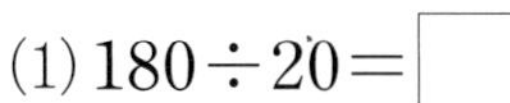

(1) $180 \div 20 = \square$ (2) $540 \div 90 = \square$

(3)

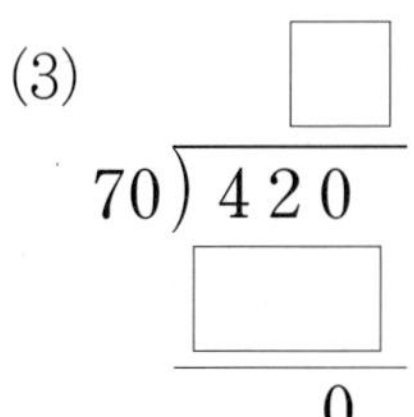

$70 \overline{)420}$, 몫 □, 빼는 수 □, 나머지 0

(4)

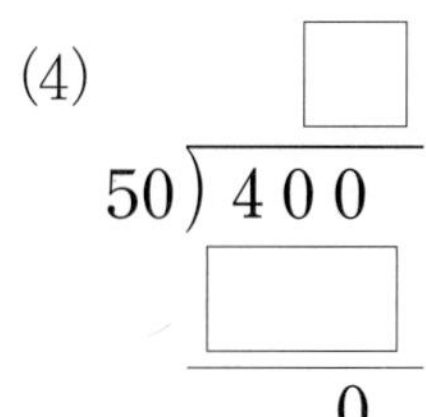

$50 \overline{)400}$, 몫 □, 빼는 수 □, 나머지 0

> 1. ■★0÷▲0의 몫은 ■★÷▲의 몫과 같습니다.

2 몫이 같은 것끼리 선으로 이어 보세요.

$100 \div 50$ •	• $320 \div 40$
$90 \div 30$ •	• $240 \div 80$
$720 \div 90$ •	• $140 \div 70$

> 2. 각각의 몫을 구한 후 몫이 같은 것끼리 선으로 잇습니다.

3 계산을 하고 계산 결과가 맞는지 확인해 보세요.

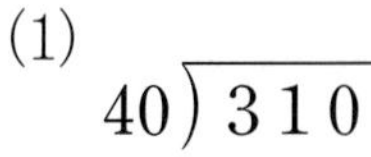

(1) $40 \overline{)310}$ (2) $80 \overline{)652}$

확인 ______________

확인 ______________

> 3. 나눗셈을 한 후 계산이 맞는지 확인합니다.

4 나눗셈을 하고 몫이 가장 큰 것부터 차례대로 (　　) 안에 번호를 써넣으세요.

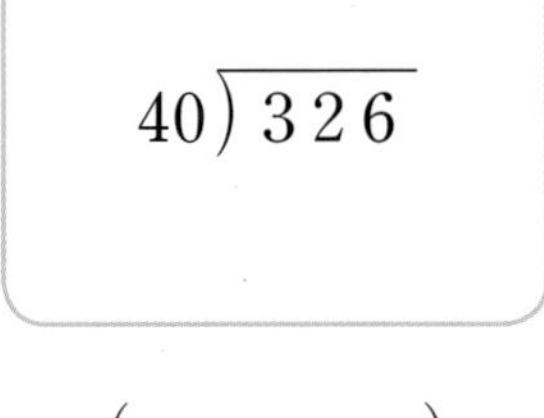

$40 \overline{)326}$	$50 \overline{)257}$	$70 \overline{)441}$
(　　　)	(　　　)	(　　　)

3 단원

step 3 원리 척척

 계산해 보세요. [1~13]

1 $20\overline{)100}$

2 $30\overline{)240}$

3 $50\overline{)150}$

4 $30\overline{)120}$

5 $20\overline{)140}$

6 $80\overline{)480}$

7 $50\overline{)150}$

8 $70\overline{)280}$

9 $90\overline{)630}$

10 $180 \div 20$

11 $320 \div 40$

12 $420 \div 70$

13 $250 \div 50$

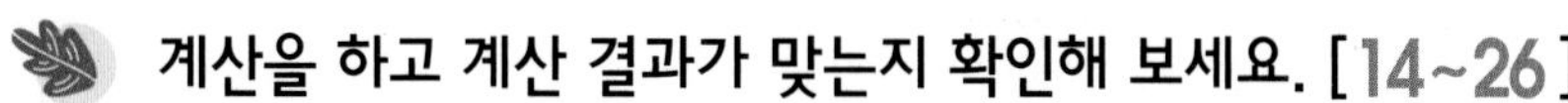

계산을 하고 계산 결과가 맞는지 확인해 보세요. [14~26]

14 $90\overline{)189}$

확인

15 $40\overline{)242}$

확인

16 $20\overline{)185}$

확인

17 $70\overline{)496}$

확인

18 $30\overline{)102}$

확인

19 $60\overline{)315}$

확인

20 $60\overline{)265}$

확인

21 $50\overline{)423}$

확인

22 $80\overline{)462}$

확인

23 $247 \div 30$

확인

24 $488 \div 80$

확인

25 $421 \div 60$

확인

26 $312 \div 90$

확인

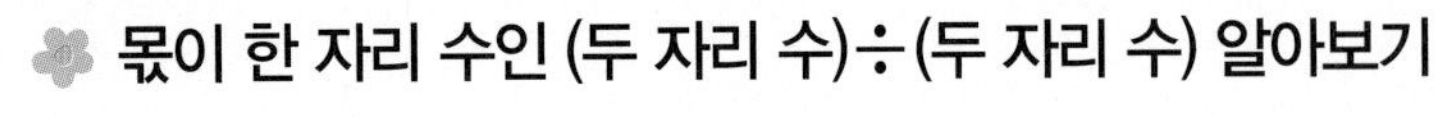

4. 몇십몇으로 나누기 (1)

몫이 한 자리 수인 (두 자리 수)÷(두 자리 수) 알아보기

23)67 → 몫 1	(몫을 1 크게 합니다.) →	23)67 → 몫 2	← (몫을 1 작게 합니다.)	23)67 → 몫 3
23		46		69
44		21		(뺄 수 없습니다.)
(나머지가 나누는 수보다 큽니다.)				

67÷23=2···21 확인 23×2=46, 46+21=67

➡ (나누는 수)×(몫)이 나누어지는 수보다 크면, 몫을 더 작게 하여 계산합니다.

몫이 한 자리 수인 (세 자리 수)÷(두 자리 수) 알아보기

48)390 → 몫 7	(몫을 1 크게 합니다.) →	48)390 → 몫 8	← (몫을 1 작게 합니다.)	48)390 → 몫 9
336		384		432
54		6		(뺄 수 없습니다.)
(나머지가 나누는 수보다 큽니다.)				

390÷48=8···6 확인 48×8=384, 384+6=390

➡ 나머지가 나누는 수보다 크면, 몫을 더 크게 하여 계산합니다.

원리 확인 

96÷32를 어떻게 계산하는지 알아보고 □ 안에 알맞은 수를 써넣으세요.

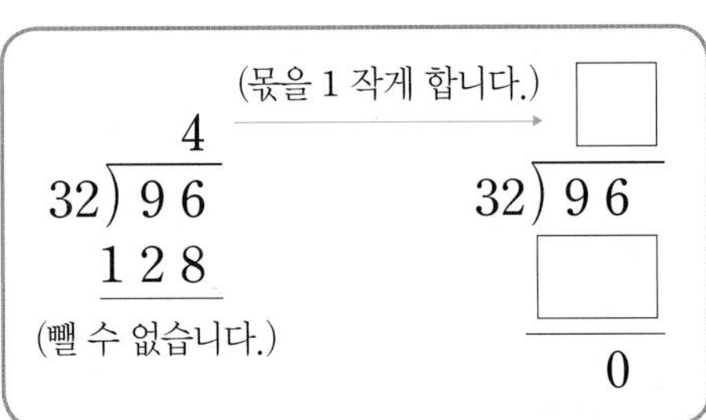

(1) 96에는 30이 □번 들어갑니다.

(2) 32×4는 96보다 크므로 96에는 32가 □ 번 들어갑니다.

(3) 96÷32의 몫은 □입니다.

원리 확인 

317÷42를 어떻게 계산하는지 알아보고 □ 안에 알맞은 수를 써넣으세요.

42)317 → 몫 8	(몫을 1 작게 합니다.) →	42)317 → 몫 □
336		□
(뺄 수 없습니다.)		□

(1) 317에는 42가 □번 들어갑니다.

(2) 317÷42의 몫은 □, 나머지는 □입니다.

원리 탄탄

기본 문제를 통해 개념과 원리를 다져요.

1 □ 안에 알맞은 수를 써넣으세요.

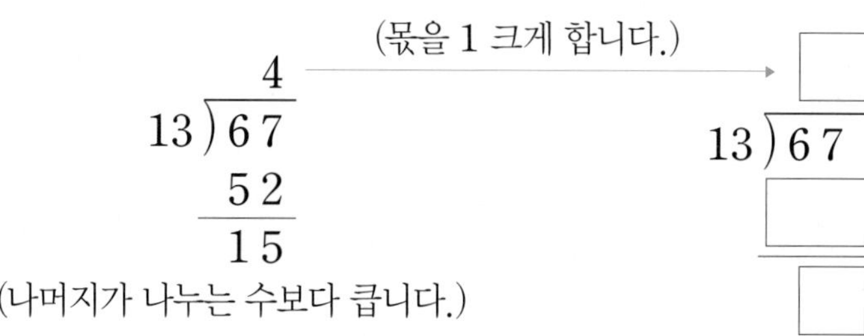

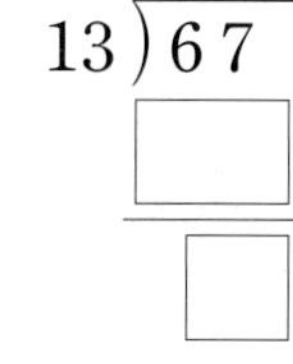

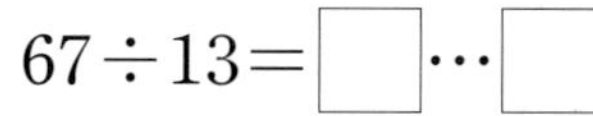

확인 13×□=□, □+□=67

> 1. 나누는 수와 몫의 곱이 나누어지는 수보다 작으면서 나누어지는 수와 가장 가까운 수가 되도록 몫을 정합니다.

2 □ 안에 알맞은 수를 써넣으세요.

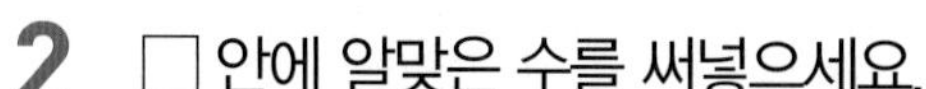

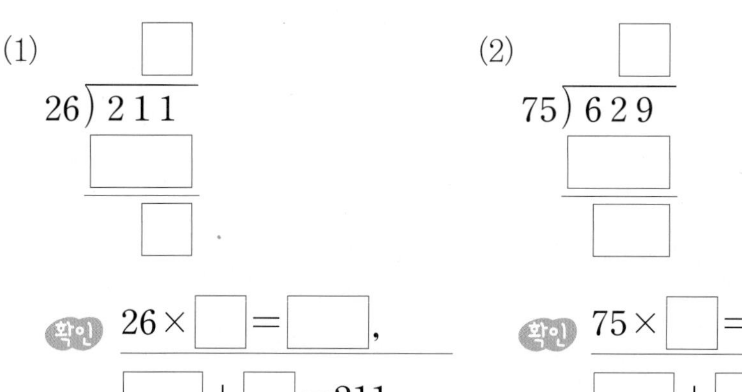

(1) 확인 26×□=□, □+□=211

(2) 확인 75×□=□, □+□=629

> 2. 나머지는 나누는 수보다 작아야 합니다.

3 신영이는 종이학을 매일 16개씩 접었습니다. 접은 종이학이 96개라면, 종이학을 며칠 동안 접었나요?

(　　　　　　　　)

> 3. (종이학을 접은 날수)
> =(현재 있는 종이학 수)
> ÷(하루에 접은 종이학 수)

4 율기는 색종이 270장을 29명의 친구들에게 똑같이 나누어 주려고 합니다. 한 명에게 몇 장씩 나누어 줄 수 있고, 몇 장이 남겠나요?

(　　　　　　), (　　　　　　)

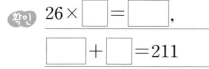

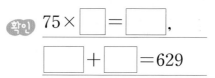

3 단원

원리 척척

 계산을 하고 계산 결과가 맞는지 확인해 보세요. [1~13]

1 $27\overline{)86}$

확인

2 $46\overline{)95}$

확인

3 $25\overline{)58}$

확인

4 $37\overline{)87}$

확인

5 $13\overline{)51}$

확인

6 $36\overline{)83}$

확인

7 $16\overline{)91}$

확인

8 $21\overline{)73}$

확인

9 $33\overline{)94}$

확인

10 $93 \div 42$

확인

11 $89 \div 12$

확인

12 $81 \div 14$

확인

13 $74 \div 31$

확인

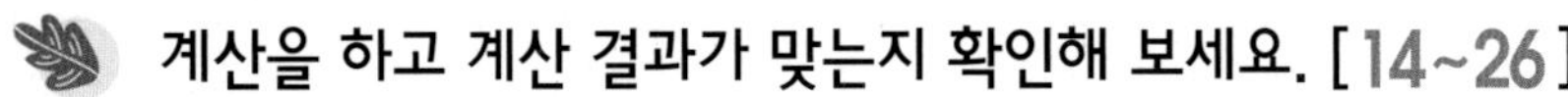

계산을 하고 계산 결과가 맞는지 확인해 보세요. [14~26]

14 $47\overline{)196}$

확인 ______

15 $29\overline{)176}$

확인 ______

16 $68\overline{)614}$

확인 ______

17 $34\overline{)297}$

확인 ______

18 $83\overline{)266}$

확인 ______

19 $21\overline{)124}$

확인 ______

20 $97\overline{)603}$

확인 ______

21 $38\overline{)296}$

확인 ______

22 $53\overline{)135}$

확인 ______

23 $163 \div 28$

확인 ______

24 $295 \div 62$

확인 ______

25 $143 \div 56$

확인 ______

26 $560 \div 81$

확인 ______

3 단원

원리 꼼꼼

5. 몇십몇으로 나누기 (2)

몫이 두 자리 수인 (세 자리 수)÷(두 자리 수) 알아보기

```
     1               15
23)367    ➡    23)367
   23              23
   13              137
                   115
                    22
```

$367 \div 23 = 15 \cdots 22$

확인 $23 \times 15 = 345$, $345 + 22 = 367$

원리 확인 1 496÷37을 어떻게 계산하는지 알아보세요.

(1) □ 안에 알맞은 수를 써넣으세요.

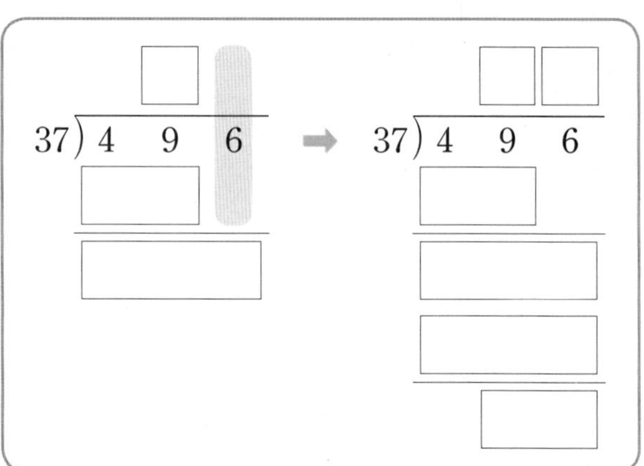

(2) 496에는 37이 □번 들어갑니다.

(3) 496÷37의 몫은 □, 나머지는 □입니다.

원리 확인 2 721÷19를 어떻게 계산하는지 알아보세요.

(1) □ 안에 알맞은 수를 써넣으세요.

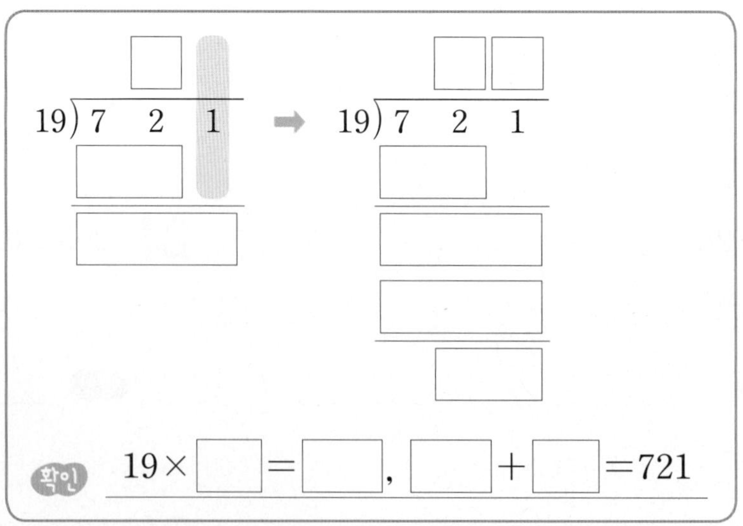

(2) 721에는 19가 □번 들어갑니다.

(3) 721÷19의 몫은 □, 나머지는 □입니다.

step 2 원리 탄탄

기본 문제를 통해 개념과 원리를 다져요.

1 □ 안에 알맞은 수를 써넣으세요.

(1)

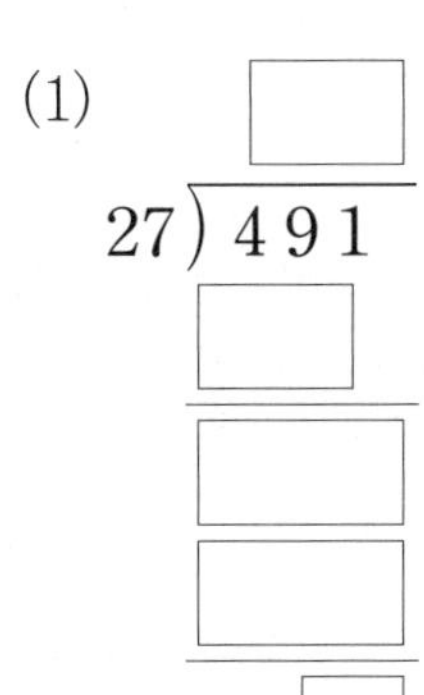

(2)

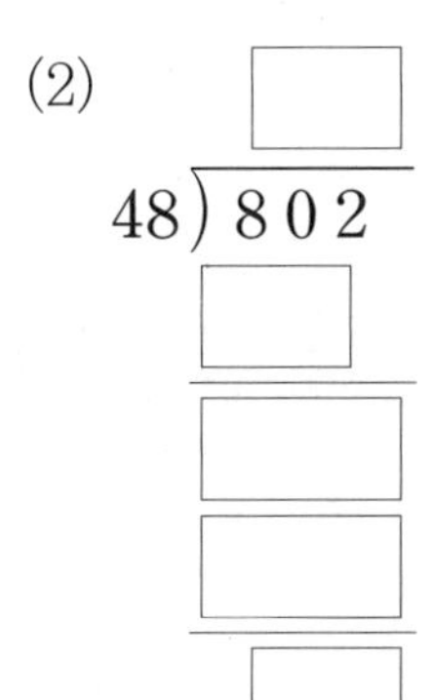

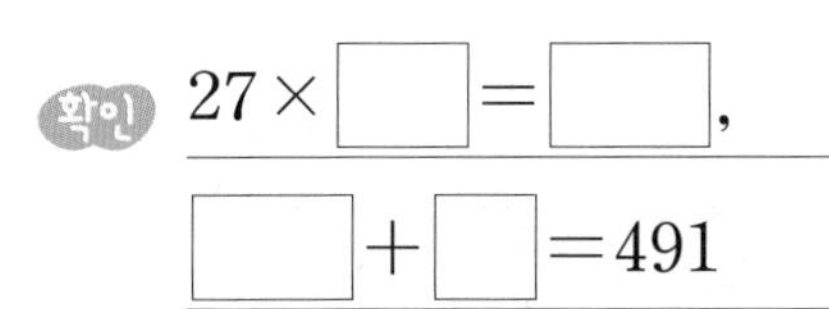

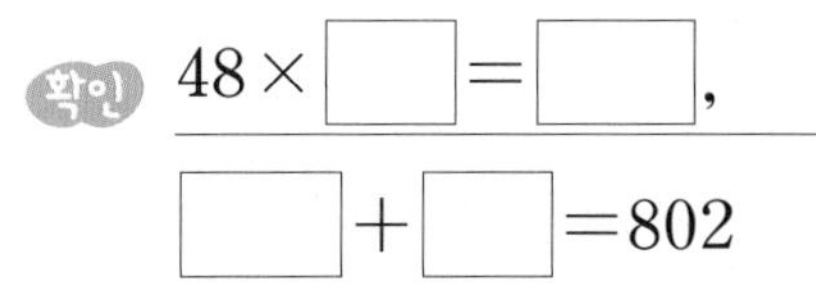

1. 확인: (나누는 수)×(몫)
+(나머지)
=(나누어지는 수)

2 계산을 하고 계산 결과가 맞는지 확인해 보세요.

(1) $31\overline{)530}$

(2) $19\overline{)845}$

확인 ______________ 확인 

(3) $643 \div 26$

(4) $962 \div 53$

확인  확인 ______________

3 학생 171명이 한 줄에 16명씩 줄을 섰습니다. 16명씩 선 줄은 몇 줄이고, 몇 명이 남나요?

( ), ( )

4 어느 과일 가게에서 배 603개를 한 상자에 25개씩 담아 포장하였습니다. 모두 몇 상자가 되고, 몇 개가 남나요?

( ), ( )

3 단원

3 원리 척척

 계산해 보세요. [1~13]

1 $23\overline{)299}$

2 $27\overline{)432}$

3 $24\overline{)600}$

4 $32\overline{)768}$

5 $34\overline{)646}$

6 $35\overline{)875}$

7 $28\overline{)812}$

8 $24\overline{)624}$

9 $43\overline{)989}$

10 $459 \div 27$

11 $782 \div 34$

12 $621 \div 23$

13 $759 \div 33$

계산을 하고 계산 결과가 맞는지 확인해 보세요. [14~26]

14 $21\overline{)381}$

확인 ______

15 $19\overline{)480}$

확인 ______

16 $17\overline{)621}$

확인 ______

17 $34\overline{)953}$

확인 ______

18 $29\overline{)413}$

확인 ______

19 $45\overline{)468}$

확인 ______

20 $53\overline{)875}$

확인 ______

21 $42\overline{)837}$

확인 ______

22 $32\overline{)817}$

확인 ______

23 $866 \div 24$

확인 ______

24 $675 \div 61$

확인 ______

25 $457 \div 32$

확인 ______

26 $951 \div 73$

확인 ______

원리 꼼꼼

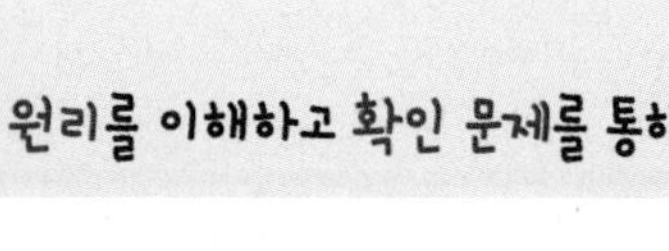

6. 어림셈을 이용하여 계산하기

곱셈의 어림셈을 이용하여 계산하기

704×81

↓ ↓

$700 \times 80 = 56000$

• 704를 몇백으로 어림하면 700입니다.

• 81을 몇십으로 어림하면 80입니다.

가장 가까운 몇백, 몇십을 찾아서 곱셈의 결과를 어림합니다.

나눗셈의 어림셈을 이용하여 계산하기

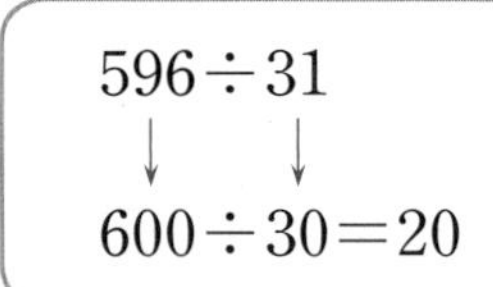

$596 \div 31$

↓ ↓

$600 \div 30 = 20$

• 596을 몇백으로 어림하면 600입니다.

• 31을 몇십으로 어림하면 30입니다.

가장 가까운 몇백, 몇십을 찾아서 나눗셈의 결과를 어림합니다.

1 지윤이가 두 수의 곱을 어림셈으로 구하려고 합니다. 실제 계산한 값은 어림셈한 결과보다 클지 작을지 알아보세요.

(1) 427×51을 (몇백)$\times$(몇십)의 어림셈으로 구해 보세요.

☐ $\times$ ☐ $=$ ☐

(2) 427은 ☐보다 크고, 51은 ☐보다 크므로 427×51은 ☐ $\times$ ☐보다 큽니다.

2 예린이가 $786 \div 50$의 몫을 어림셈으로 구하려고 합니다. 실제로 구한 몫은 어림셈으로 구한 몫보다 클지 작을지 구해 보세요.

(1) $786 \div 50$을 (몇백)$\div$(몇십)의 어림셈으로 구해 보세요.

☐ $\div 50 =$ ☐

(2) 786은 ☐보다 작으므로 실제로 구한 몫은 어림셈으로 구한 몫 ☐보다 작습니다.

기본 문제를 통해 개념과 원리를 다져요.

1 389×69를 (몇백)×(몇십)으로 어림셈하고, 실제 계산해 보세요.

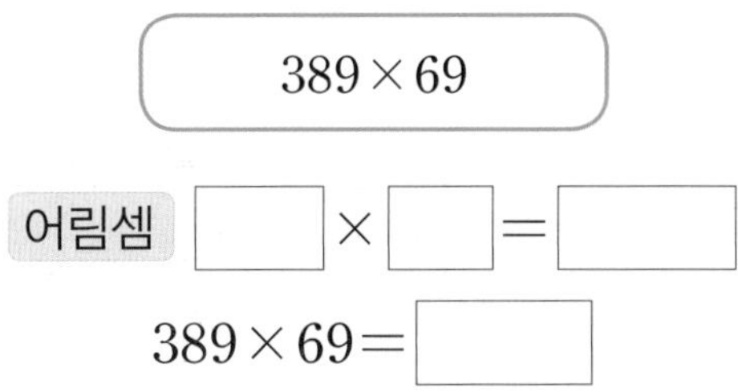

2 898을 몇백으로 어림하여 898×40이 약 얼마인지 어림셈으로 구하려고 합니다. □ 안에 알맞은 수를 써넣으세요.

898은 □보다 작고, □×40=□이므로 898×40은 □보다 작을 것입니다.

3 478÷60의 몫을 어림셈으로 구하고, 어림셈으로 구한 몫을 이용하여 실제 몫을 구해 보세요.

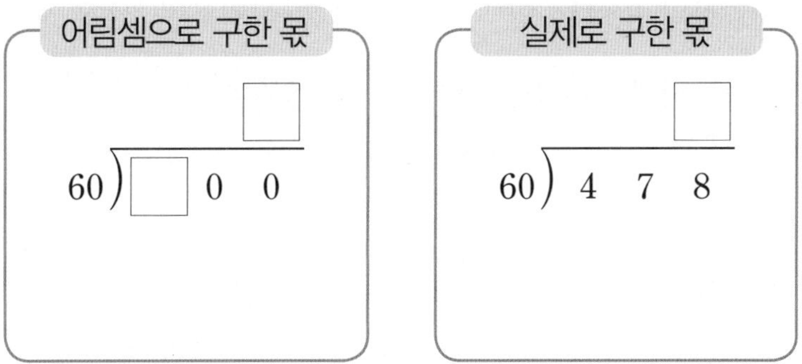

4 나눗셈의 몫을 어림한 것으로 가장 적절한 것에 ○표 하세요.

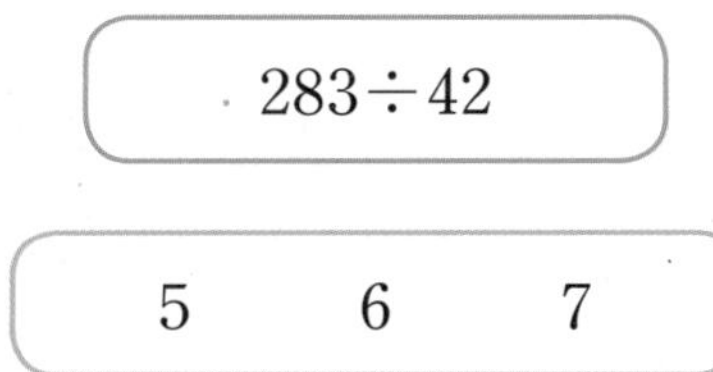

5 6 7

4. 가장 가까운 몇백, 몇십을 찾아서 나눗셈의 결과를 어림합니다.

3 단원

원리 척척

곱셈을 (몇백)×(몇십)으로 어림하여 계산하려고 합니다. □ 안에 알맞은 수를 써넣으세요. [1~6]

1

403×50 ➡ 403을 어림하면 403은 약 □이므로 403×50을 어림셈으로 구하면 약 □입니다.

2

596×30 ➡ 596을 어림하면 596은 약 □이므로 596×30을 어림셈으로 구하면 약 □입니다.

3

304×22 ➡ 304를 어림하면 304는 약 □, 22를 어림하면 22는 약 □이므로 304×22를 어림셈으로 구하면 약 □입니다.

4

694×31 ➡ 694를 어림하면 694는 약 □, 31을 어림하면 31은 약 □이므로 694×31을 어림셈으로 구하면 약 □입니다.

5

705×49 ➡ 705를 어림하면 705는 약 □, 49를 어림하면 49는 약 □이므로 705×49를 어림셈으로 구하면 약 □입니다.

6

897×58 ➡ 897을 어림하면 897은 약 □, 58을 어림하면 58은 약 □이므로 897×58을 어림셈으로 구하면 약 □입니다.

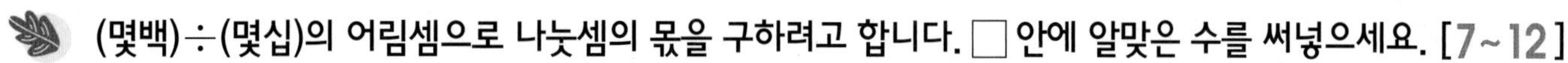

(몇백)÷(몇십)의 어림셈으로 나눗셈의 몫을 구하려고 합니다. □ 안에 알맞은 수를 써넣으세요. [7~12]

7 392÷40 ➡ 392는 약 □이므로 392÷40을 어림셈으로 구하면 약 □입니다.

8 401÷20 ➡ 401은 약 □이므로 401÷20을 어림셈으로 구하면 약 □입니다.

9 872÷32 ➡ 872는 약 □, 32는 약 □이므로 872÷32를 어림셈으로 구하면 약 □입니다.

10 715÷21 ➡ 715는 약 □, 21은 약 □이므로 715÷21을 어림셈으로 구하면 약 □입니다.

11 604÷59 ➡ 604는 약 □, 59는 약 □이므로 604÷59를 어림셈으로 구하면 약 □입니다.

12 770÷38 ➡ 770은 약 □, 38은 약 □이므로 770÷38을 어림셈으로 구하면 약 □입니다.

3 단원

01 보기 와 같이 계산해 보세요.

보기
$374 \times 3 = 1122$
➡ $374 \times 30 = 11220$

$415 \times 6 = 2490$

➡ $415 \times 60 =$ □

02 □ 안에 들어갈 0의 개수는 몇 개인가요?

$900 \times 50 = 45$□

(　　　　　　)

03 다음 중 계산 결과가 나머지와 다른 하나는 어느 것인가요? (　　　)

① 600×20　② 400×30
③ 300×40　④ 60×200
⑤ 12×10000

04 400×80을 계산하려고 합니다. 0이 아닌 숫자끼리의 곱인 $4 \times 8 = 32$에서 숫자 2는 어느 곳에 써야 하나요?

```
    4 0 0
 ×    8 0
① ② ③ ④ ⑤
```

(　　　　　　)

05 계산해 보세요.

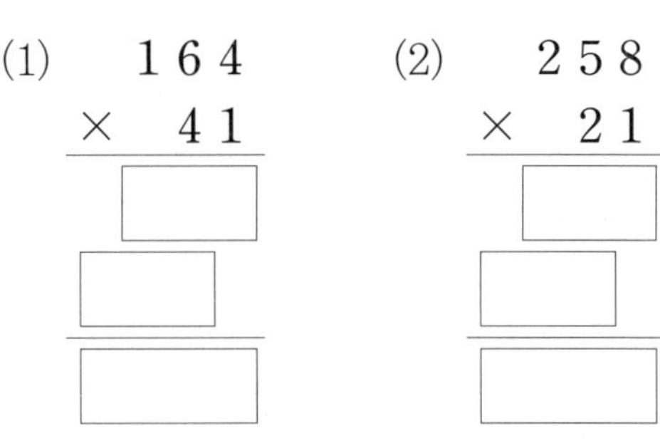

06 567×81을 다음과 같이 계산하였습니다. 잘못된 부분을 찾아 바르게 고쳐 보세요.

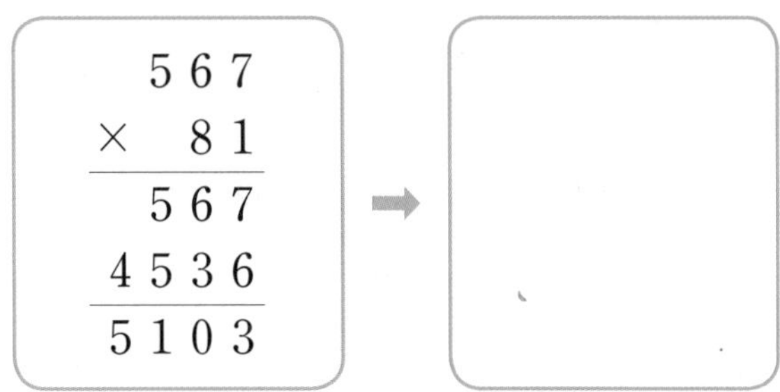

07 한 봉지 안에 들어 있는 사탕이 103개입니다. 51봉지 안에 들어 있는 사탕은 약 몇 개인지 어림셈으로 구해 보세요.

103은 □에 가깝고,
51은 □에 가까우니까
사탕은 약 □개입니다.

08 한 모둠에 12명씩 16모둠의 학생들이 책을 모으기로 하였습니다. 한 학생이 13권씩 모은다면, 책은 모두 몇 권인가요?

(　　　　　　)

09 계산을 하고 계산 결과가 맞는지 확인해 보세요.

$$34\overline{)76}$$

확인 ______________________

10 몫의 크기를 비교하여 ○ 안에 >, =, <를 알맞게 써넣으세요.

75÷25 ○ 140÷70

11 □ 안에 몫을 쓰고, ○ 안에 나머지를 써넣으세요.

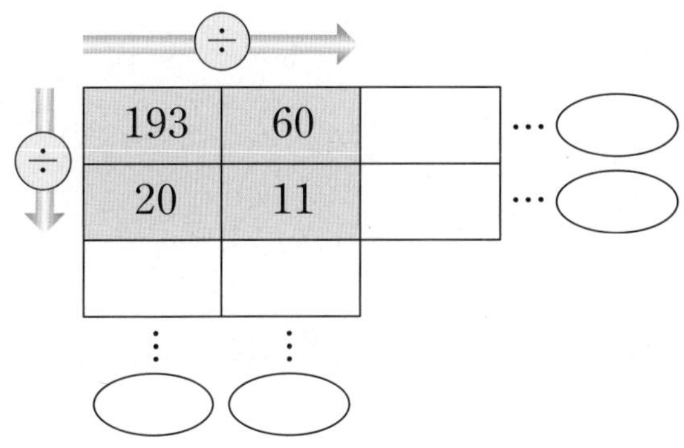

12 90 m의 색 테이프를 한 도막이 30 m가 되도록 자르려고 합니다. 모두 몇 도막이 생기나요?

( )

13 양계장에서 달걀을 한 바구니에 60개씩 담고 있습니다. 달걀이 720개 있다면 바구니 몇 개에 담을 수 있나요?

( )

14 계산을 하고 계산 결과가 맞는지 확인해 보세요.

$$42\overline{)341}$$

확인 ______________________

15 몫이 가장 큰 것을 찾아 기호를 써 보세요.

㉠ 492÷48　㉡ 243÷21
㉢ 199÷16　㉣ 741÷72

( )

16 어떤 수를 49로 나눌 때 나올 수 없는 나머지는 어느 것인가요? ( )

① 0　② 10　③ 39
④ 48　⑤ 50

17 토마토 191개를 한 상자에 26개씩 담으려고 합니다. 토마토를 담은 상자는 몇 상자가 되고, 몇 개가 남나요?

( ), ( )

18 공책 346권을 38명의 학생에게 똑같이 나누어 주려고 합니다. 한 학생에게 몇 권씩 주고, 몇 권이 남나요?

( ), ( )

단원 평가

3. 곱셈과 나눗셈

점수

01 □ 안에 알맞은 수를 써넣으세요.

(1) $700 \times 30 = \square 000$

$7 \times 3 = \square$

(2) $40 \times 500 = \square 000$

$4 \times 5 = \square$

02 관계있는 것끼리 선으로 이어 보세요.

30×200 •	• 20×300
80×300 •	• 60×200
300×40 •	• 600×40

03 보기 와 같이 계산해 보세요.

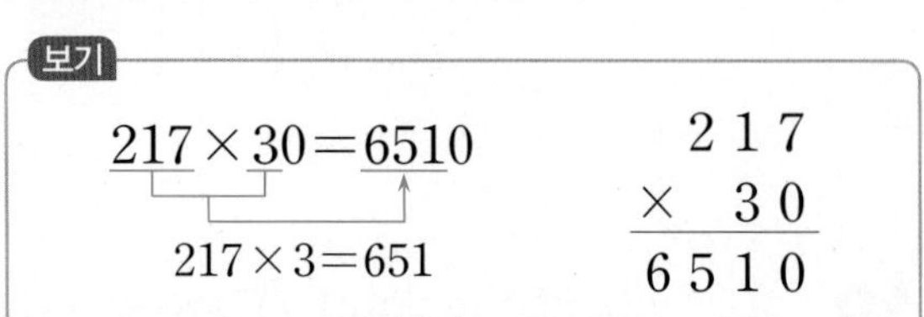

보기

$217 \times 30 = 6510$

$217 \times 3 = 651$

$$\begin{array}{r} 217 \\ \times \quad 30 \\ \hline 6510 \end{array}$$

$372 \times 40 = \square 0$

$372 \times 4 = \square$

$$\begin{array}{r} 372 \\ \times \quad 40 \\ \hline \square \end{array}$$

04 계산해 보세요.

(1)
$$\begin{array}{r} 193 \\ \times \quad 57 \\ \hline \end{array}$$

(2)
$$\begin{array}{r} 308 \\ \times \quad 52 \\ \hline \end{array}$$

(3)
$$\begin{array}{r} 834 \\ \times \quad 20 \\ \hline \end{array}$$

(4)
$$\begin{array}{r} 572 \\ \times \quad 36 \\ \hline \end{array}$$

05 계산 결과가 가장 큰 것을 찾아 기호를 써 보세요.

㉠ 513×40 ㉡ 217×39
㉢ 765×23 ㉣ 859×67

( )

06 가장 큰 수와 가장 작은 수의 곱을 구해 보세요.

843 90 814

( )

07 □ 안에 알맞은 숫자를 써넣으세요.

$$\begin{array}{r} 5\square 3 \\ \times \quad 20 \\ \hline 10860 \end{array}$$

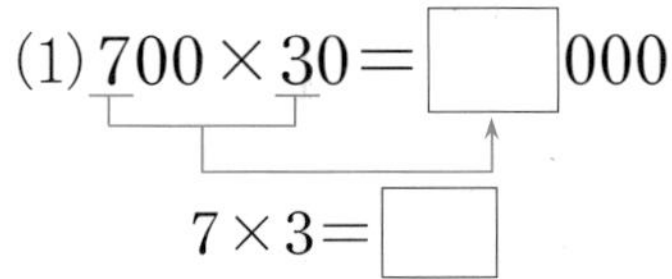

08 □ 안에 알맞은 수를 써넣으세요.

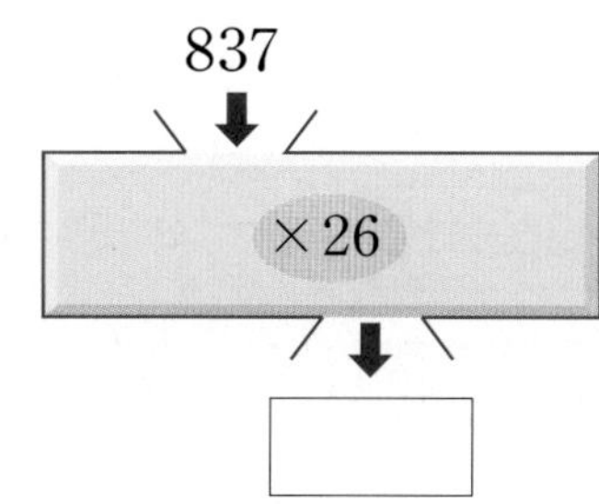

09 빈 곳에 알맞은 수를 써넣으세요.

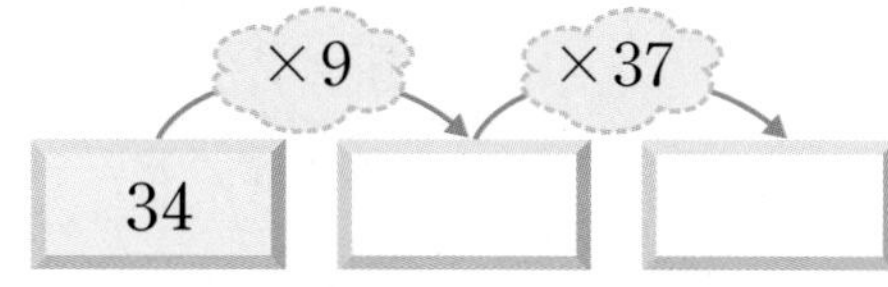

10 곱의 크기를 비교하여 ○ 안에 >, =, < 를 알맞게 써넣으세요.

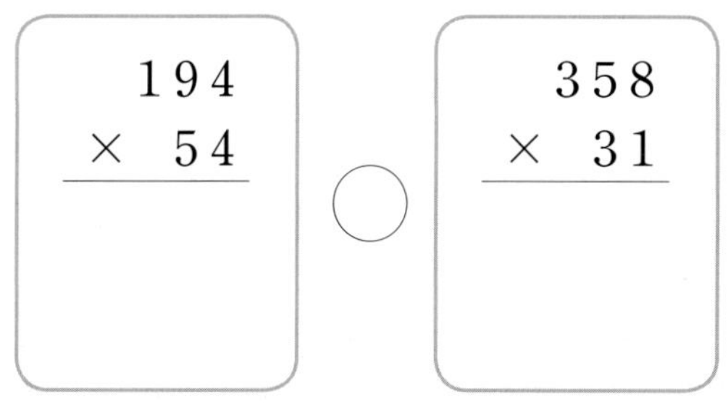

11 곱이 가장 큰 것은 어느 것인가요?

(　　　)

① 624×35　② 857×27
③ 546×44　④ 951×28
⑤ 337×74

12 (몇백)÷(몇십)의 어림셈으로 구한 값을 찾아 색칠해 보세요.

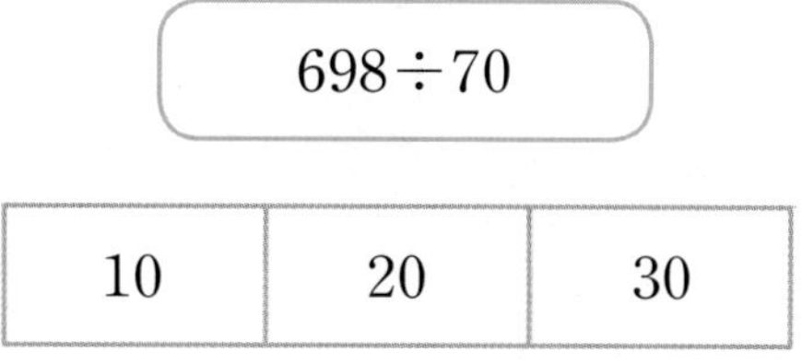

13 □ 안에 알맞은 수를 써넣으세요.

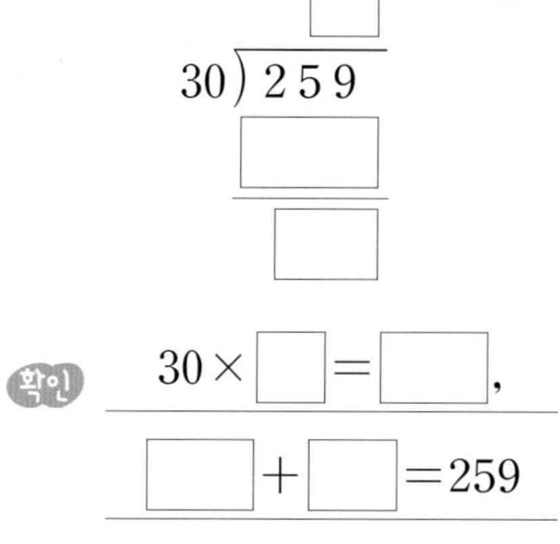

14 몫의 크기를 비교하여 ○ 안에 >, =, < 를 알맞게 써넣으세요.

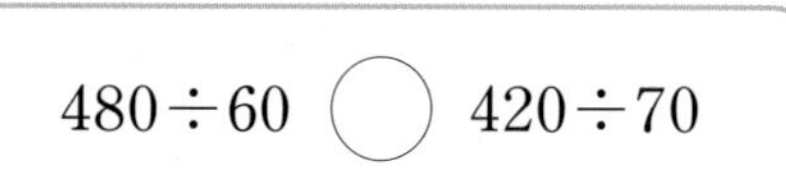

3 단원

15 계산을 하고 계산 결과가 맞는지 확인해 보세요.

(1) $45\overline{)924}$

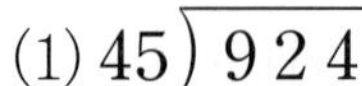

(2) $35\overline{)878}$

확인

16 몫이 가장 작은 것은 어느 것인가요?

( )

① 80÷20 ② 180÷30
③ 250÷50 ④ 540÷60
⑤ 490÷70

17 빈 곳에 알맞은 수를 써넣으세요.

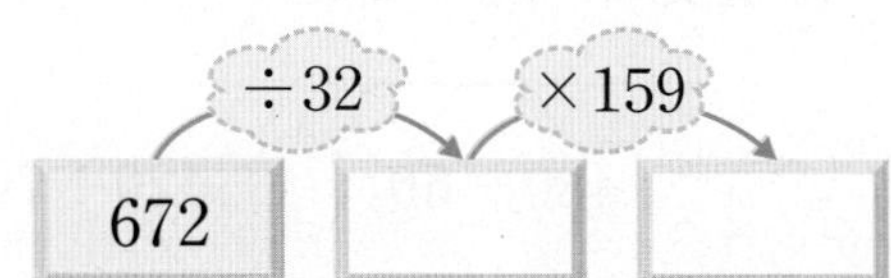

18 나머지가 같은 것끼리 선으로 이어 보세요.

472÷25 •	• 260÷18
356÷12 •	• 724÷27
548÷33 •	• 818÷21

19 □ 안에 알맞은 숫자를 써넣으세요.

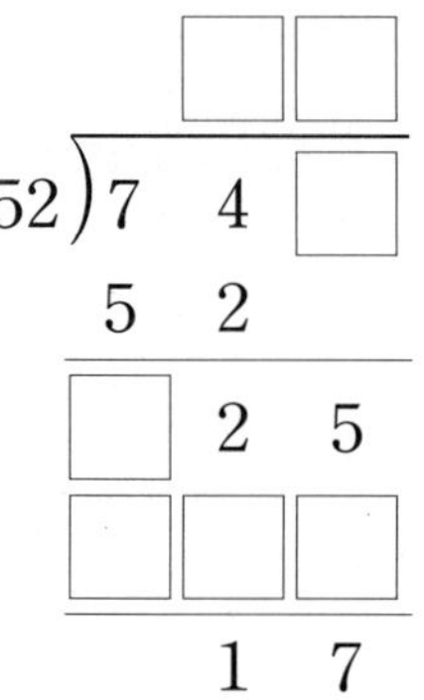

20 가운데 수를 바깥 수로 나누어 큰 원의 빈 곳에 몫을 써넣고, 나머지는 □ 안에 써넣으세요.

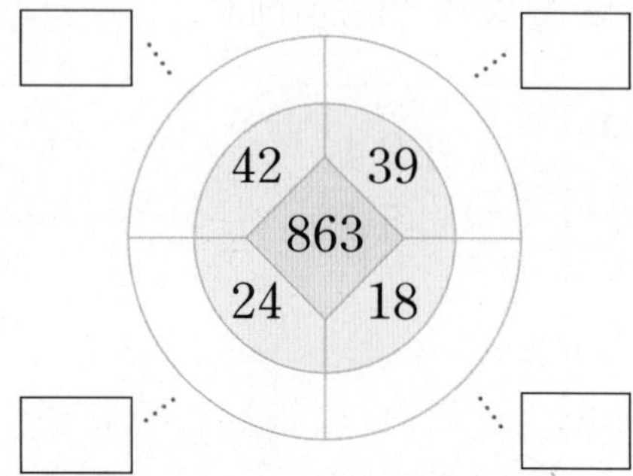

평면도형의 이동

이번에 배울 내용

1 점의 이동 알아보기

2 평면도형 밀기

3 평면도형 뒤집기

4 평면도형 돌리기

5 무늬 꾸미기

이전에 배운 내용

- 각과 직각 알아보기
- 직각삼각형, 직사각형, 정사각형 알아보기

다음에 배울 내용

- 사다리꼴 알아보기
- 평행사변형 알아보기
- 마름모 알아보기

step 1 원리 꼼꼼

1. 점의 이동 알아보기

점이 이동한 곳 알아보기

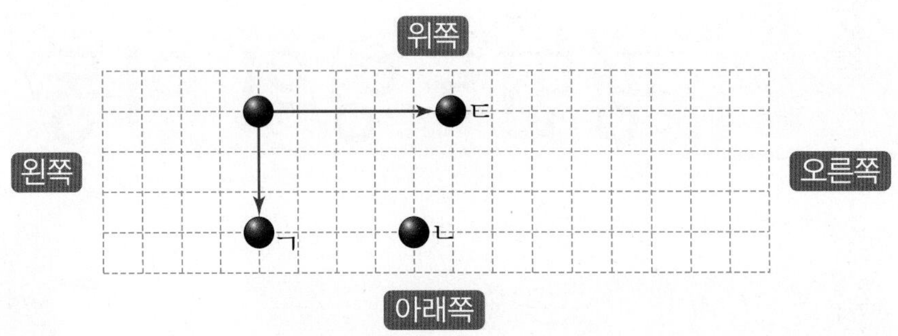

- 바둑돌을 아래쪽으로 3칸 이동하면 점 ㄱ입니다.
- 바둑돌을 오른쪽으로 5칸 이동하면 점 ㄷ입니다.
- 바둑돌을 점 ㄴ의 위치로 이동하기
  방법 ① 아래쪽으로 3칸 이동하고 오른쪽으로 4칸 이동하기
  방법 ② 오른쪽으로 4칸 이동하고 아래쪽으로 3칸 이동하기

점의 이동을 설명할 때에는 어느 방향으로 몇 칸(몇 cm) 이동했는지 이동한 방향과 거리를 포함해 설명합니다.

원리 확인 1 바둑돌을 이동한 곳에 점을 찍어 보세요.

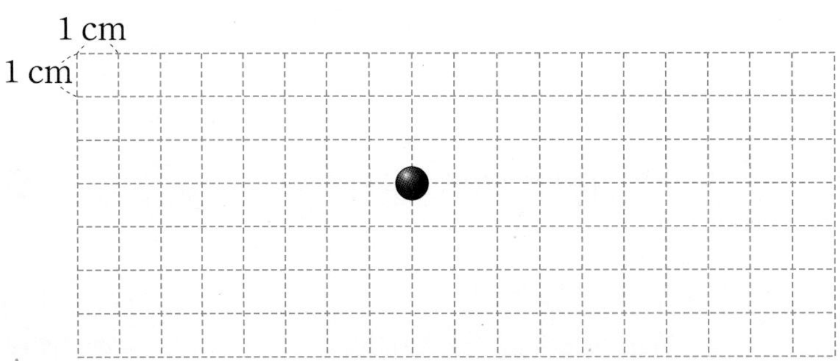

(1) 바둑돌을 오른쪽으로 5 cm 이동한 곳에 점 ㄱ으로 표시해 보세요.

(2) 바둑돌을 왼쪽으로 6 cm 이동한 곳에 점 ㄴ으로 표시해 보세요.

(3) 바둑돌을 아래쪽으로 3 cm 이동한 곳에 점 ㄷ으로 표시해 보세요.

(4) 바둑돌을 위쪽으로 2 cm 이동한 곳에 점 ㄹ로 표시해 보세요.

1 자동차를 도착점까지 이동하려고 합니다. □ 안에 알맞은 수나 말을 써넣으세요.

도착점

자동차는 도착점까지 □쪽으로 □칸 이동해야 합니다.

> 1. 점의 이동을 설명할 때에는 어느 방향으로 몇 칸 이동했는지 이동한 방향과 거리를 포함하여 설명합니다.

2 바둑돌을 주어진 방향과 길이만큼 이동한 곳을 찾아 기호를 써 보세요.

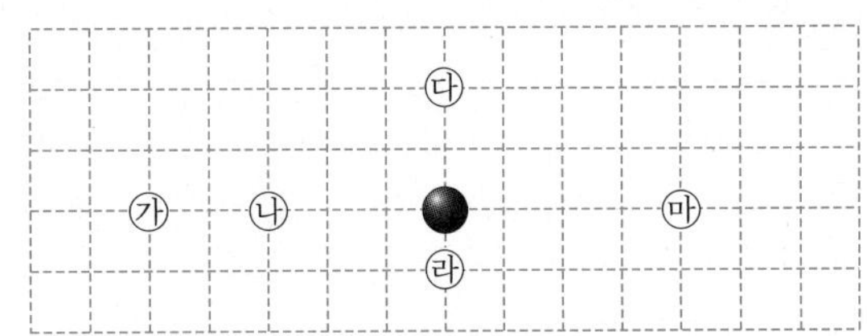

(1) 위쪽으로 2칸 이동 (　　　　　)

(2) 왼쪽으로 3칸 이동 (　　　　　)

> 2. 방향과 칸수에 맞게 이동한 곳을 찾습니다.

3 점 ㄱ을 왼쪽으로 7 cm, 아래쪽으로 5 cm 이동했습니다. 이동한 곳에 점을 찍어 보세요.

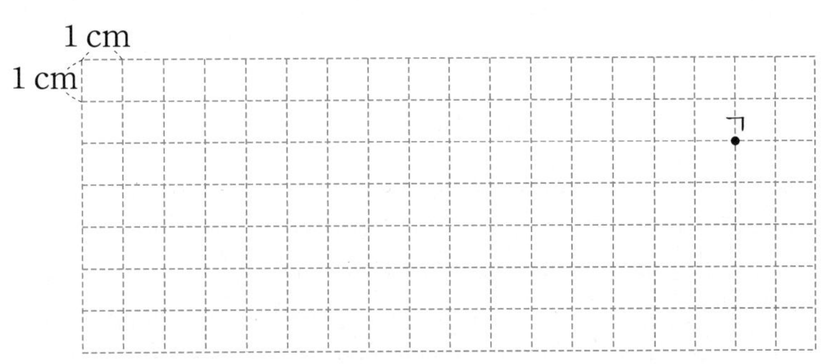

> 3. 한 칸의 길이는 1 cm임을 이용합니다.

4 단원

원리 척척

점 ㄱ을 선을 따라 주어진 방향과 길이만큼 이동하여 나타내 보세요. [1~4]

1 오른쪽으로 6칸 이동

2 왼쪽으로 6칸 이동

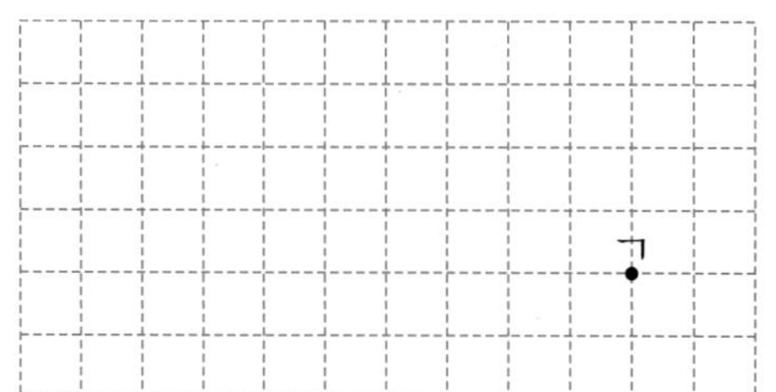

3 아래쪽으로 4칸 이동

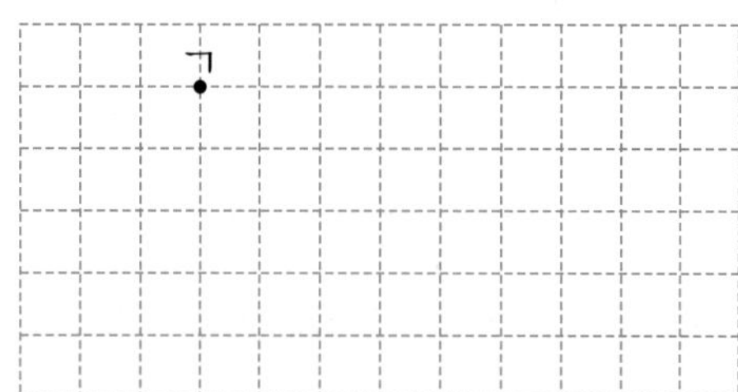

4 위쪽으로 5칸 이동

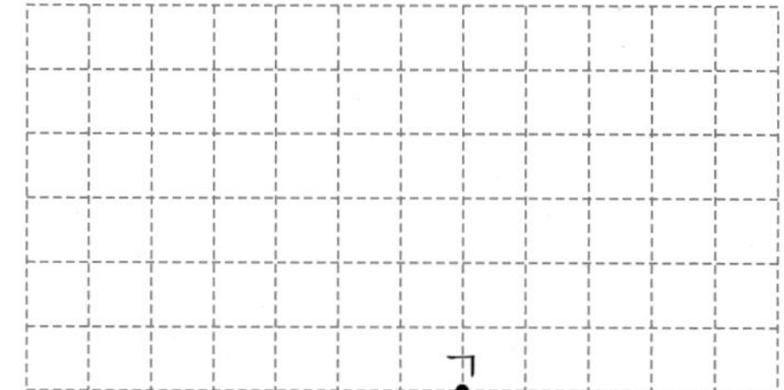

점을 ㉮로 이동하려면 어느 쪽으로 몇 칸 이동해야 하는지 □ 안에 알맞은 수나 말을 써넣으세요. [5~6]

5

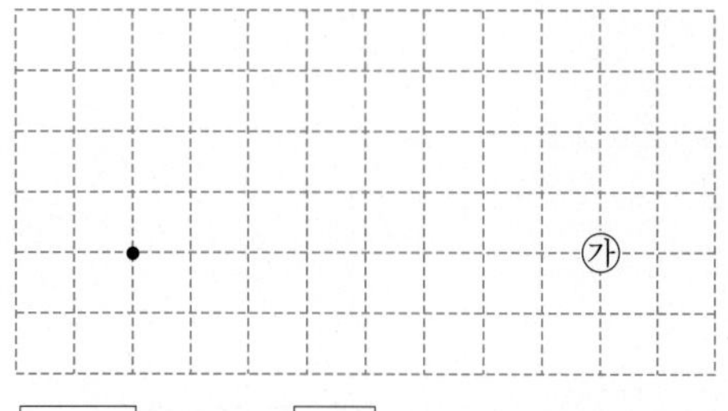

□쪽으로 □칸 이동해야 합니다.

6

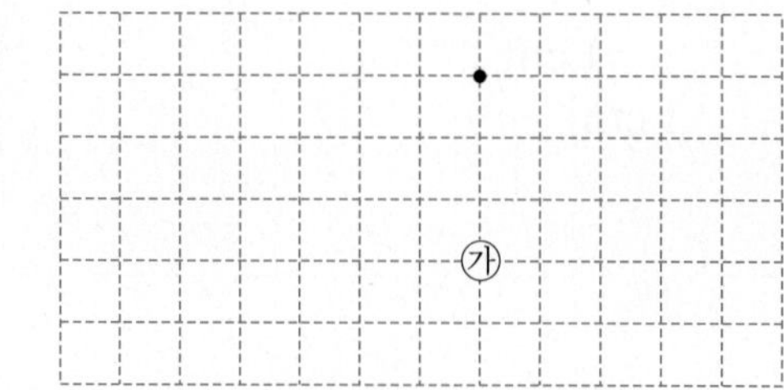

□쪽으로 □칸 이동해야 합니다.

출발점에서 도착점까지 이동하는 방법을 설명한 것입니다. □ 안에 알맞은 수나 말을 써넣으세요. [7~10]

7
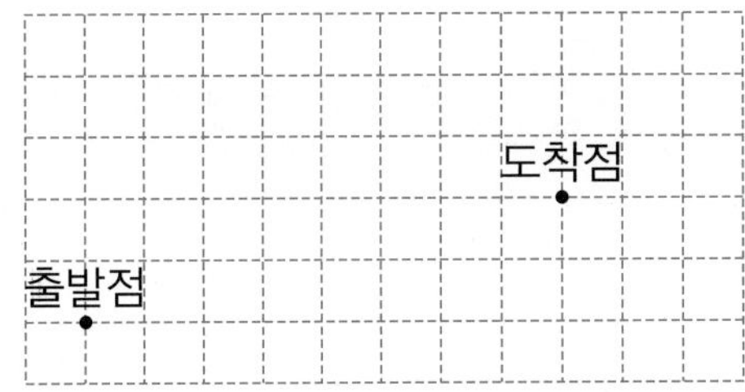

출발점에서 오른쪽으로 □칸, 위쪽으로 □칸 이동합니다.

8
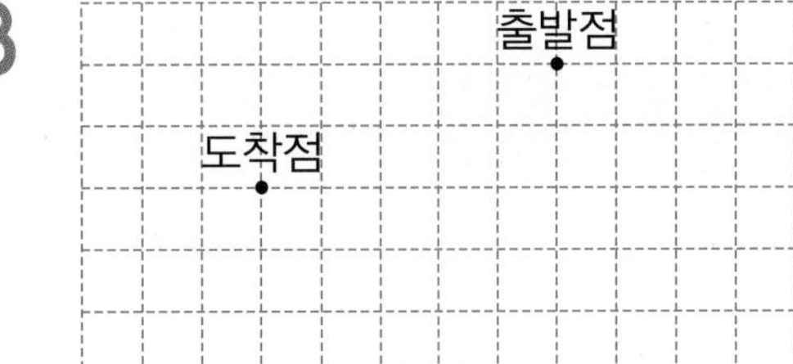

출발점에서 왼쪽으로 □칸, 아래쪽으로 □칸 이동합니다.

9
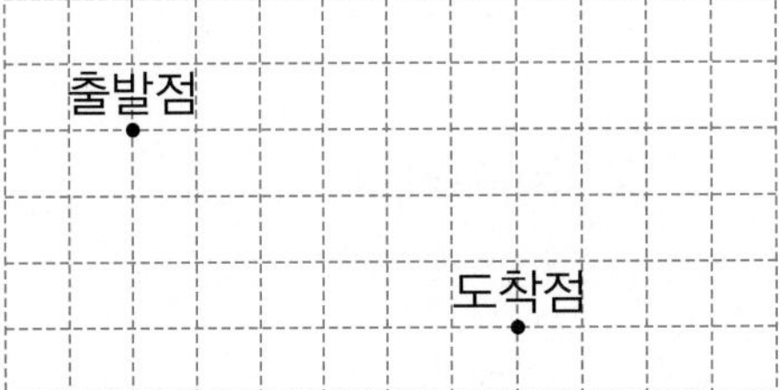

출발점에서 아래쪽으로 □칸, 오른쪽으로 □칸 이동합니다.

10
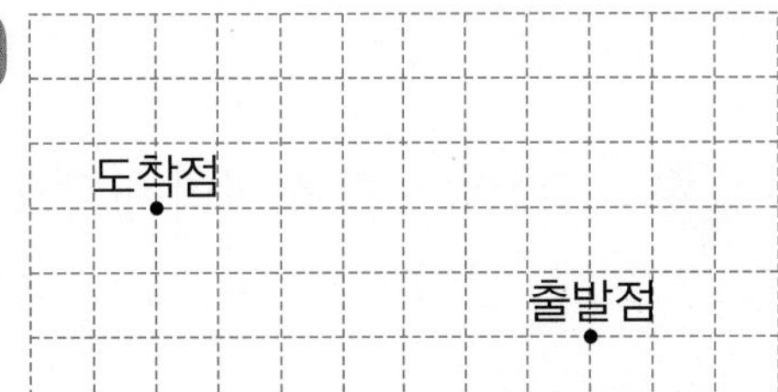

출발점에서 위쪽으로 □칸, 왼쪽으로 □칸 이동합니다.

점 ㄱ을 선을 따라 주어진 방향과 길이만큼 이동한 곳에 점을 찍어 보세요. [11~12]

11 왼쪽으로 6칸, 아래쪽으로 4칸 이동

12 오른쪽으로 5칸, 위쪽으로 3칸 이동

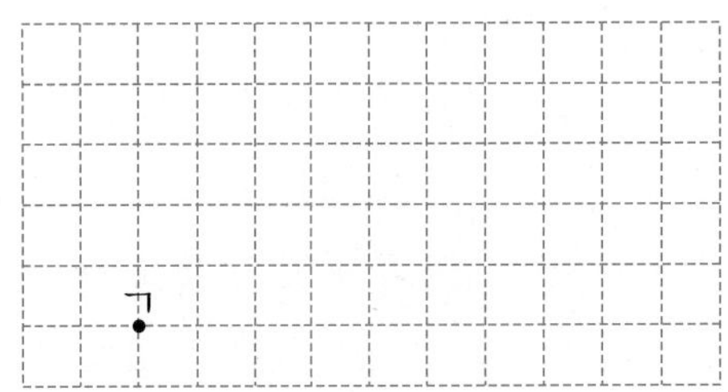

2. 평면도형 밀기

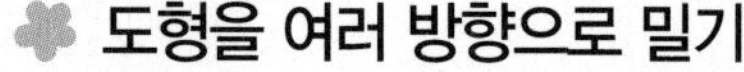

동영상강의

도형을 여러 방향으로 밀기

도형을 어느 방향으로 밀어도 도형의 모양은 변하지 않습니다.

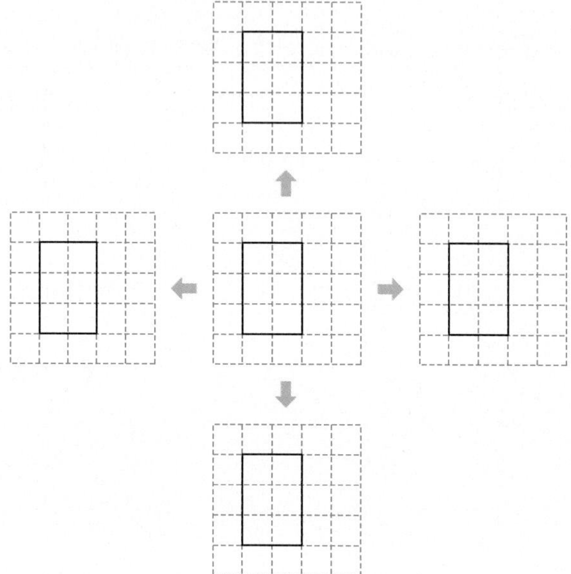

원리 확인 1 주어진 도형을 여러 방향으로 밀었을 때 생기는 모양을 알아보세요.

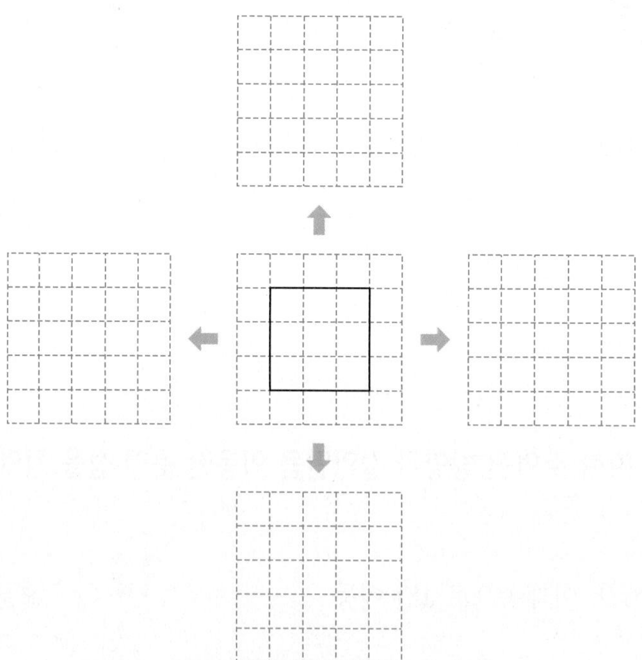

(1) 주어진 도형을 왼쪽, 오른쪽, 위쪽, 아래쪽으로 밀었을 때 생기는 모양을 각각 그려 보세요.

(2) 주어진 도형을 여러 방향으로 밀었을 때, 도형의 모양은
(변합니다, 변하지 않습니다).

기본 문제를 통해 개념과 원리를 다져요.

1 주어진 도형을 오른쪽으로 밀었을 때 생기는 모양에 ○표 하세요.

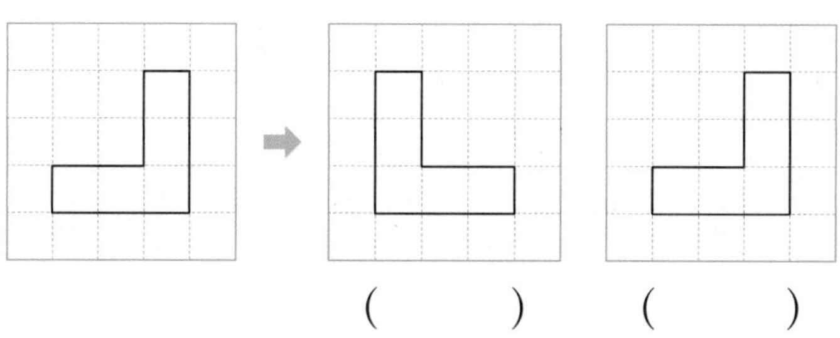

( ) ( )

2 주어진 도형을 왼쪽으로 밀었을 때 생기는 모양을 그려 보세요.

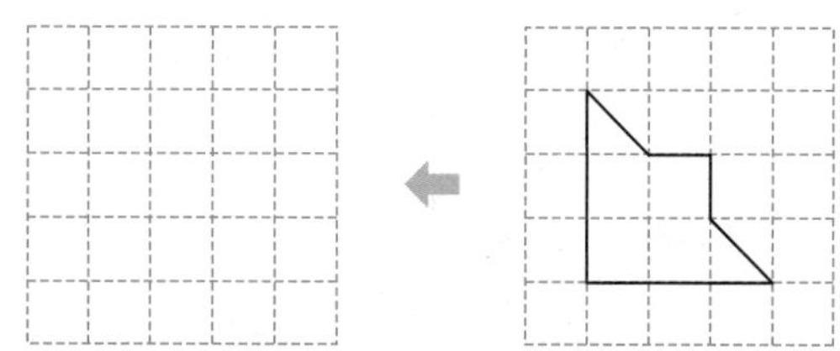

3 주어진 도형을 왼쪽, 오른쪽, 위쪽, 아래쪽으로 밀었을 때 생기는 모양을 각각 그려 보세요.

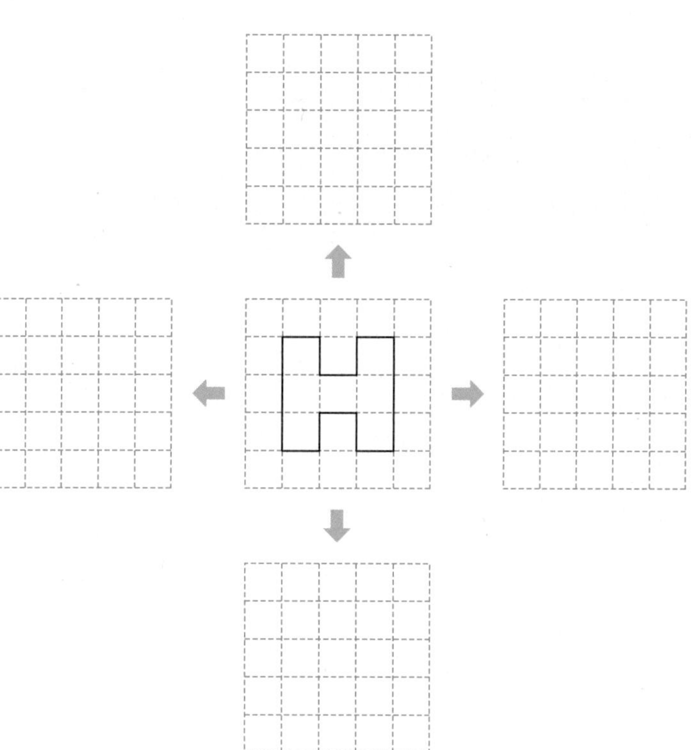

4 □ 안에 알맞은 말을 써넣으세요.

> 도형을 여러 방향으로 밀더라도 □은 변하지 않습니다.

1. 도형을 밀어도 모양은 변하지 않습니다.

3. 투명 종이를 이용하지 않고도 모눈의 칸수와 도형의 위치 등을 비교하여 민 도형을 그릴 수 있습니다.

4 단원

원리 척척

주어진 도형을 왼쪽과 오른쪽 방향으로 밀었을 때 생기는 모양을 그려 보세요. [1~5]

1

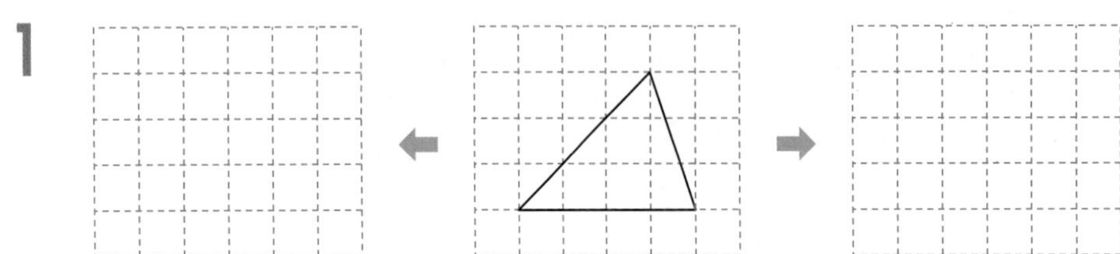

2

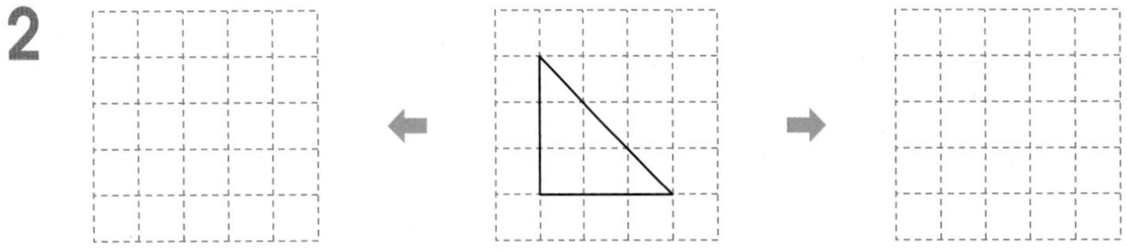

3

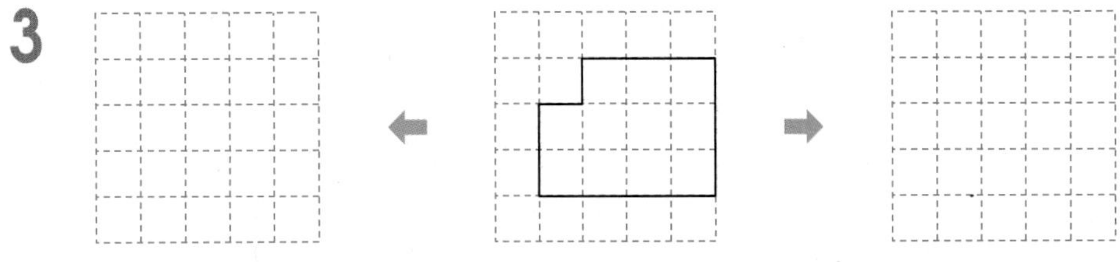

4

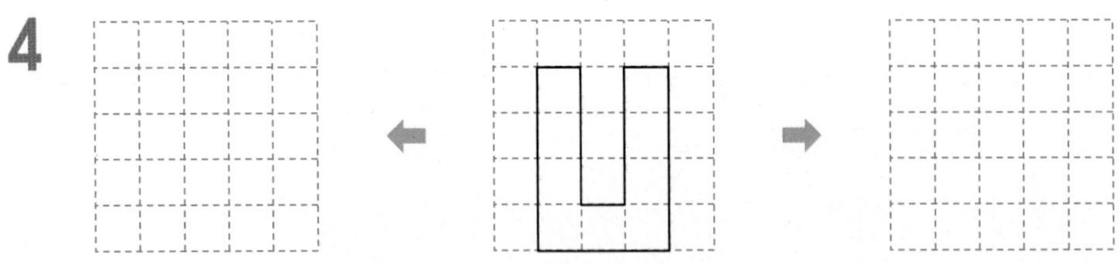

5

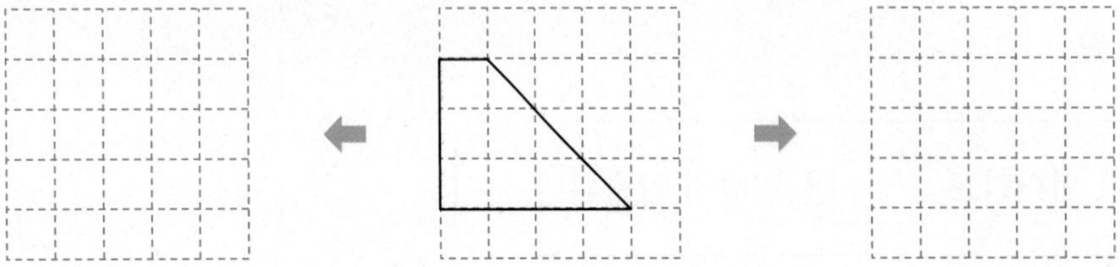

주어진 도형을 화살표 방향으로 밀었을 때 생기는 모양을 그려 보세요. [6~11]

6

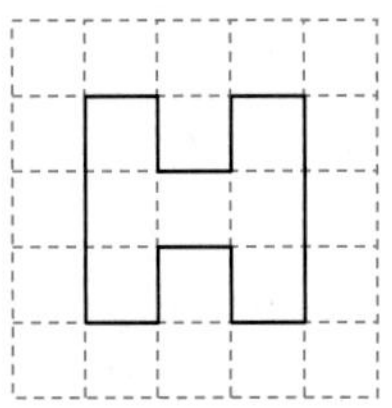

7

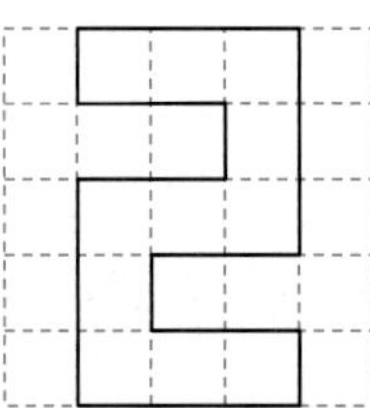

8

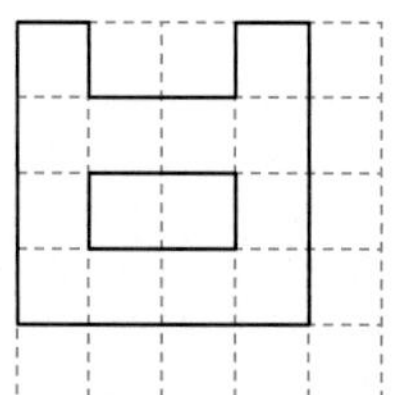

4 단원

9

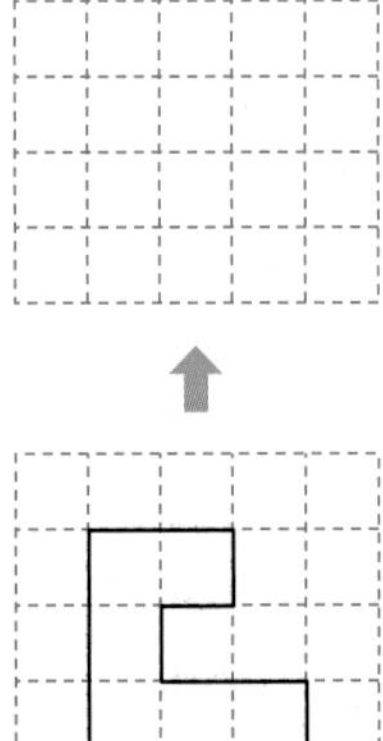

10

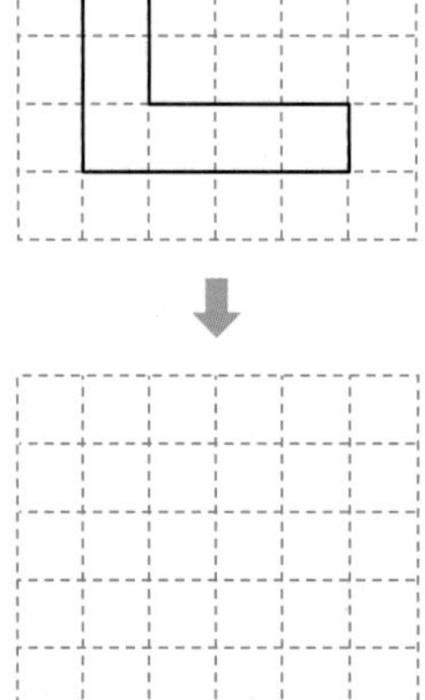

11

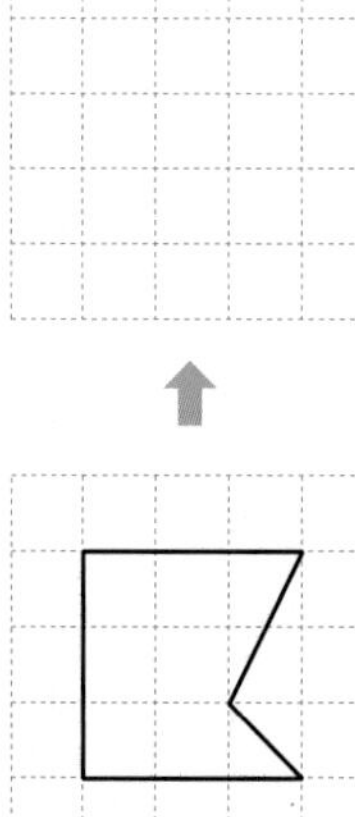

step 1 원리 꼼꼼

3. 평면도형 뒤집기

도형을 여러 방향으로 뒤집기

- 도형을 오른쪽이나 왼쪽으로 뒤집으면 도형의 오른쪽은 왼쪽으로, 왼쪽은 오른쪽으로 바뀝니다.
- 도형을 위쪽이나 아래쪽으로 뒤집으면 도형의 위쪽은 아래쪽으로, 아래쪽은 위쪽으로 바뀝니다.

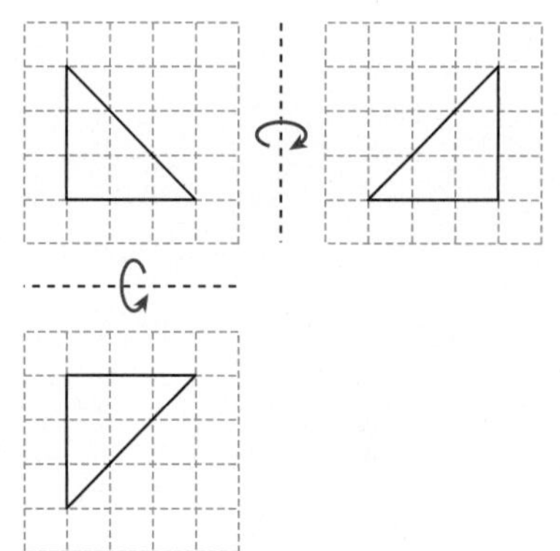

원리 확인 1 주어진 도형을 여러 방향으로 뒤집었을 때 생기는 모양을 알아보세요.

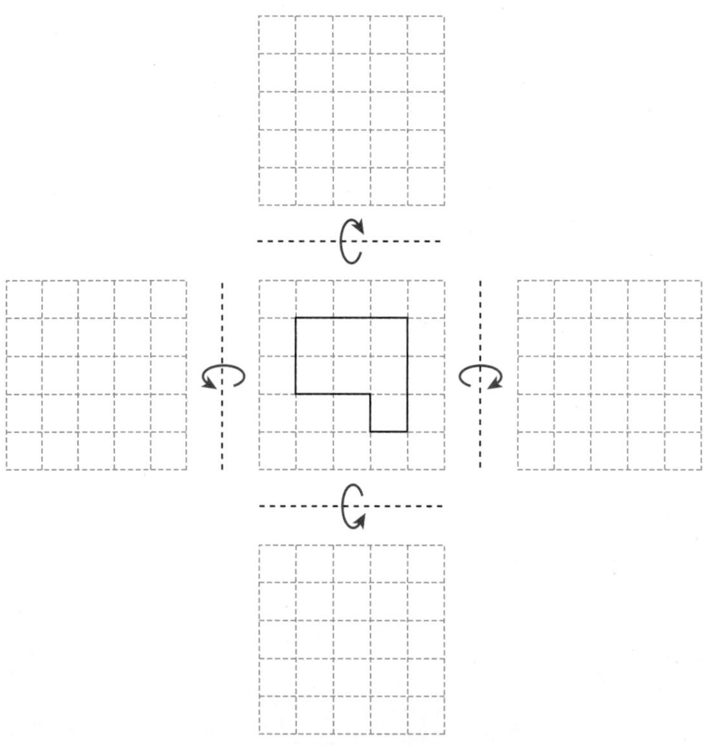

(1) 주어진 도형을 왼쪽, 오른쪽, 위쪽, 아래쪽으로 뒤집었을 때 생기는 모양을 각각 그려 보세요.

(2) 주어진 도형을 오른쪽이나 왼쪽으로 뒤집으면 도형의 오른쪽은 (왼쪽, 오른쪽)으로, 왼쪽은 (왼쪽, 오른쪽)으로 바뀝니다.

(3) 주어진 도형을 위쪽이나 아래쪽으로 뒤집으면 도형의 위쪽은 (위쪽, 아래쪽)으로, 아래쪽은 (위쪽, 아래쪽)으로 바뀝니다.

1 □ 안에 알맞은 말을 써넣으세요.

> 도형을 오른쪽으로 뒤집으면 도형의 오른쪽과 □의 위치가 서로 바뀝니다.

2 오른쪽 도형을 왼쪽으로 뒤집었을 때 생기는 모양에 ○표 하세요.

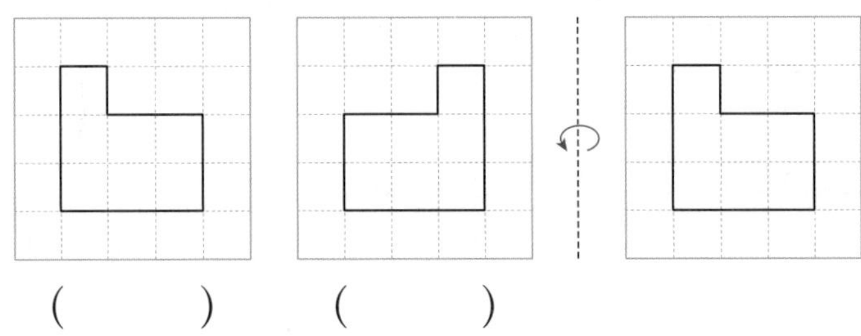

(　　　) (　　　)

4 단원

도형을 보고 물음에 답해 보세요. [3~4]

3 주어진 도형을 위쪽과 아래쪽으로 뒤집었을 때 생기는 모양을 각각 그려 보세요.

3. 도형을 위쪽이나 아래쪽으로 뒤집으면 도형의 위쪽은 아래쪽으로, 아래쪽은 위쪽으로 바뀝니다.

4 주어진 도형을 위쪽으로 뒤집었을 때 생기는 모양과 아래쪽으로 뒤집었을 때 생기는 모양은 서로 같습니까?

(　　　　　　　　)

원리 척척

주어진 도형을 화살표 방향으로 뒤집었을 때 생기는 모양을 그려 보세요. [1~5]

1
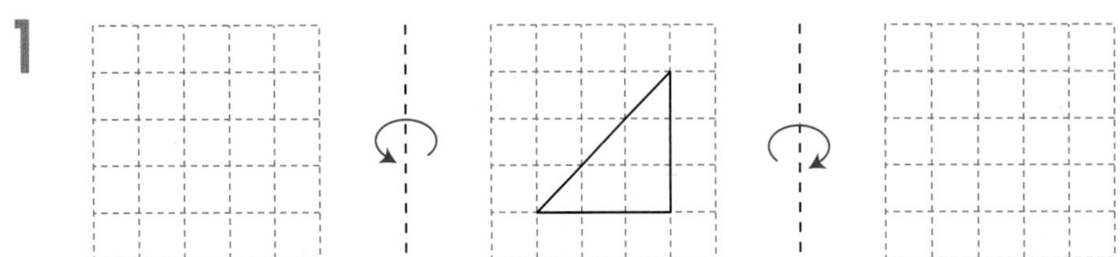

2
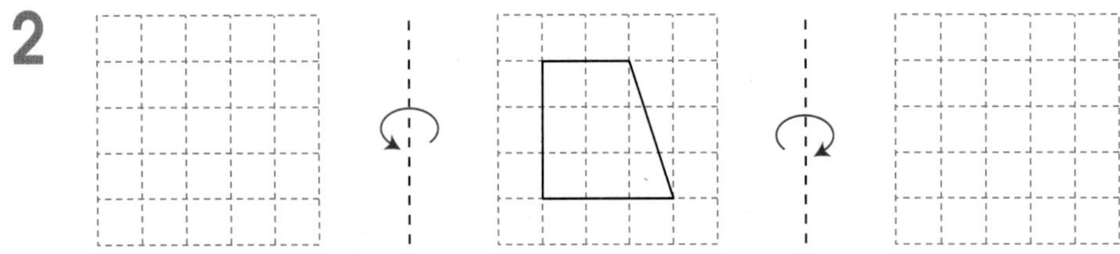

3
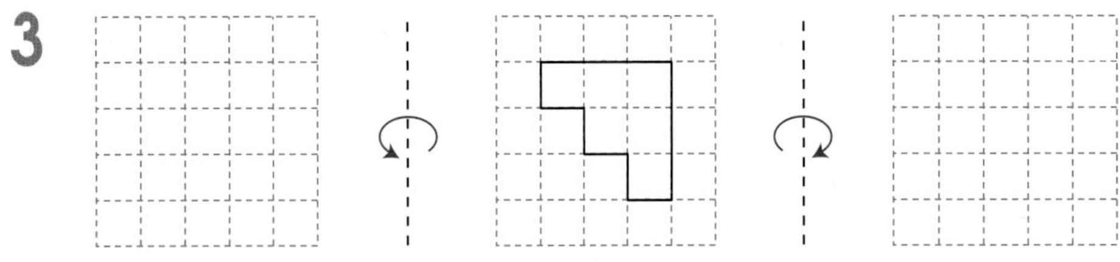

4
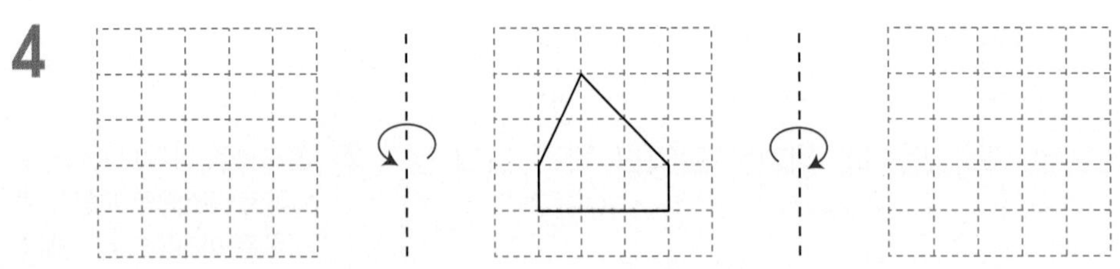

5
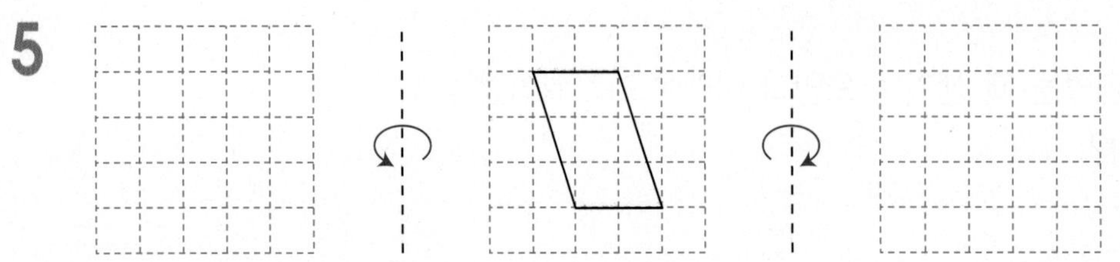

주어진 도형을 화살표 방향으로 뒤집었을 때 생기는 모양을 그려 보세요. [6~11]

6

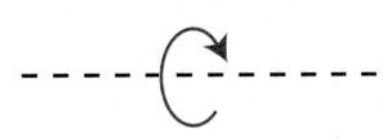
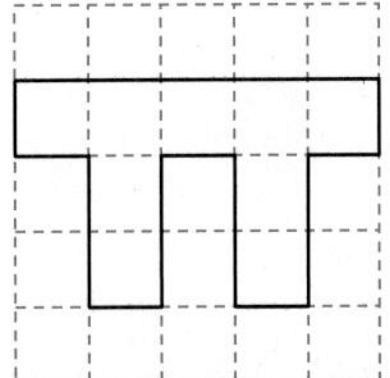
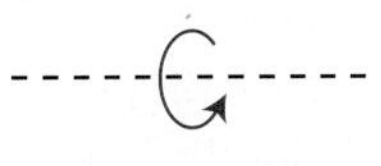

7

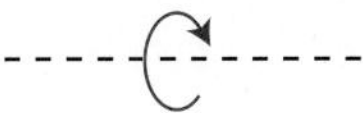
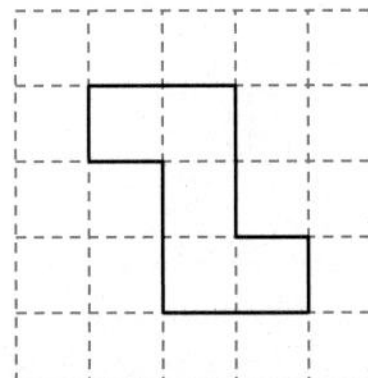
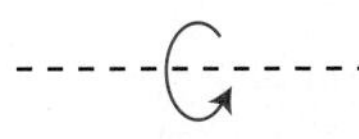
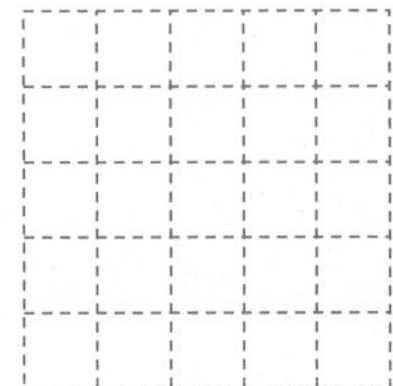

8

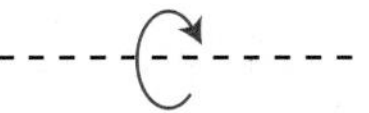
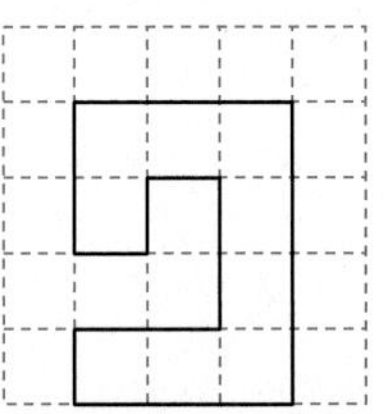
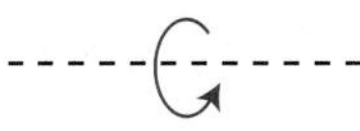

9

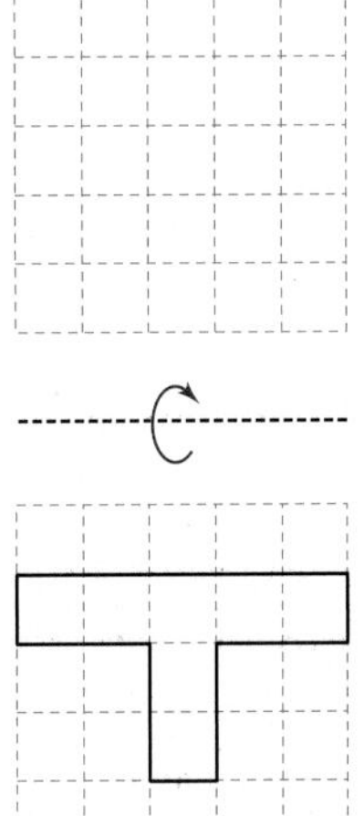

10

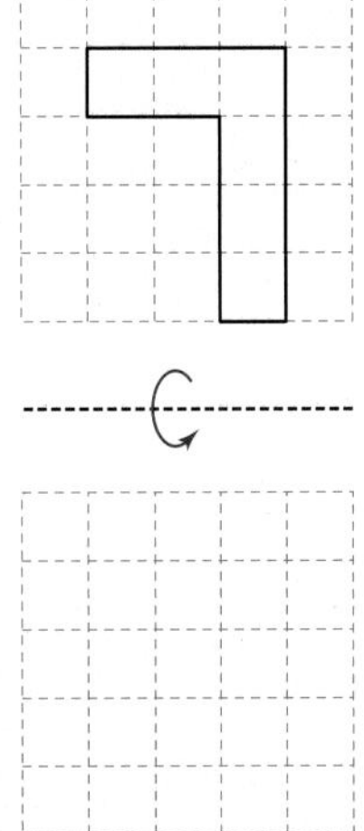

11

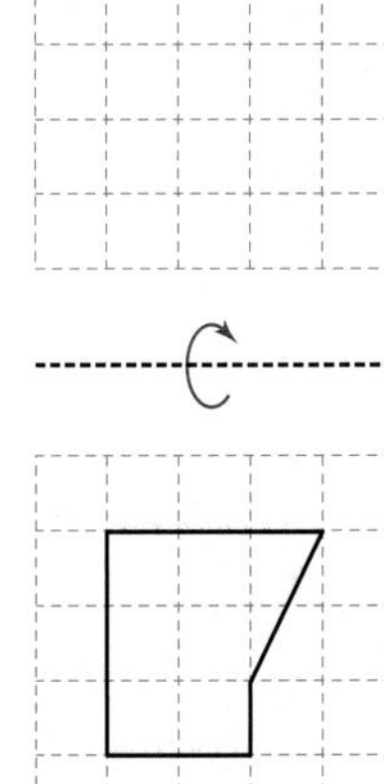

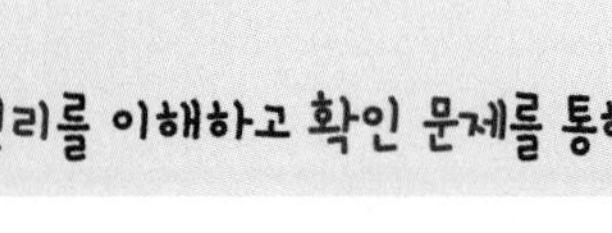
개념과 원리를 이해하고 확인 문제를 통해 익혀요.

4. 평면도형 돌리기

동영상강의

도형을 오른쪽으로 돌리기

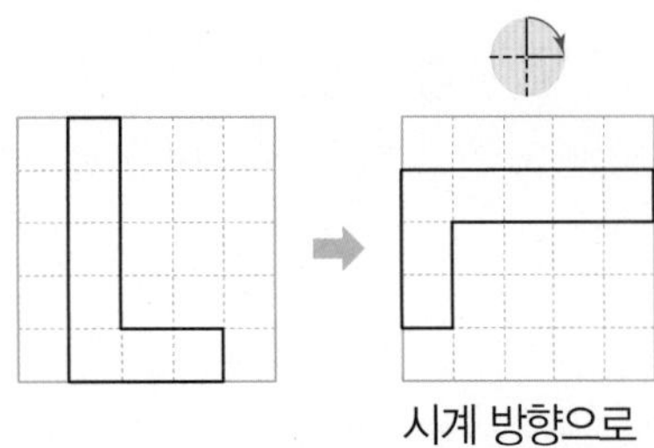
시계 방향으로 90°만큼 돌리기

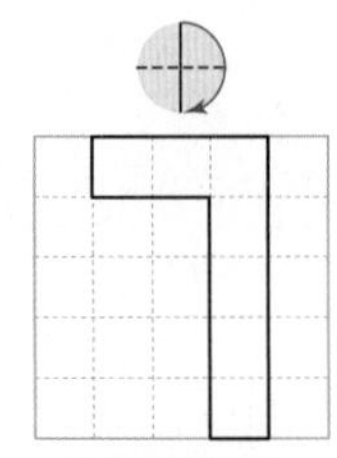
시계 방향으로 180°만큼 돌리기

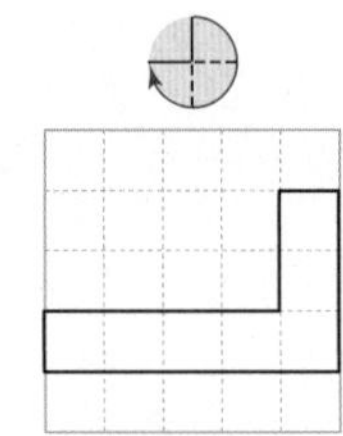
시계 방향으로 270°만큼 돌리기

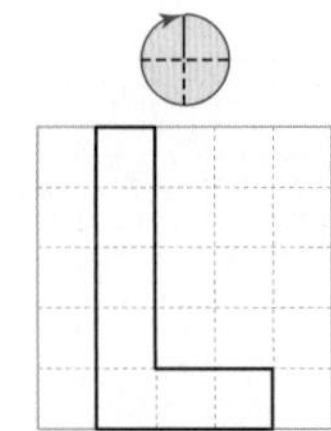
시계 방향으로 360°만큼 돌리기

도형을 왼쪽으로 돌리기

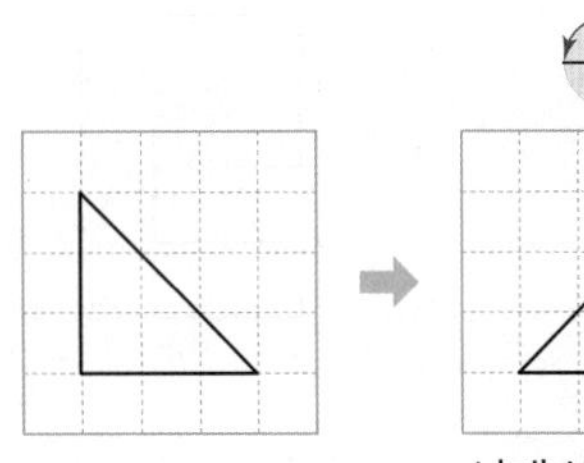
시계 반대 방향으로 90°만큼 돌리기

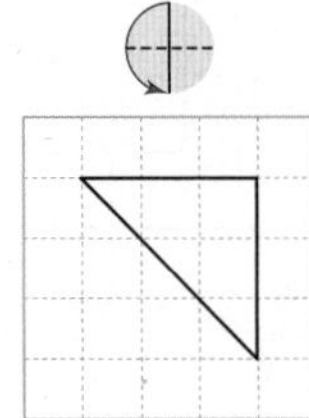
시계 반대 방향으로 180°만큼 돌리기

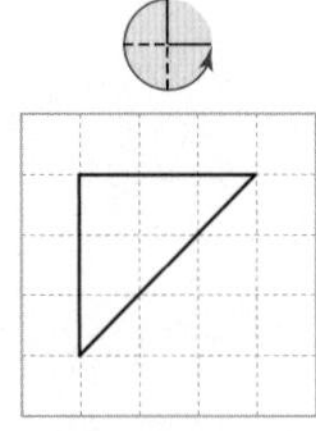
시계 반대 방향으로 270°만큼 돌리기

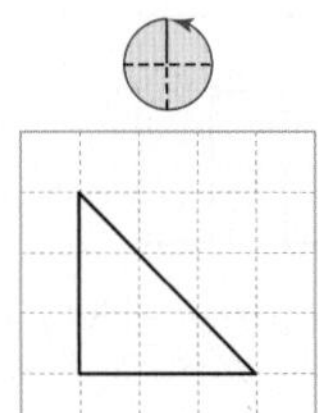
시계 반대 방향으로 360°만큼 돌리기

원리 확인

1 주어진 도형을 여러 방향으로 돌렸을 때 생기는 모양을 각각 그려 보세요.

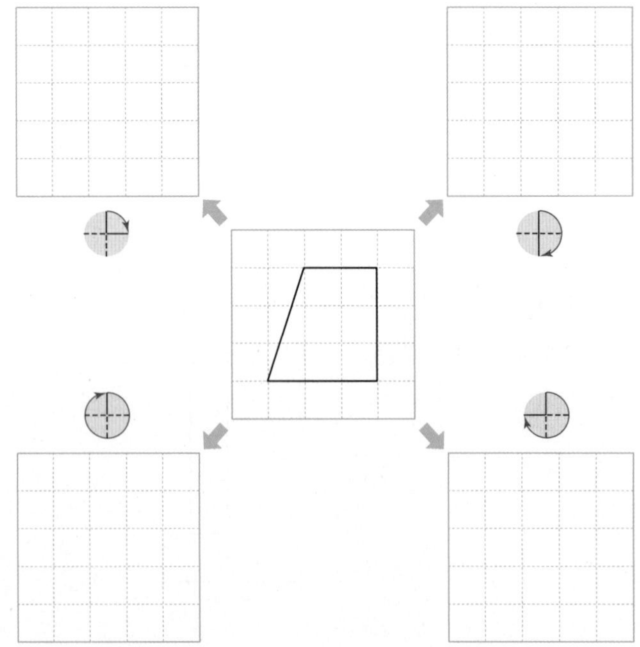

1 주어진 도형을 시계 반대 방향으로 90°만큼, 시계 방향으로 90°만큼 돌렸을 때 생기는 모양을 각각 그려 보세요.

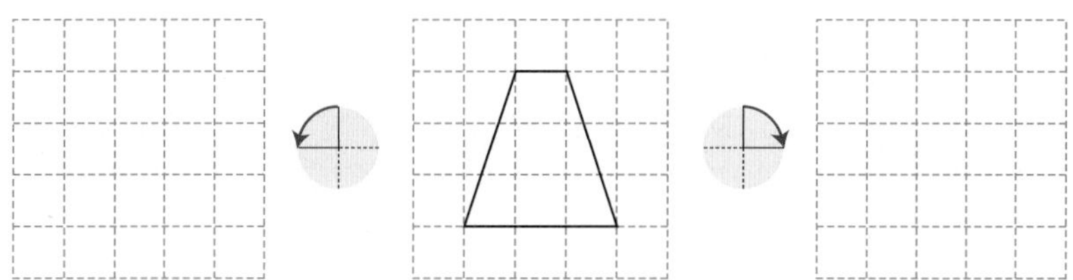

2 주어진 도형을 시계 반대 방향으로 180°만큼, 시계 방향으로 180°만큼 돌렸을 때 생기는 모양을 각각 그려 보세요.

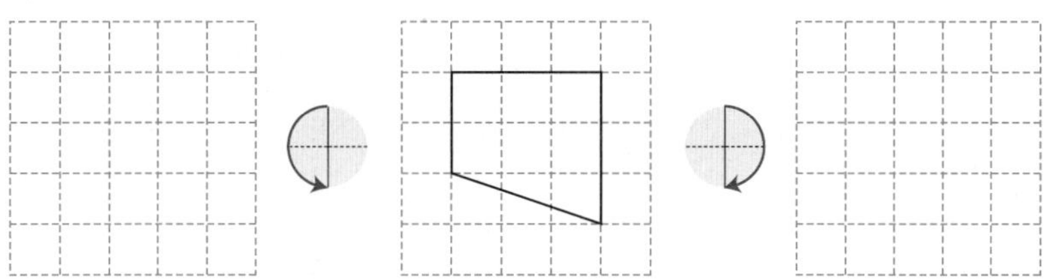

3 도형 ㉮를 시계 방향으로 270°만큼 돌렸을 때 생기는 모양을 찾아 ○표 하세요.

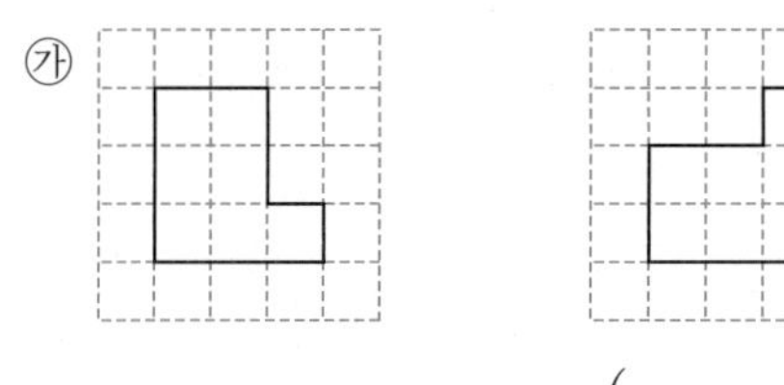

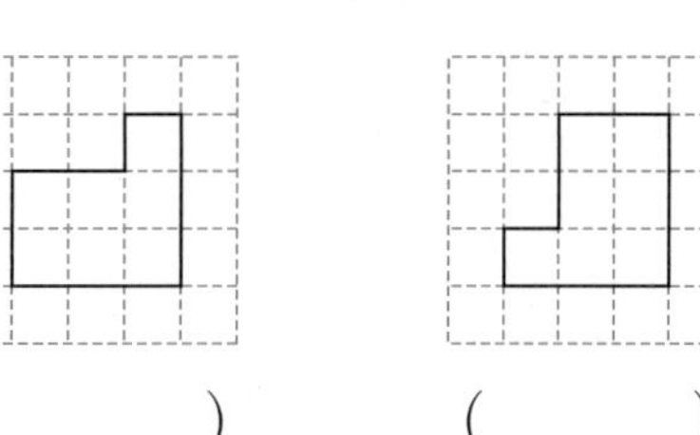

( ) ( )

3. 시계 방향으로 270°만큼 돌린 것은 시계 반대 방향으로 90°만큼 돌린 것과 모양이 같습니다.

4 오른쪽 도형을 여러 방향으로 돌렸을 때 생기는 모양을 찾아 선으로 이어 보세요.

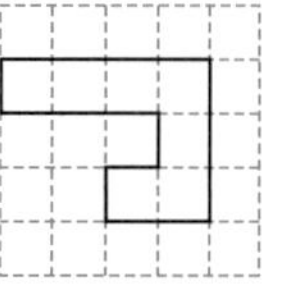

 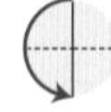  

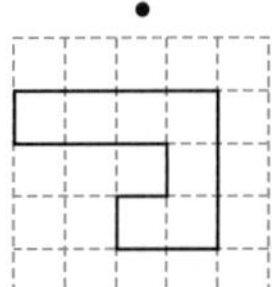 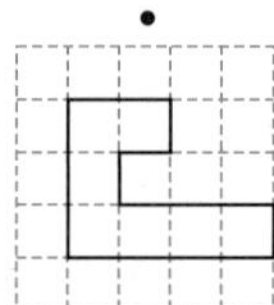 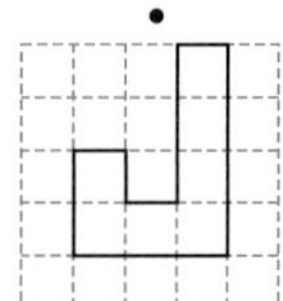 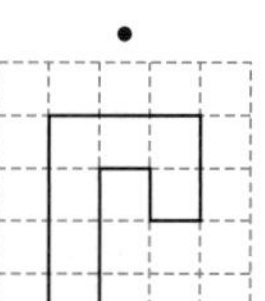

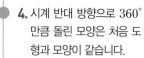

4. 시계 반대 방향으로 360°만큼 돌린 모양은 처음 도형과 모양이 같습니다.

원리 척척

주어진 도형을 각 방향으로 돌렸을 때 생기는 모양을 그려 보세요. [1~4]

1
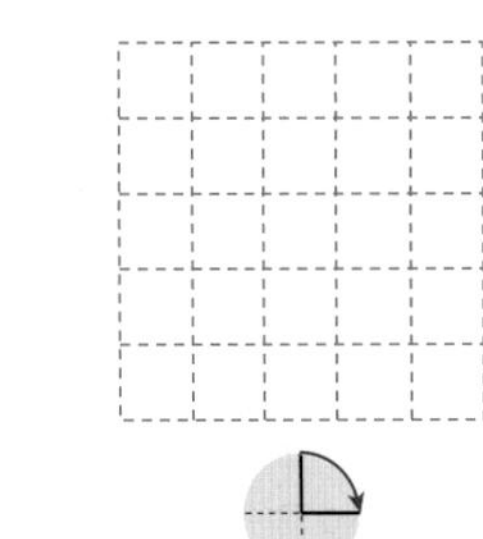
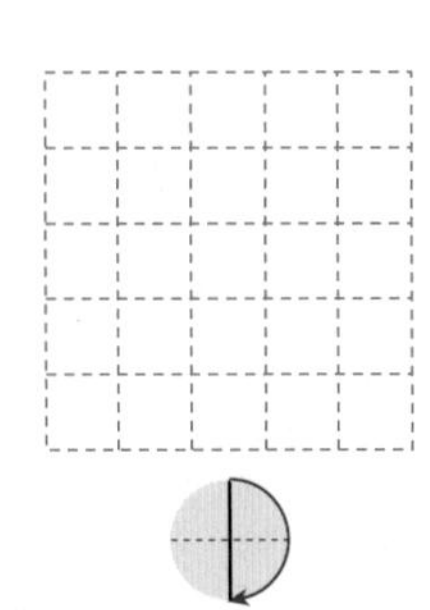
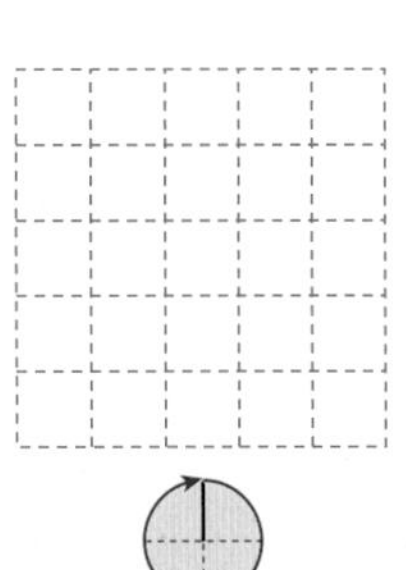

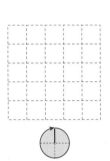

2
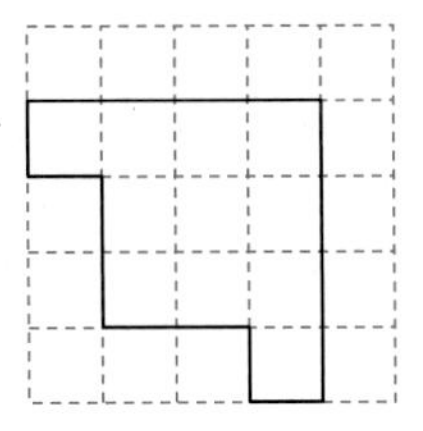
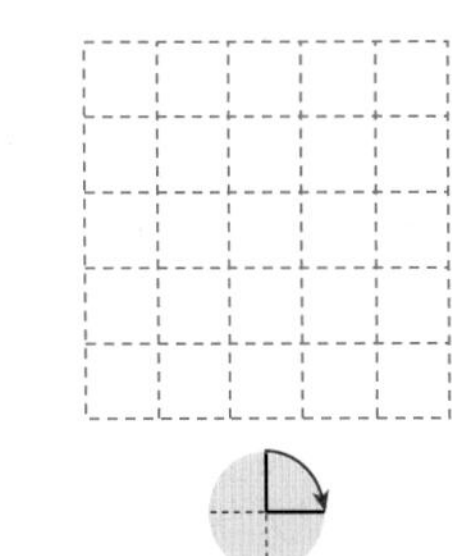
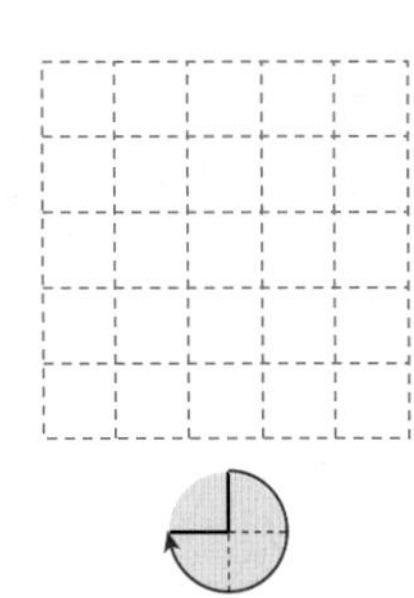
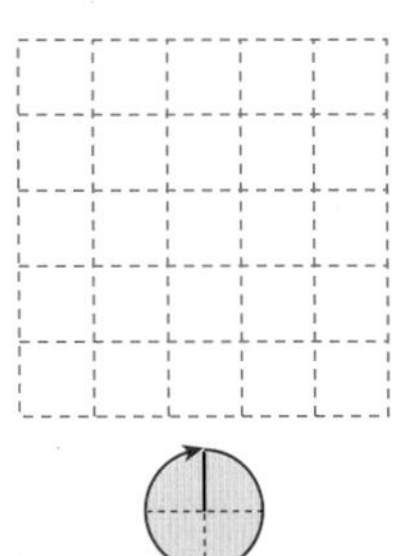

3
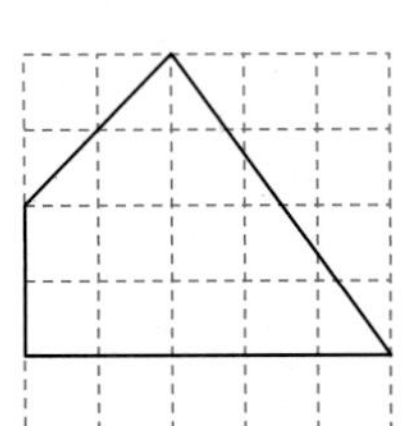
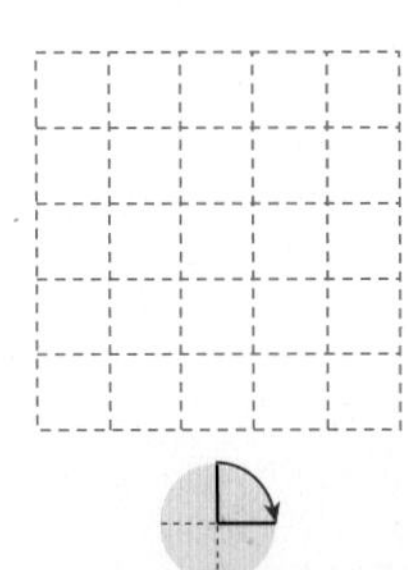
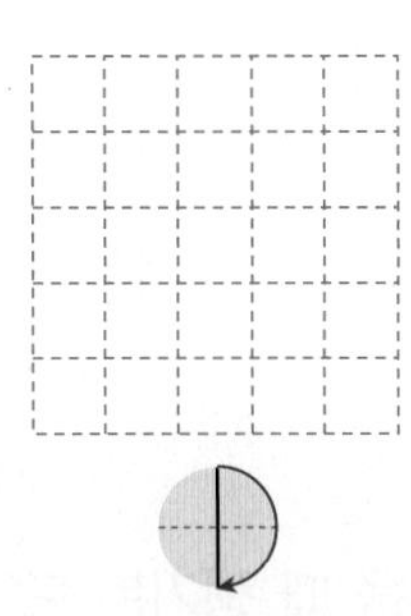
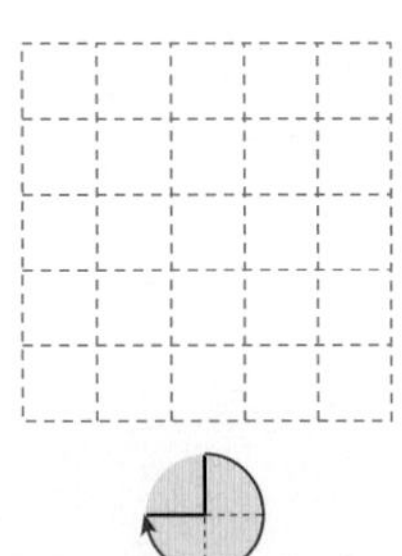

4
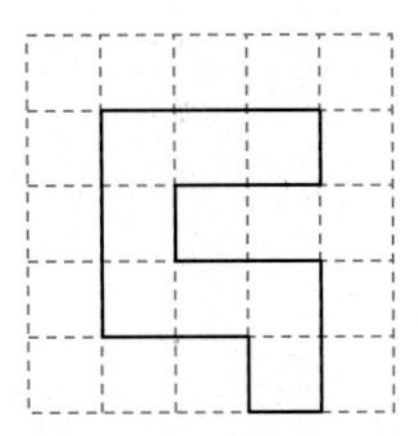
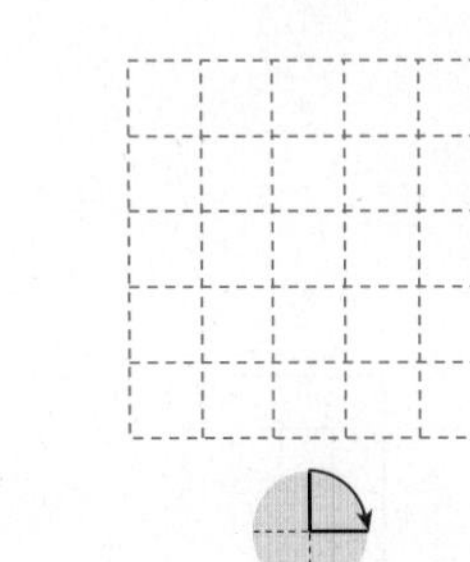
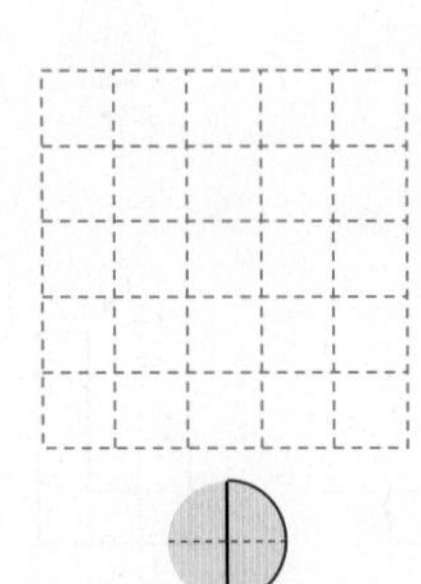

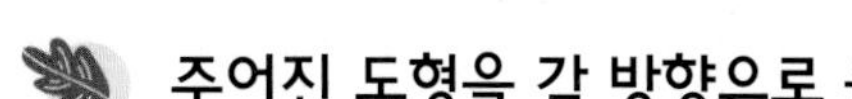

주어진 도형을 각 방향으로 돌렸을 때 생기는 모양을 그려 보세요. [5~8]

5

6

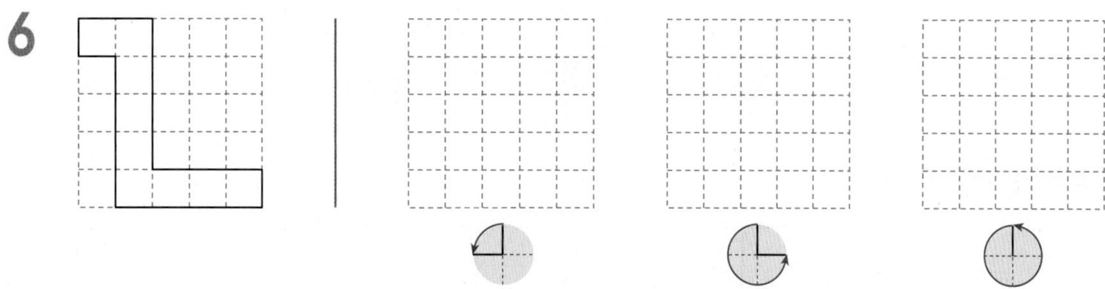

7

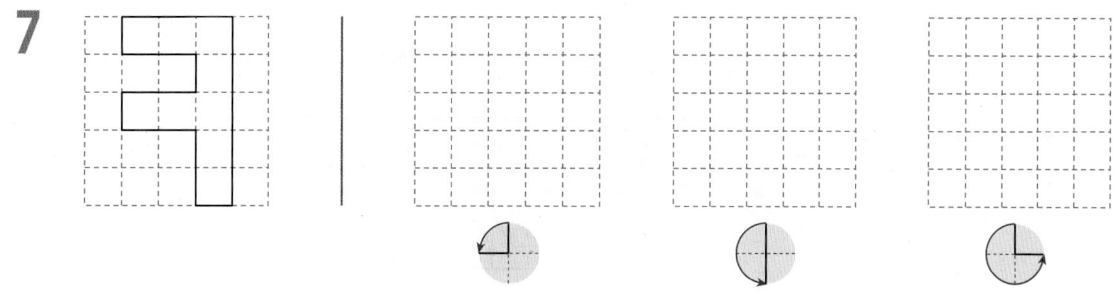

8

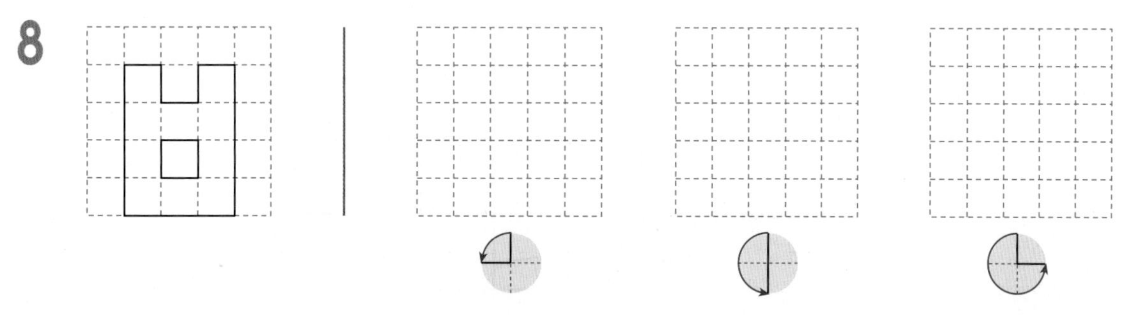

4 단원

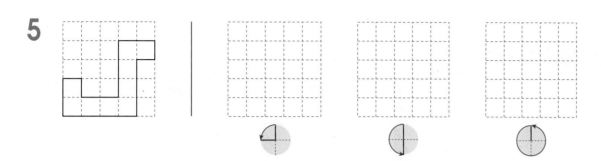

5. 무늬 꾸미기

무늬 꾸미기

평면도형의 이동을 이용하여 규칙적인 무늬를 꾸밀 수 있습니다.

밀기를 이용하여 무늬 꾸미기

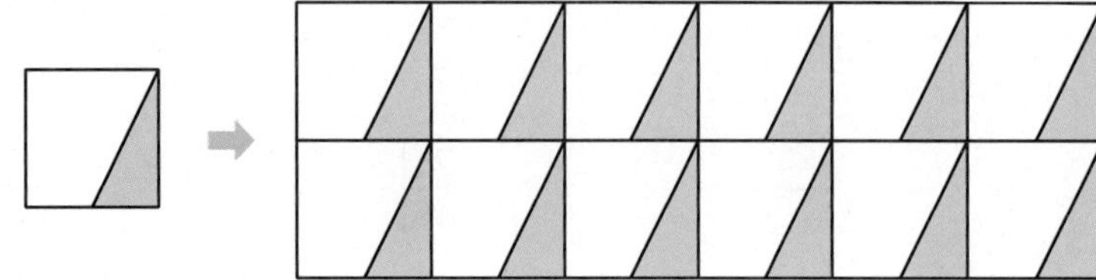

뒤집기를 이용하여 무늬 꾸미기

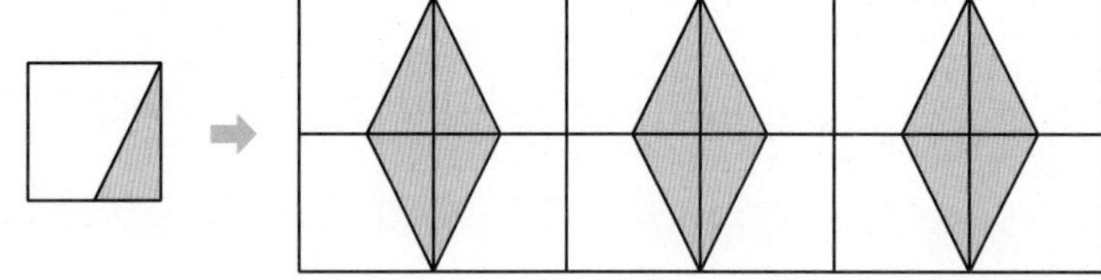

돌리기를 이용하여 무늬 꾸미기

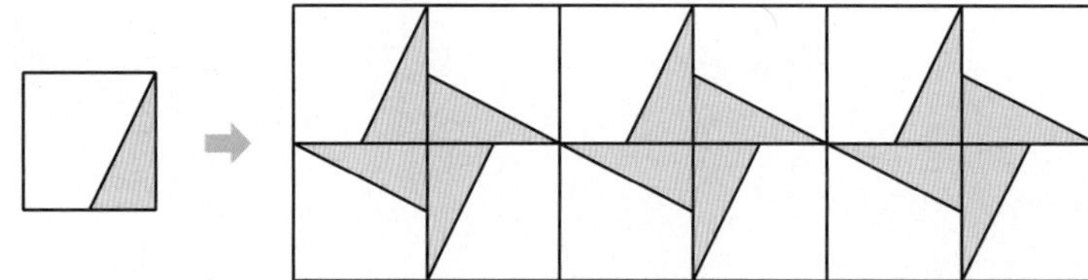

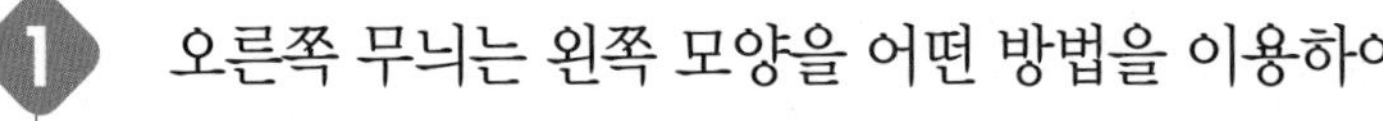

원리 확인 1 오른쪽 무늬는 왼쪽 모양을 어떤 방법을 이용하여 만든 것인지 써 보세요.

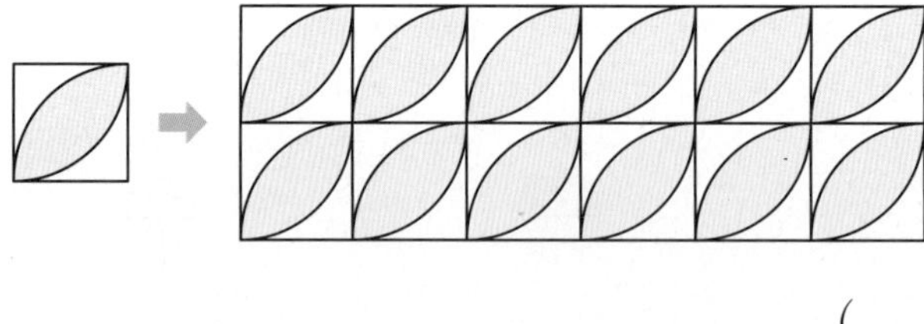

( )

원리 확인 2 오른쪽 무늬는 어떤 모양의 뒤집기를 이용하여 만든 무늬인지 왼쪽 빈 곳에 그려 보세요.

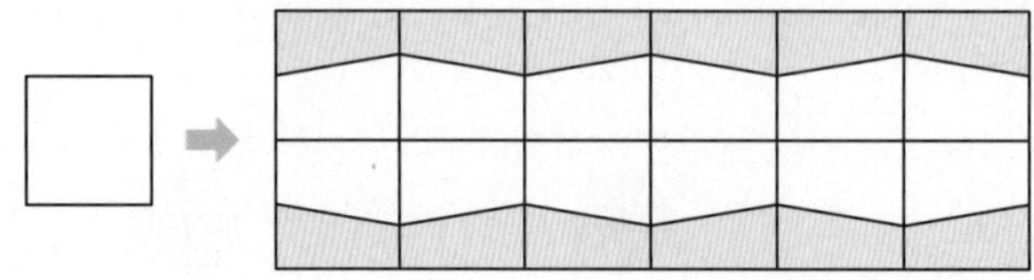

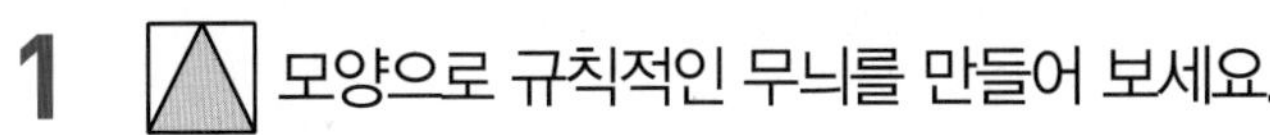

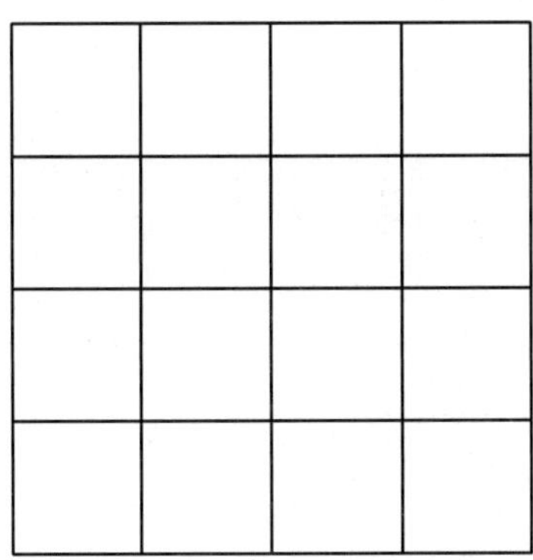

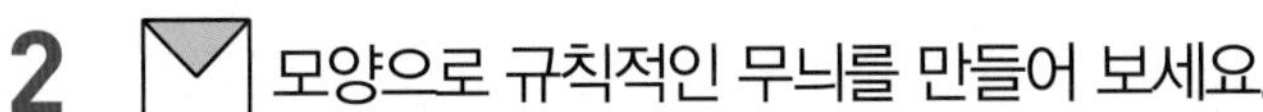

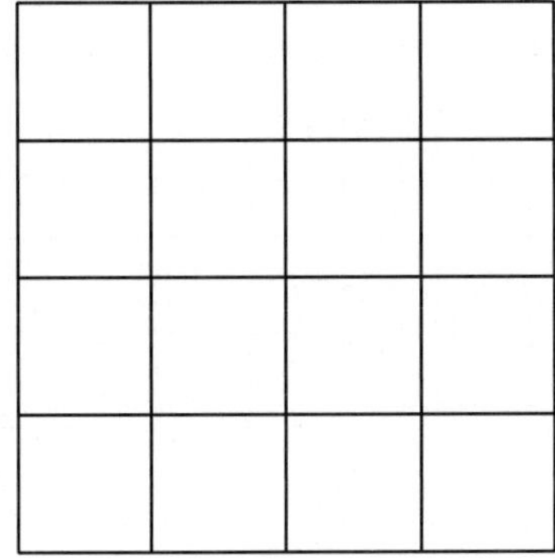

2. 규칙적인 무늬를 꾸밀 때 평면도형의 이동 방법을 한 가지만 이용하는 것이 아니라 2가지 이상 이용하는 규칙으로 다양하게 꾸밀 수 있습니다.

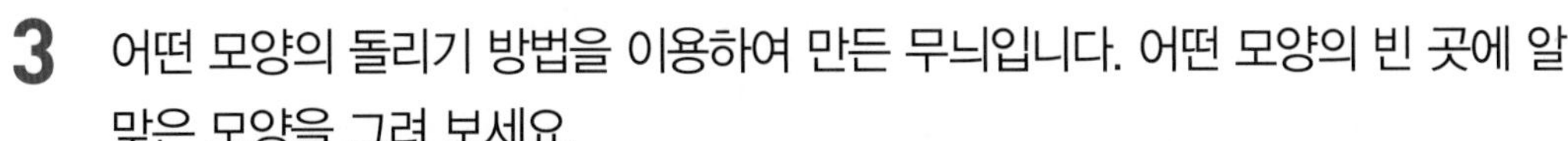

3 어떤 모양의 돌리기 방법을 이용하여 만든 무늬입니다. 어떤 모양의 빈 곳에 알맞은 모양을 그려 보세요.

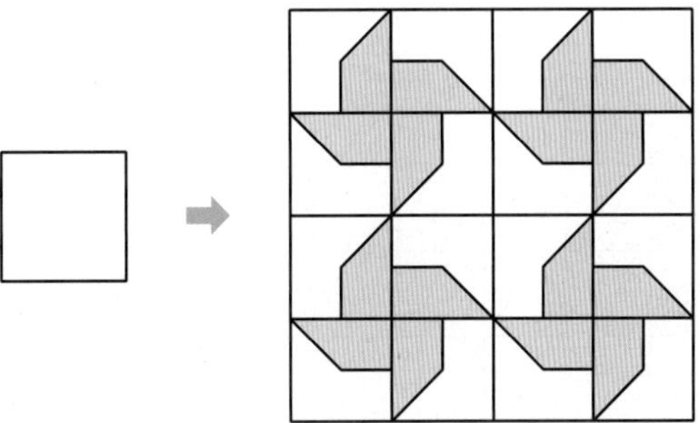

원리 척척

1 밀기를 이용하여 무늬를 만들어 보세요.

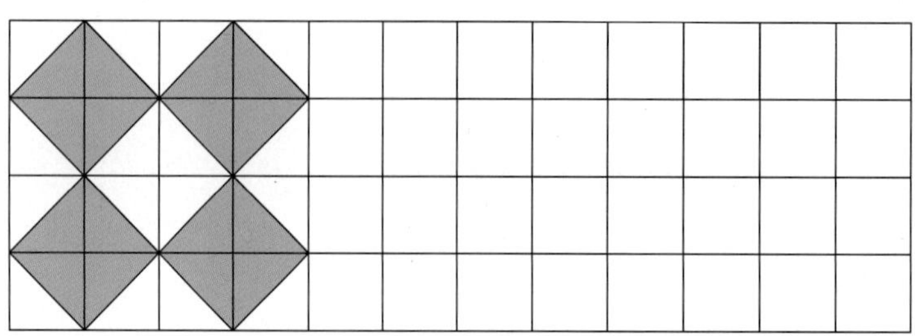

2 뒤집기를 이용하여 무늬를 만들어 보세요.

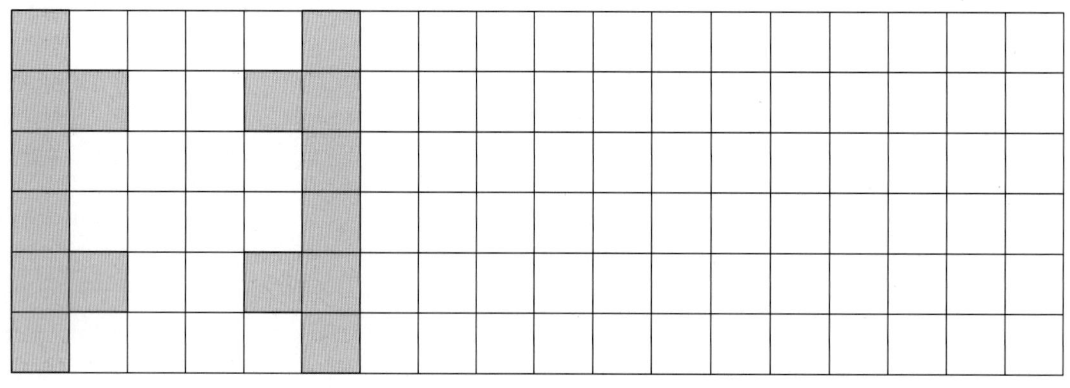

3 돌리기를 이용하여 무늬를 만들어 보세요.

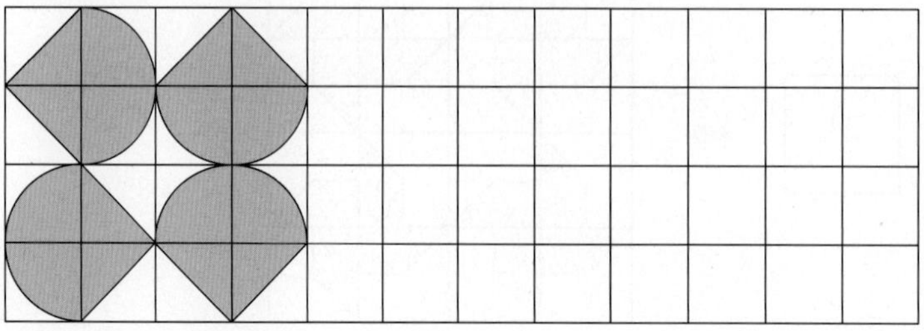

4 모양으로 여러 가지 방법을 이용하여 규칙적인 무늬를 만들어 보세요.

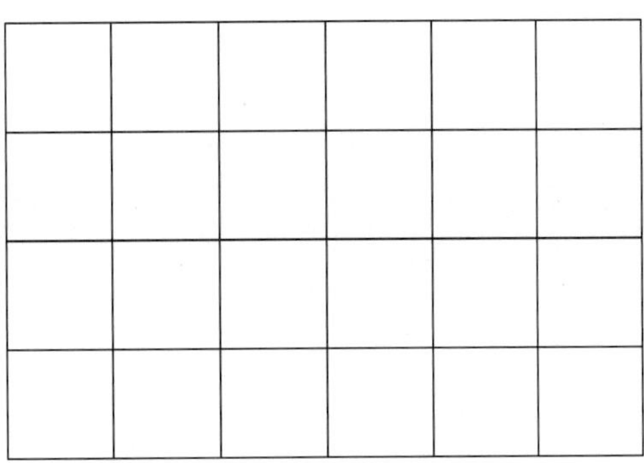

5 모양으로 여러 가지 방법을 이용하여 규칙적인 무늬를 만들어 보세요.

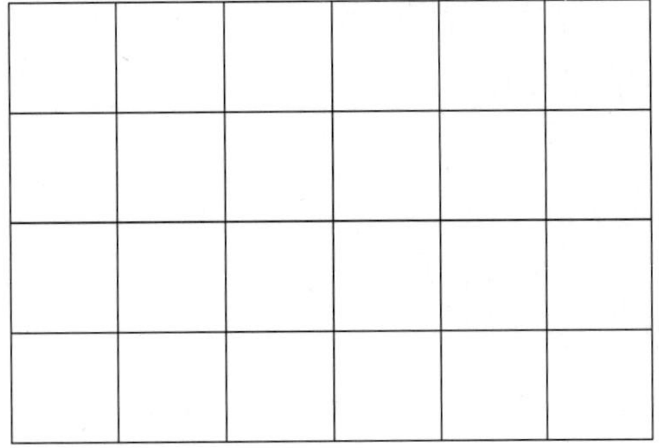

6 모양으로 여러 가지 방법을 이용하여 규칙적인 무늬를 만들어 보세요.

step 4 유형 콕콕

01 바둑돌을 오른쪽으로 4 cm, 아래쪽으로 1 cm 이동한 곳에 점 ㄱ으로 표시해 보세요.

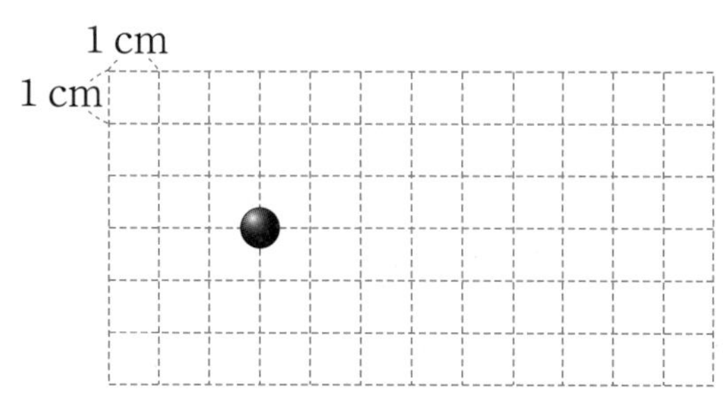

02 자동차 처음 위치에서 ㉮로 이동한 후 ㉮에서 ㉯로 이동했습니다. 자동차가 이동한 거리는 모두 몇 cm인지 구해 보세요.

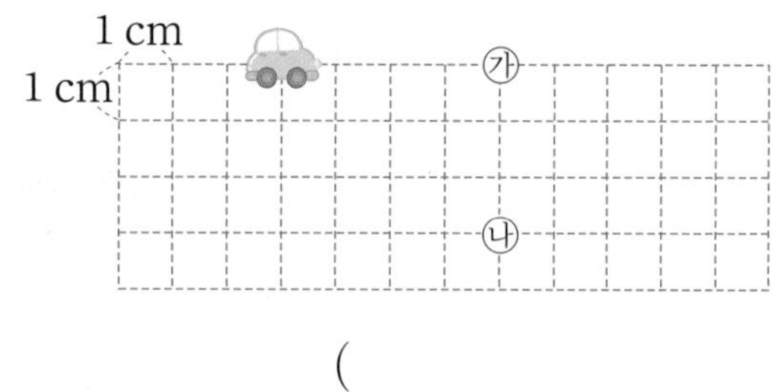

( )

03 주어진 도형을 오른쪽으로 밀었을 때 생기는 모양을 그려 보세요.

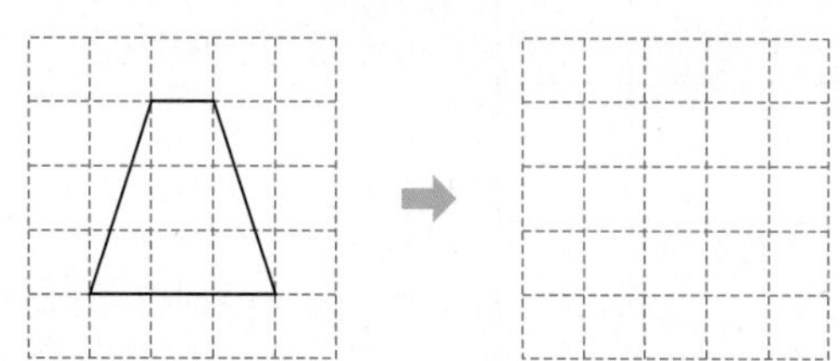

04 주어진 도형을 왼쪽으로 밀었을 때 생기는 모양을 그려 보세요.

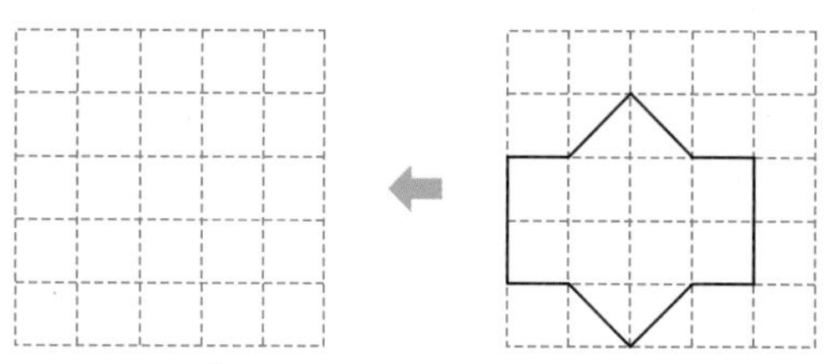

05 주어진 도형을 아래쪽으로 밀었을 때 생기는 모양을 그려 보세요.

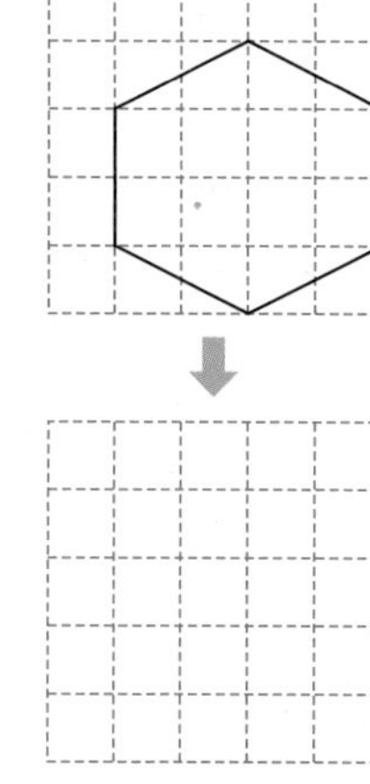

06 어떤 도형을 왼쪽, 오른쪽, 위쪽, 아래쪽으로 밀었을 때 생기는 모양은 어떤 모양이 되는지 써 보세요.

( )

07 주어진 도형을 오른쪽으로 뒤집었을 때 생기는 모양을 그려 보세요.

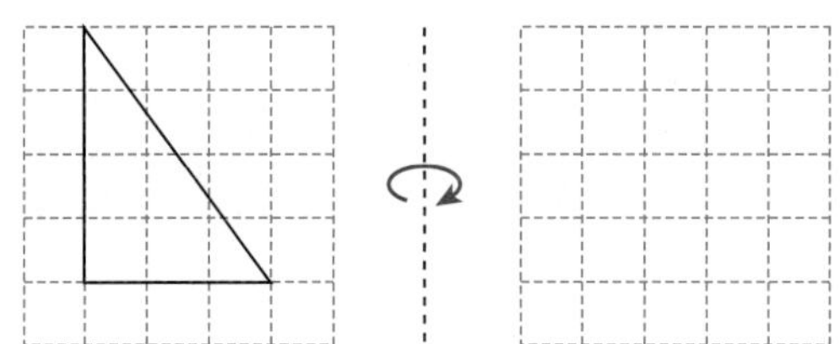

08 주어진 도형을 왼쪽으로 뒤집었을 때 생기는 모양을 그려 보세요.

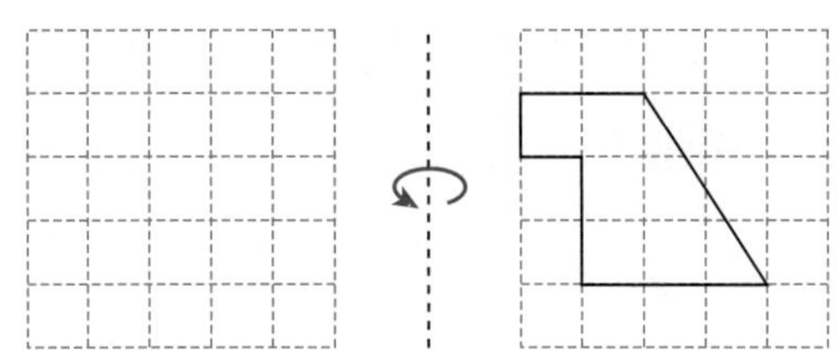

09 주어진 도형을 아래쪽으로 뒤집었을 때 생기는 모양을 그려 보세요.

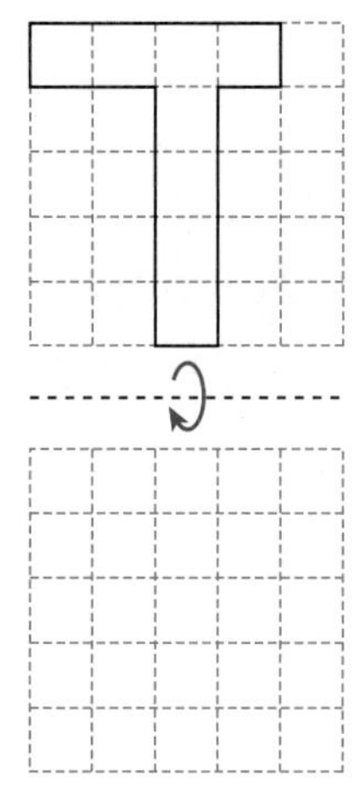

10 □ 안에 알맞은 말을 써넣으세요.

> 도형을 위쪽이나 아래쪽으로 뒤집으면 □과 □이 서로 바뀌고, 왼쪽이나 오른쪽으로 뒤집으면 □과 □이 서로 바뀝니다.

11 주어진 도형을 시계 방향으로 90°만큼 돌렸을 때 생기는 모양을 그려 보세요.

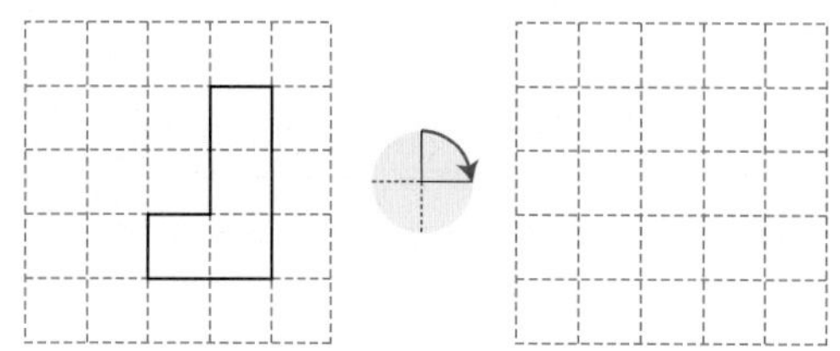

12 주어진 도형을 시계 방향으로 180°만큼 돌렸을 때 생기는 모양을 그려 보세요.

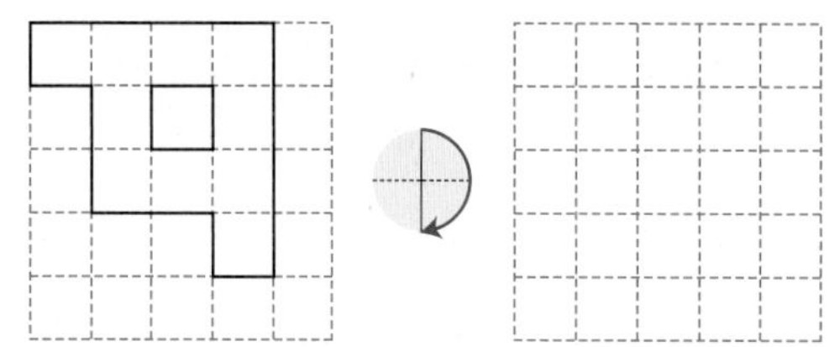

13 주어진 도형을 시계 반대 방향으로 270°만큼 돌렸을 때 생기는 모양을 그려 보세요.

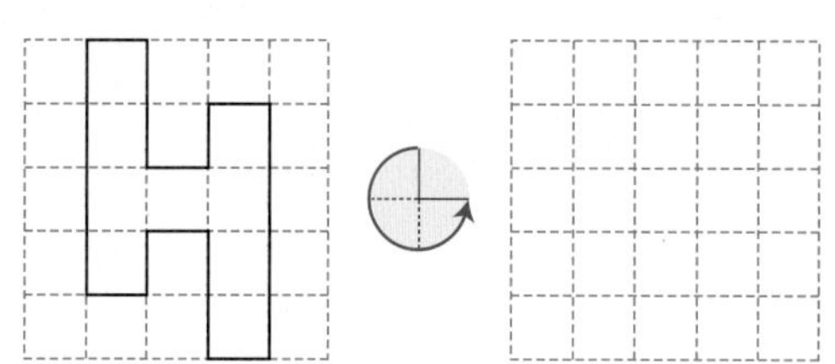

14 □ 안에 알맞은 기호를 찾아 써넣으세요.

> 만큼 돌리기 한 것은 □만큼 돌린 것과 같고, 만큼 돌리기 한 것은 □만큼 돌린 것과 같습니다.

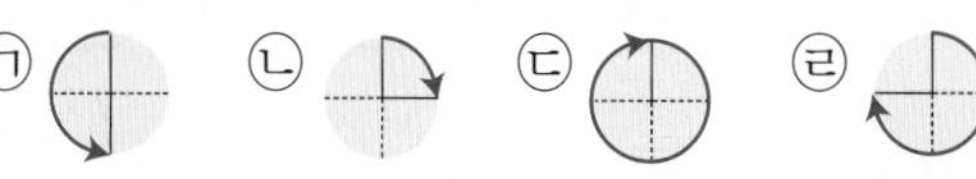

4 단원

점수

01 바둑돌을 ㉮로 이동하려면 어느 쪽으로 몇 칸 이동해야 하는지 □ 안에 알맞은 수나 말을 써넣으세요.

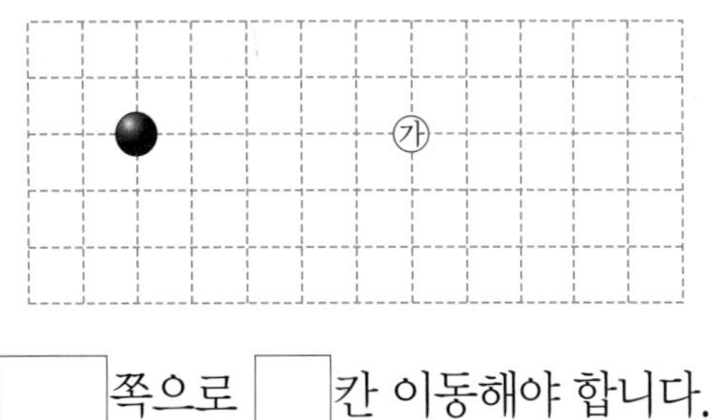

□쪽으로 □칸 이동해야 합니다.

02 바둑돌을 아래쪽으로 2칸 이동한 위치를 찾아 색칠해 보세요.

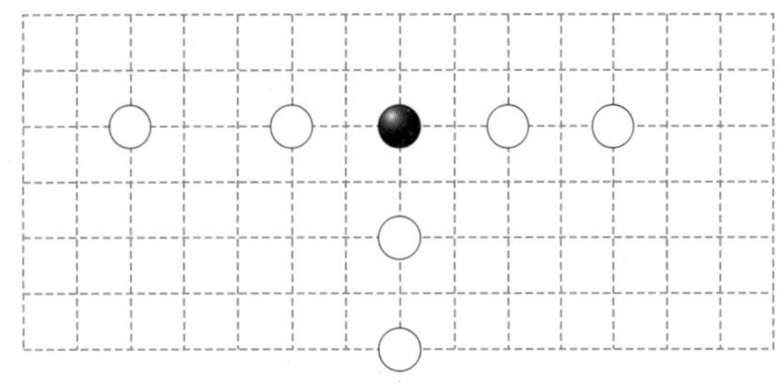

03 보기 의 도형을 위쪽으로 밀었을 때 생기는 모양에 ○표 하세요.

보기

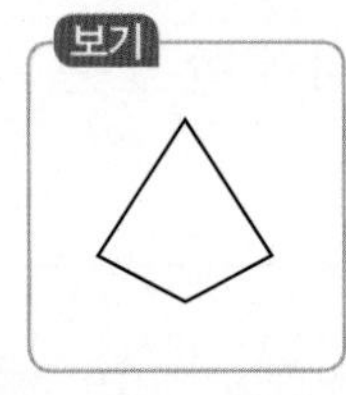

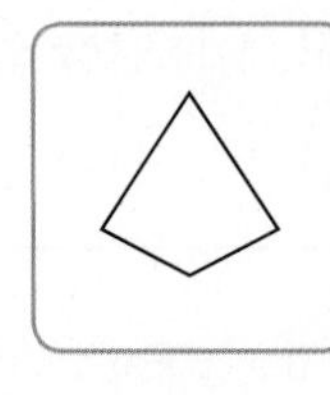

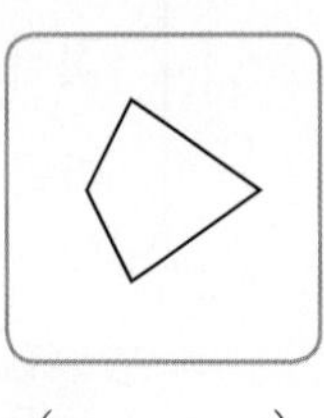

( ) ( )

04 보기 의 도형을 아래쪽으로 뒤집었을 때 생기는 모양에 ○표 하세요.

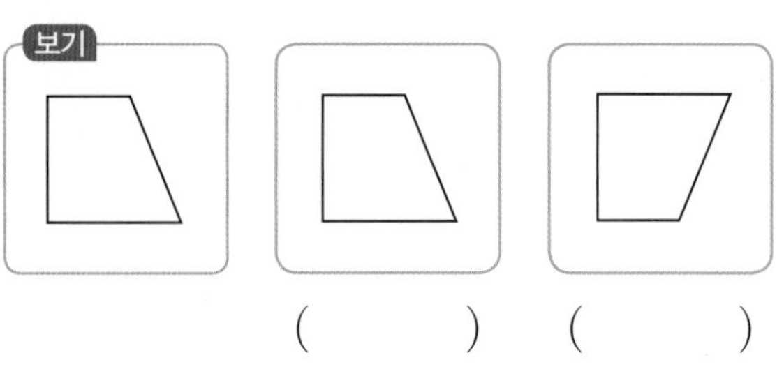

( ) ( )

05 보기 의 도형을 시계 반대 방향으로 90°만큼 돌렸을 때 생기는 모양에 ○표 하세요.

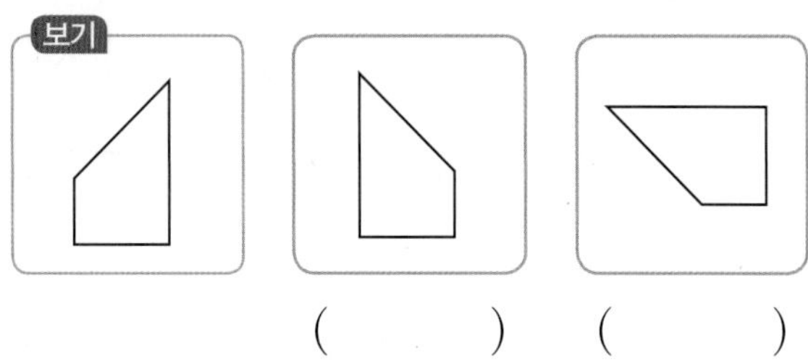

( ) ( )

06 주어진 도형을 오른쪽으로 밀었을 때 생기는 모양을 그려 보세요.

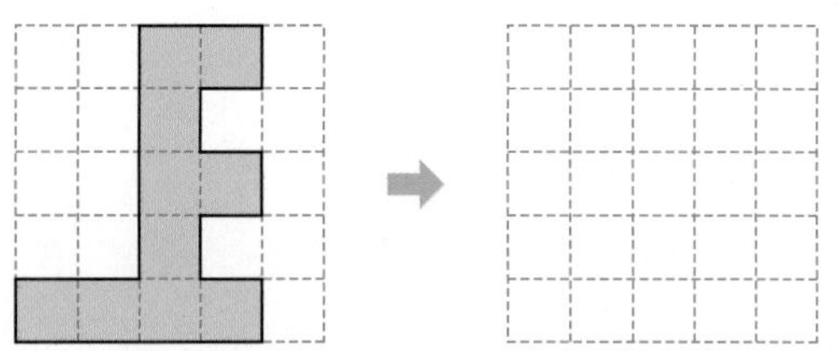

07 주어진 도형을 왼쪽으로 뒤집었을 때 생기는 모양을 그려 보세요.

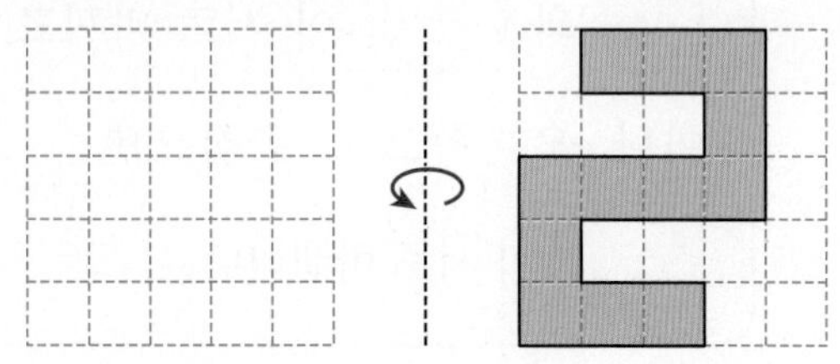

08 주어진 도형을 시계 방향으로 180°만큼 돌렸을 때 생기는 모양을 그려 보세요.

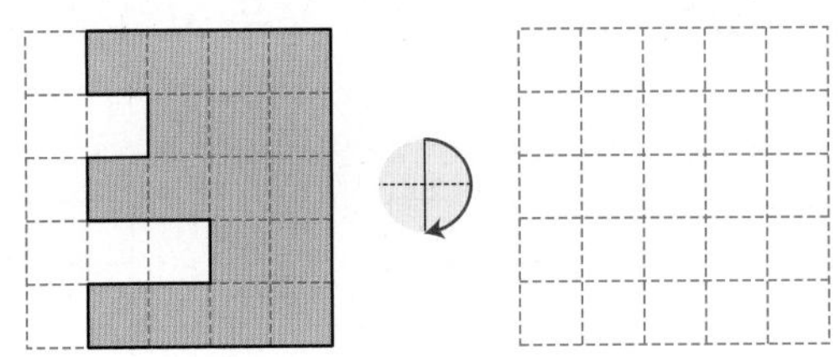

09 주어진 도형을 위쪽으로 뒤집은 후 시계 방향으로 90°만큼 돌렸을 때 생기는 모양을 각각 그려 보세요.

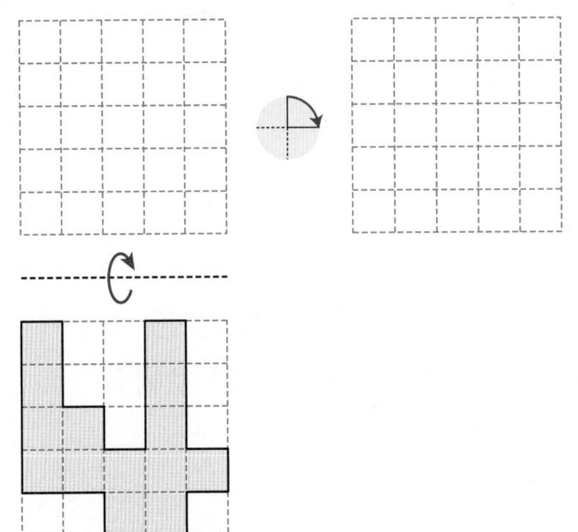

10 주어진 도형을 아래쪽으로 뒤집은 후 시계 방향으로 270°만큼 돌렸을 때 생기는 모양을 각각 그려 보세요.

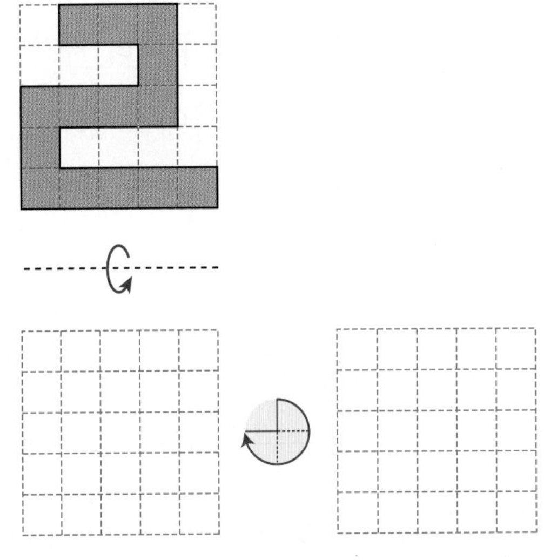

11 왼쪽이나 오른쪽으로 뒤집었을 때 생기는 모양을 얻기 위한 도구는 어느 것인가요?

( )

① 유리창 ② 쌍안경 ③ 프린터
④ 복사기 ⑤ 도장

4 단원

12 도형을 시계 반대 방향으로 90°만큼 돌린 모양과 같은 모양이 되도록 하는 돌리기 방법은 어느 것인가요? ( )

① 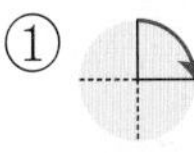 ② 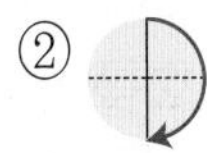 ③ 
④ 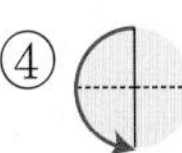 ⑤ 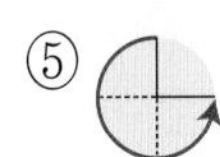

13 처음 모양과 오른쪽으로 뒤집기를 한 모양이 같은 도형을 모두 고르세요. ( )

①  ② 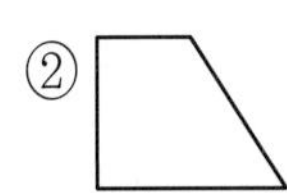 ③ 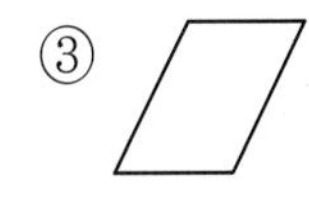
④ 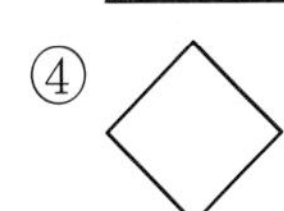 ⑤ 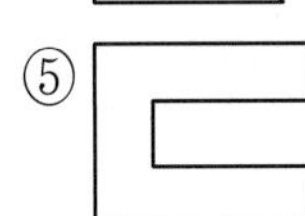

 **도형을 보고 물음에 답해 보세요. [14~17]**

㉮ ㉯ ㉰ ㉱

14 도형 ㉮를 왼쪽으로 뒤집었을 때 생기는 모양을 찾아 기호를 써 보세요.

( )

15 도형 ㉯를 아래쪽으로 뒤집었을 때 생기는 모양을 찾아 기호를 써 보세요.

( )

16 도형 ㉱를 시계 방향으로 90°만큼 돌렸을 때 생기는 모양을 찾아 기호를 써 보세요.

( )

17 도형 ㉮를 시계 반대 방향으로 270°만큼 돌렸을 때 생기는 모양을 찾아 기호를 써 보세요.

( )

18 왼쪽 도형을 돌리기 하였더니 오른쪽과 같은 모양이 되었습니다. □ 안에 들어갈 수 있는 돌리기 방법을 모두 고르세요.

( )

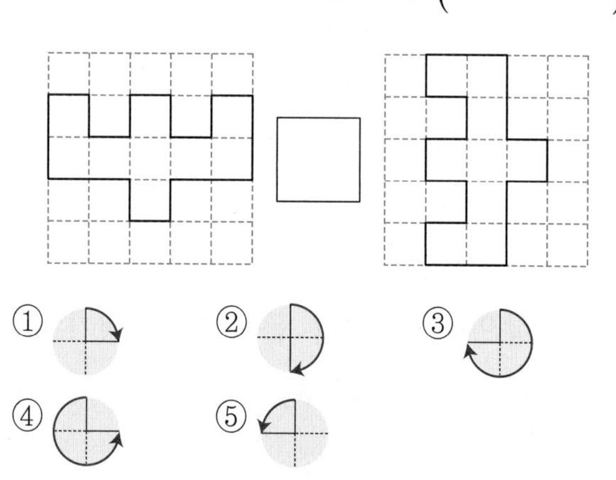

19 처음 도형을 시계 반대 방향으로 90°만큼 돌렸더니 오른쪽과 같은 모양이 되었습니다. 처음 도형을 그려 보세요.

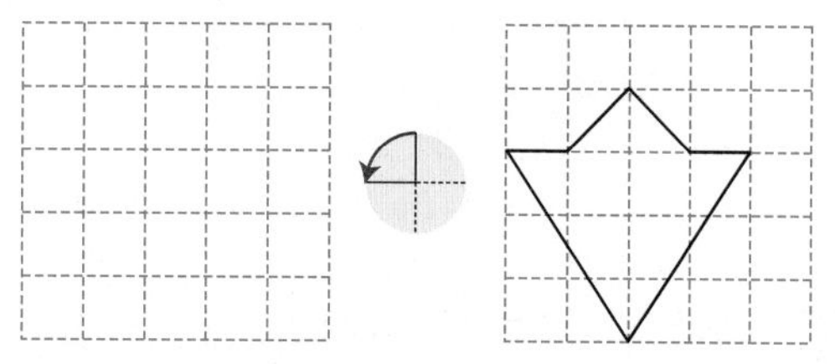

20 모양을 이용하여 여러 가지 방법으로 규칙적인 무늬를 만들어 보세요.

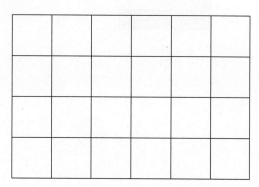

단원 5

막대그래프

이번에 배울 내용

1 막대그래프 알아보기

2 막대그래프의 내용 알아보기

3 막대그래프로 나타내기

이전에 배운 내용

- 그림그래프 알아보기
- 그림그래프로 나타내기
- 그림그래프 해석하기

다음에 배울 내용

- 꺾은선그래프 알아보기
- 꺾은선그래프로 나타내기
- 꺾은선그래프 해석하기

step 1 원리 꼼꼼

1. 막대그래프 알아보기

동영상강의

조사한 자료를 막대 모양으로 나타낸 그래프를 막대그래프라고 합니다.

- 표: 각 항목별로 조사한 수량을 쉽게 알아볼 수 있습니다.
  전체 조사 대상이 모두 얼마인지 합계를 알아내기 쉽습니다.
- 막대그래프: 여러 항목의 수량을 전체적으로 한눈에 쉽게 비교할 수 있습니다.
  전체적인 경향을 한눈에 쉽게 알아볼 수 있습니다.

원리 확인  지혜네 반 학생들이 좋아하는 운동을 표로 나타내었습니다. 다음을 알아보세요.

좋아하는 운동별 학생 수

운동	태권도	수영	농구	스키	합계
학생 수(명)	8	9	5	6	28

(1) 조사에 참가한 학생은 모두 ☐명입니다.

(2) 수영을 좋아하는 학생은 ☐명이고, 스키를 좋아하는 학생은 ☐명입니다.

(3) 위의 표는 좋아하는 운동별로 학생 수를 알아보기 (편리합니다, 편리하지 않습니다).

원리 확인 2 위 1의 표를 보고 그래프로 나타낸 것입니다. 다음을 알아보세요.

좋아하는 운동별 학생 수

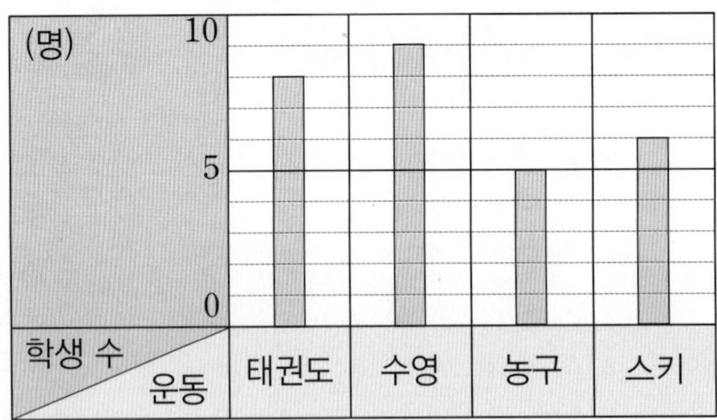

(1) 가장 많은 학생이 좋아하는 운동은 (태권도, 수영, 농구, 스키)입니다.

(2) 가장 적은 학생이 좋아하는 운동은 (태권도, 수영, 농구, 스키)입니다.

(3) 가장 많은 학생이 좋아하는 운동부터 차례대로 쓰면 ☐, ☐, ☐, ☐ 입니다.

(4) 위의 막대그래프는 지혜네 반 학생들이 좋아하는 운동을 한눈에 비교하기 (편리합니다, 편리하지 않습니다).

원리 탄탄

기본 문제를 통해 개념과 원리를 다져요.

한초네 반 학생들이 좋아하는 과일을 조사하였습니다. 물음에 답해 보세요. [1~4]

좋아하는 과일

이름	과일	이름	과일	이름	과일
한초	사과	효근	감	신영	사과
석기	감	동민	귤	용희	감
가영	감	상연	사과	규형	배
예슬	사과	지영	사과	웅이	귤

1 웅이가 좋아하는 과일은 무엇인가요?

( )

2 조사한 것을 보고 표를 만들어 보세요.

좋아하는 과일별 학생 수

과일	사과	감	배	귤	합계
학생 수(명)	5				

3 위 2의 표를 보고 막대그래프로 나타낸 것입니다. 감을 좋아하는 학생들보다 더 많은 학생이 좋아하는 과일은 무엇인가요?

좋아하는 과일별 학생 수

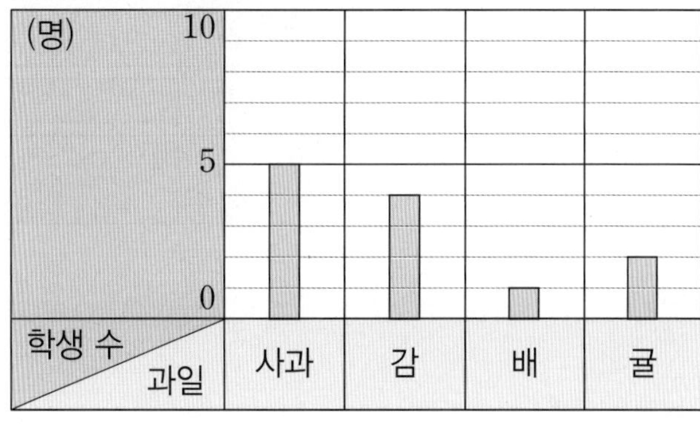

( )

3. 막대그래프에서 막대의 길이를 비교해 봅니다.

4 가장 적은 학생이 좋아하는 과일은 무엇인가요?

( )

5 단원

원리 척척

1 □ 안에 알맞은 말을 써넣으세요.

조사한 자료를 막대 모양으로 나타낸 그래프를 □ 라고 합니다.

영수네 반 학생들이 가장 좋아하는 사탕을 조사하여 나타낸 막대그래프입니다. 물음에 답해 보세요. [2~4]

좋아하는 사탕별 학생 수

(명) 5 0 학생 수 / 사탕	딸기 맛 사탕	초코 맛 사탕	레몬 맛 사탕	자두 맛 사탕

2 막대그래프에서 가로와 세로는 각각 무엇을 나타내나요?

가로 ( )
세로 ( )

3 세로 눈금 한 칸은 몇 명을 나타내나요?

( )

4 가장 많은 학생이 좋아하는 사탕은 무엇인가요?

( )

상연이네 반 학생들이 가장 좋아하는 동물을 조사하여 나타낸 표와 막대그래프입니다. 물음에 답해 보세요. [5~8]

좋아하는 동물별 학생 수

동물	사자	고양이	호랑이	코끼리	합계
학생 수(명)	8	4	5	7	24

사자	
고양이	
호랑이	
코끼리	
동물 / 학생 수	0 5 10 (명)

5 막대그래프의 가로와 세로는 각각 무엇을 나타내나요?

가로 ( )
세로 ( )

6 가로 눈금 한 칸은 몇 명을 나타내나요?

( )

7 조사한 학생 수가 모두 몇 명인지 알아보려면 어느 자료가 더 편리하나요?

( )

8 가장 많은 학생이 좋아하는 동물을 한눈에 알기 쉬운 것은 표와 막대그래프 중 어느 것인가요?

( )

예슬이네 반 학생들이 가장 좋아하는 계절을 조사하여 나타낸 표와 막대그래프입니다. 물음에 답해 보세요. [9~11]

좋아하는 계절별 학생 수

계절	봄	여름	가을	겨울	합계
학생 수(명)	6	4	5	8	23

좋아하는 계절별 학생 수

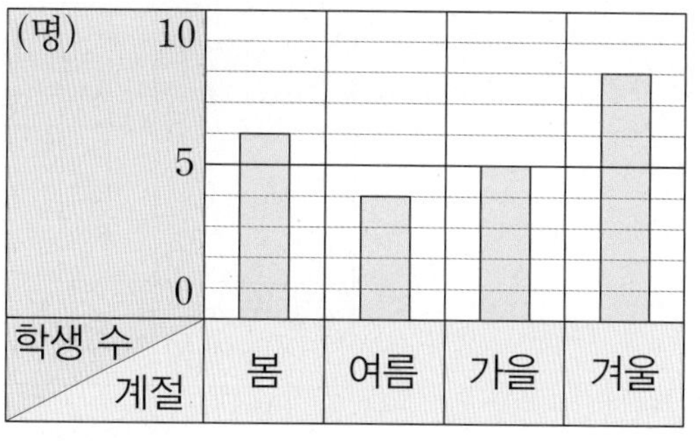

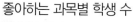

9 막대의 길이는 무엇을 나타내나요?

( )

10 학생들이 어떤 계절을 좋아하는지 한눈에 비교하려면 표와 막대그래프 중에서 어느 것이 더 편리하나요?

( )

11 막대그래프에서 세로 눈금 한 칸은 몇 명을 나타내나요?

( )

상연이네 반 학생들이 가장 좋아하는 과목을 조사하여 나타낸 표와 막대그래프입니다. 물음에 답해 보세요. [12~14]

좋아하는 과목별 학생 수

과목	국어	사회	수학	과학	합계
학생 수(명)	6	3	7	5	21

좋아하는 과목별 학생 수

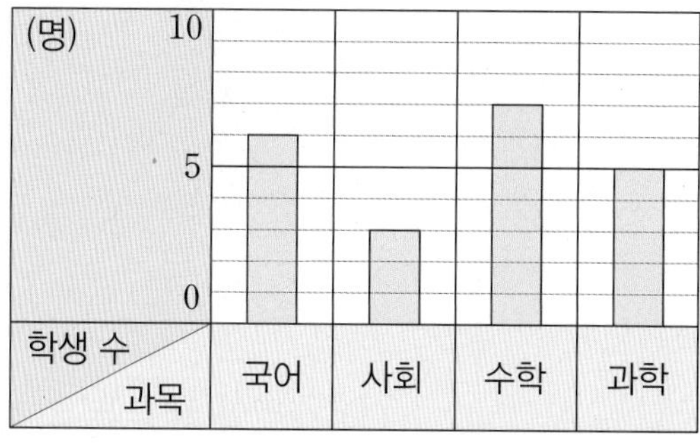

12 상연이네 반 학생은 모두 몇 명인가요?

( )

13 가장 많은 학생이 좋아하는 과목은 무엇인가요?

( )

14 수학을 좋아하는 학생은 사회를 좋아하는 학생보다 몇 명이 더 많나요?

( )

5 단원

원리 꼼꼼

2. 막대그래프의 내용 알아보기

막대그래프를 보고 여러 가지 내용 알아보기

동영상강의

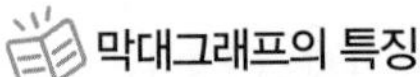

막대그래프의 특징

① 수의 크기를 막대의 길이로 나타냅니다.

② 항목별 수의 크기를 비교하기 쉽습니다.

③ 전체적인 분포를 한눈에 쉽게 알아볼 수 있습니다.

좋아하는 색깔별 학생 수

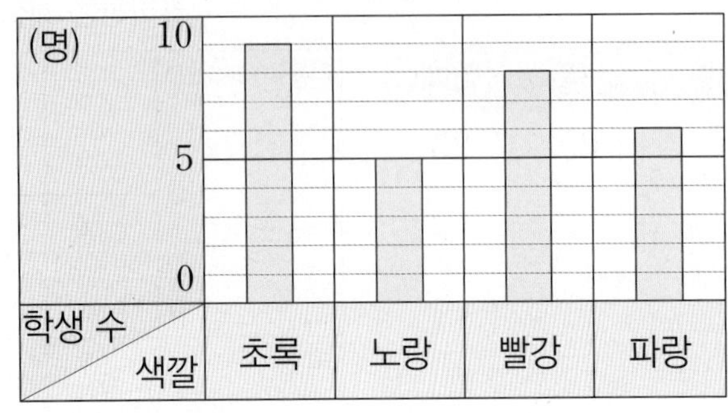

- 막대그래프에서 가로는 색깔을 나타내고, 세로는 학생 수를 나타냅니다.
- 가장 많은 학생이 좋아하는 색깔은 초록입니다.
- 가장 적은 학생이 좋아하는 색깔은 노랑입니다.
- 가장 많은 학생이 좋아하는 색깔부터 차례대로 쓰면 초록, 빨강, 파랑, 노랑입니다.
- 빨강을 좋아하는 학생은 노랑을 좋아하는 학생보다 3명 더 많습니다.

1 어느 초등학교 4학년 학생들이 지난 어린이날에 받은 선물을 조사하여 나타낸 막대그래프입니다. 물음에 답해 보세요.

받은 선물별 학생 수

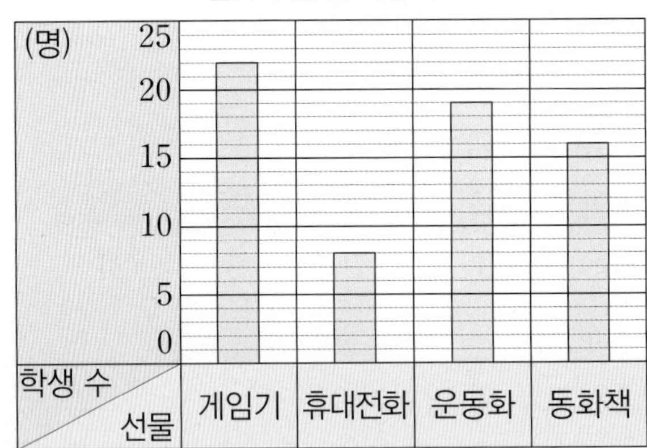

(1) 가로와 세로는 각각 무엇을 나타내나요?

가로 (　　　　　　　　), 세로 (　　　　　　　　)

(2) 가장 많은 학생이 지난 어린이날에 받은 선물은 무엇인가요?

(　　　　　　　　)

(3) 지난 어린이날에 받은 선물이 동화책인 학생은 몇 명인가요?

(　　　　　　　　)

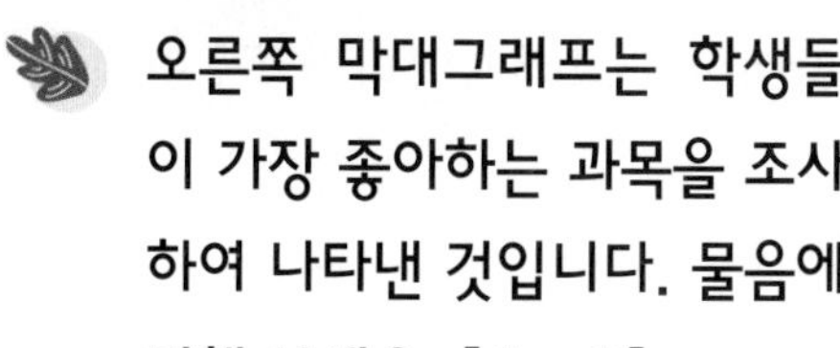

기본 문제를 통해 개념과 원리를 다져요.

오른쪽 막대그래프는 학생들이 가장 좋아하는 과목을 조사하여 나타낸 것입니다. 물음에 답해 보세요. [1~3]

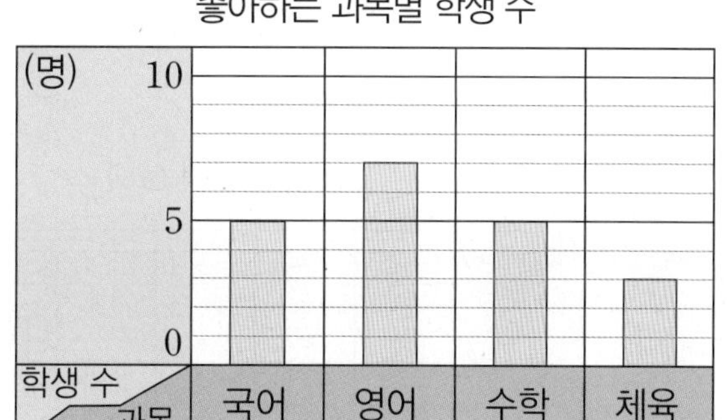

1 막대그래프에서 가로와 세로는 각각 무엇을 나타내나요?

가로 (　　　　　　　　　　), 세로 (　　　　　　　　　　)

2 가장 많은 학생이 좋아하는 과목은 무엇인가요?

(　　　　　　　　　　)

> 2. 막대의 길이가 가장 긴 과목을 알아봅니다.

3 가장 적은 학생이 좋아하는 과목은 무엇인가요?

(　　　　　　　　　　)

학생들이 가장 좋아하는 김치를 조사하여 나타낸 막대그래프입니다. 물음에 답해 보세요. [4~6]

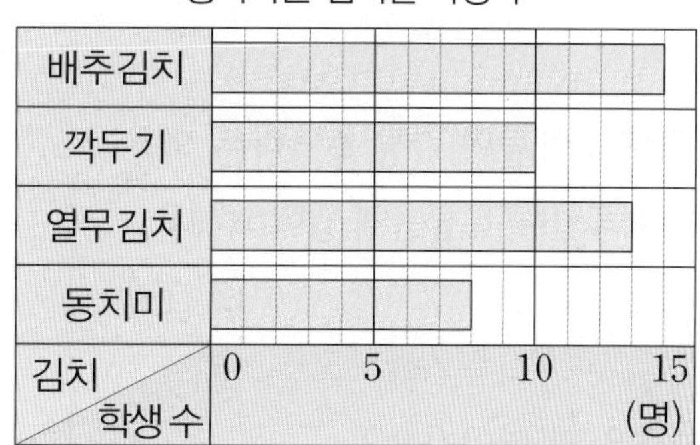

4 가장 많은 학생이 좋아하는 김치는 무엇인가요?

(　　　　　　　　　　)

5 두 번째로 많은 학생이 좋아하는 김치는 무엇인가요?

(　　　　　　　　　　)

6 조사한 학생 수는 모두 몇 명인가요?

(　　　　　　　　　　)

> 6. 좋아하는 김치별 학생 수의 합을 알아봅니다.

5 단원

원리 척척

한별이네 초등학교 4학년 학생들이 가장 좋아하는 꽃을 조사하여 나타낸 막대그래프입니다. □ 안에 알맞은 수나 말을 써넣으세요. [1~3]

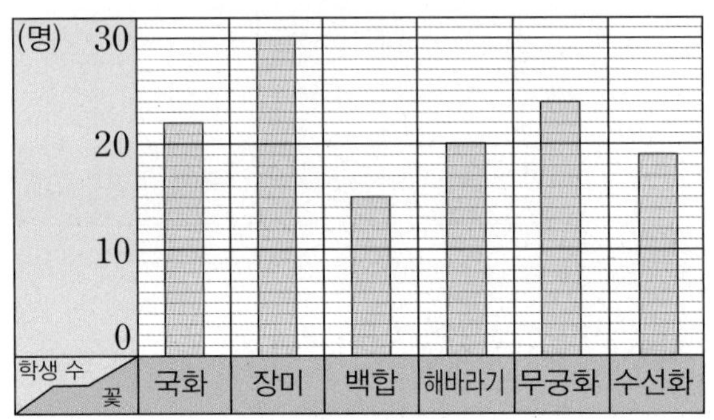

1 막대그래프에서 가로는 □, 세로는 □를 나타냅니다.

2 가장 많은 학생이 좋아하는 꽃은 □이고, 가장 적은 학생이 좋아하는 꽃은 □입니다.

3 장미를 좋아하는 학생 수는 백합을 좋아하는 학생 수의 □배입니다.

솔별이네 초등학교 4학년 학생들이 가장 좋아하는 책을 조사하여 나타낸 막대그래프입니다. 물음에 답해 보세요. [4~6]

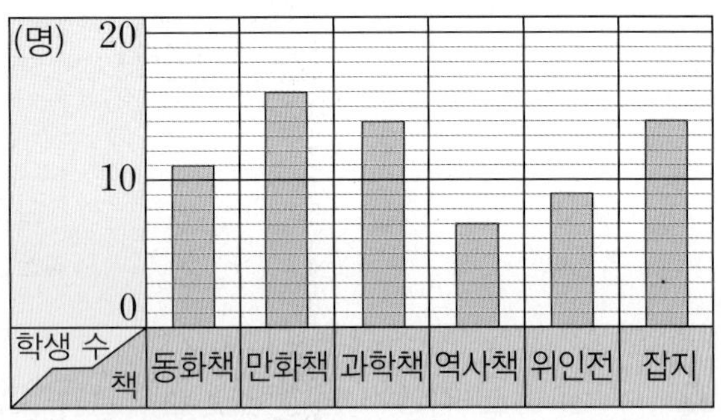

4 만화책을 좋아하는 학생은 몇 명인가요?

(　　　　　　)

5 역사책을 좋아하는 학생은 몇 명인가요?

(　　　　　　)

6 과학책을 좋아하는 학생과 위인전을 좋아하는 학생 수의 차는 몇 명인가요?

(　　　　　　)

오른쪽은 제인이네 반 학생들이 좋아하는 음식을 조사하여 나타낸 막대그래프입니다. □ 안에 알맞은 수나 말을 써넣으세요. [7~9]

좋아하는 음식별 학생 수

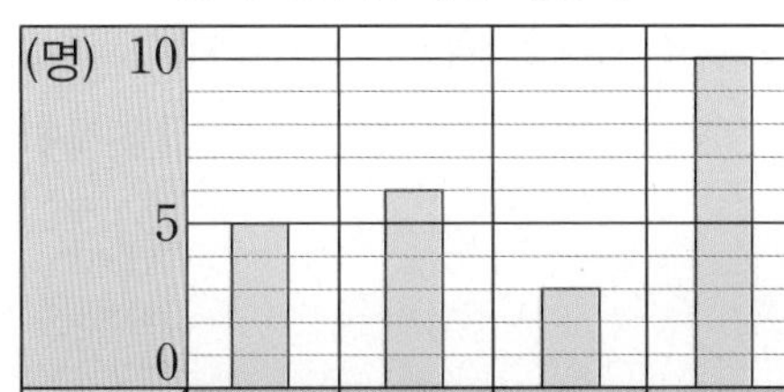

7 가장 많은 학생이 좋아하는 음식은 □입니다.

8 햄버거를 좋아하는 학생은 떡볶이를 좋아하는 학생보다 □명 더 많습니다.

9 조사한 학생 수는 모두 □명입니다.

오른쪽은 동민이네 반 학생들이 가장 좋아하는 과일을 조사하여 나타낸 막대그래프입니다. 그래프를 보고 맞으면 ○표, 틀리면 ×표 하세요. [10~12]

좋아하는 과일별 학생 수

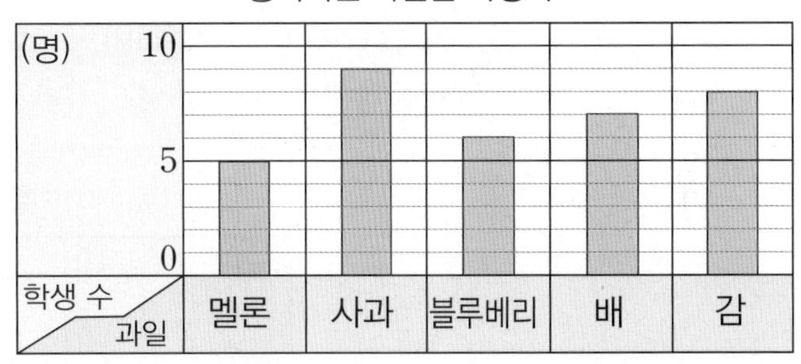

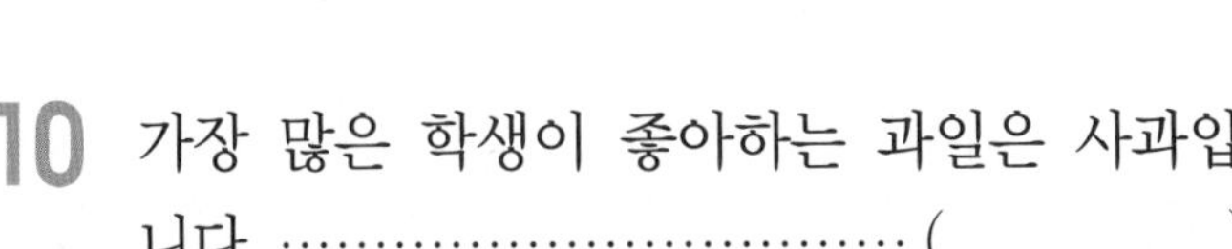

10 가장 많은 학생이 좋아하는 과일은 사과입니다. ………………………… (　　　)

11 배보다 블루베리를 좋아하는 학생이 더 많습니다. ………………………… (　　　)

12 가장 적은 학생이 좋아하는 과일은 멜론입니다. ………………………… (　　　)

오른쪽은 운동장에서 학생들이 모여서 하고 있는 놀이를 조사하여 나타낸 막대그래프입니다. 그래프를 보고 맞으면 ○표, 틀리면 ×표 하세요. [13~15]

모여서 하고 있는 놀이별 학생 수

학생 수 (명)
놀이 0 5 10
제기차기
꼬리잡기
술래잡기
모래놀이

13 모래놀이를 하고 있는 학생이 가장 적습니다. ………………………… (　　　)

14 제기차기보다 모래놀이를 하는 학생이 더 적습니다. ………………………… (　　　)

15 술래잡기를 하고 있는 학생이 가장 많습니다. ………………………… (　　　)

step 1 원리 꼼꼼

3. 막대그래프로 나타내기

막대그래프로 나타내기

동영상강의

- 가로와 세로 중에서 조사한 수를 어느 쪽에 나타낼 것인지를 정합니다.
- 조사한 수 중에서 가장 큰 수까지 나타낼 수 있도록 눈금 한 칸의 크기를 정한 후, 눈금의 수를 정합니다.
- 조사한 수에 맞도록 막대를 그립니다.
- 그린 막대그래프에 알맞은 제목을 붙입니다.

원리 확인  한솔이네 마을 학생들이 가장 좋아하는 전통 놀이를 조사하여 표로 나타내었습니다. 표를 보고 막대그래프로 나타내려고 합니다. 물음에 답해 보세요.

좋아하는 전통 놀이별 학생 수

전통 놀이	윷놀이	팽이치기	연날리기	널뛰기	제기차기	합계
학생 수(명)	9	5	8	3	7	32

좋아하는 전통 놀이별 학생 수

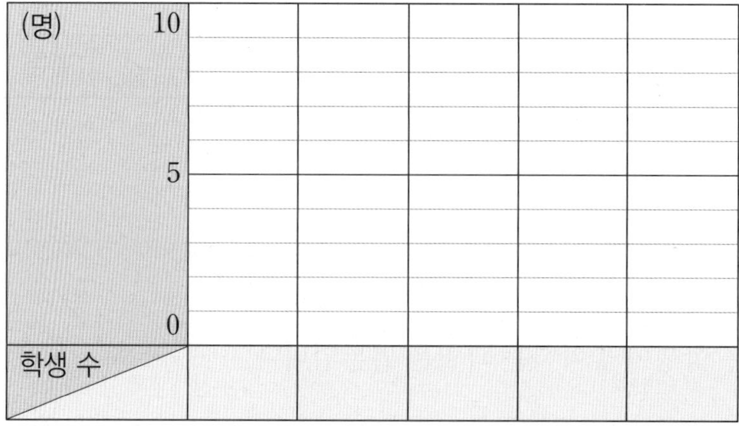

(1) 막대그래프에서 세로는 (학생 수, 전통 놀이)를 나타냅니다.

(2) 막대그래프에서 가로는 무엇을 나타내야 하는지 써넣으세요.

(3) 세로 눈금 한 칸은 ☐명을 나타냅니다.

(4) 세로 눈금은 ☐명까지 나타낼 수 있어야 합니다.

(5) 표를 보고 막대그래프를 완성해 보세요.

기본 문제를 통해 개념과 원리를 다져요.

학생들이 가장 좋아하는 운동을 조사하였습니다. 물음에 답해 보세요. [1 ~ 3]

좋아하는 운동

수영	농구	수영	농구	축구
축구	축구	농구	수영	수영
야구	축구	야구	축구	야구
야구	수영	농구	야구	축구
축구	야구	축구	축구	야구

1 조사한 것을 보고 표로 나타내 보세요.

좋아하는 운동별 학생 수

운동	야구	수영	농구	축구	합계
학생 수(명)					

1. 자료를 빠뜨리고 세거나 중복해서 세지 않도록 주의합니다.

2 위 **1**의 표를 보고 막대그래프로 나타내 보세요.

좋아하는 운동별 학생 수

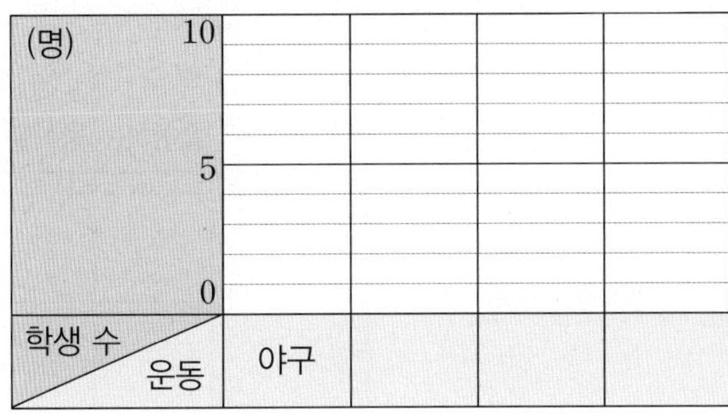

2. 세로 눈금 한 칸은 1명을 나타냅니다.

3 위 **1**의 표를 보고 막대가 가로로 된 막대그래프로 나타내 보세요.

좋아하는 운동별 학생 수

학생 수 / 운동	0					5					10 (명)
야구											

5 단원

원리 척척

 **표를 보고 막대그래프로 나타내 보세요. [1~4]**

1

좋아하는 색깔별 학생 수

색깔	빨강	주황	노랑	초록	합계
학생 수(명)	7	6	8	4	25

➡

좋아하는 색깔별 학생 수

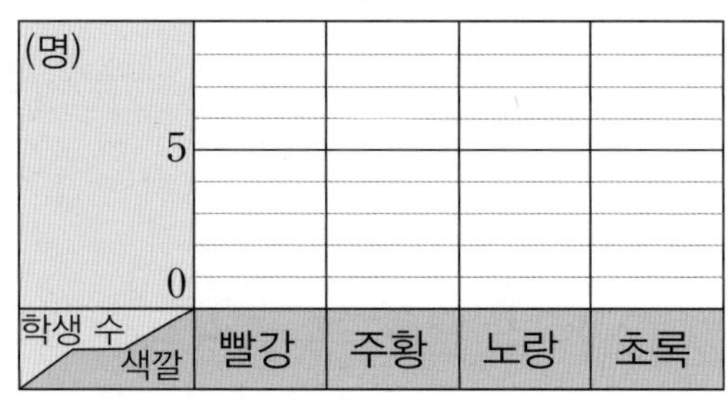

2

좋아하는 계절별 학생 수

계절	봄	여름	가을	겨울	합계
학생 수(명)	7	4	6	3	20

➡

좋아하는 계절별 학생 수

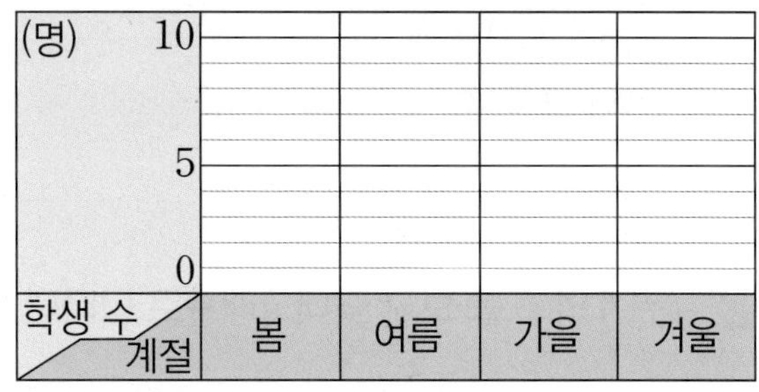

3

좋아하는 음식별 학생 수

음식	피자	햄버거	김밥	떡볶이	합계
학생 수(명)	9	7	8	6	30

➡

좋아하는 음식별 학생 수

4

좋아하는 동물별 학생 수

동물	호랑이	강아지	곰	원숭이	합계
학생 수(명)	4	8	3	5	20

➡

좋아하는 동물별 학생 수

동물 \ 학생 수 (명)	0 5 10
호랑이	
강아지	
곰	
원숭이	

표의 빈 곳에 알맞은 수를 써넣고 막대그래프로 나타내 보세요. [5~8]

5

존경하는 위인별 학생 수

위인	이순신	세종대왕	장보고	이이	합계
학생 수(명)		6	5	6	25

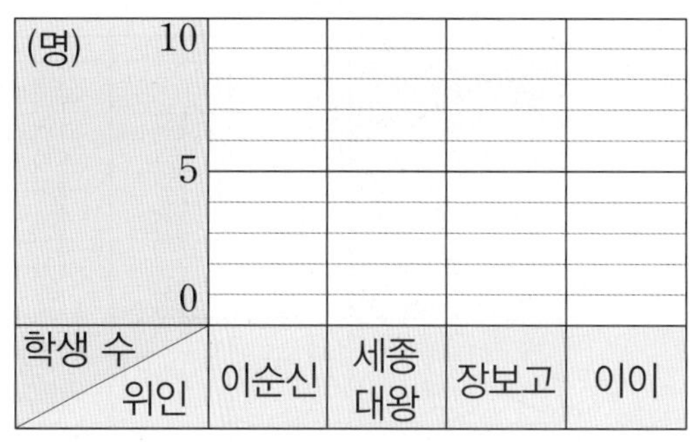

6

가고 싶어 하는 고궁별 학생 수

고궁	경복궁	창덕궁	창경궁	덕수궁	합계
학생 수(명)	15		11	18	66

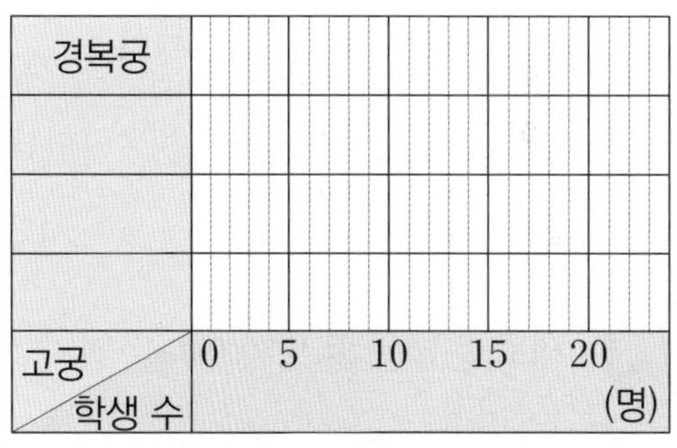

7

좋아하는 민속놀이별 학생 수

민속놀이	제기차기	투호	연날리기	윷놀이	합계
학생 수(명)	4	6		5	25

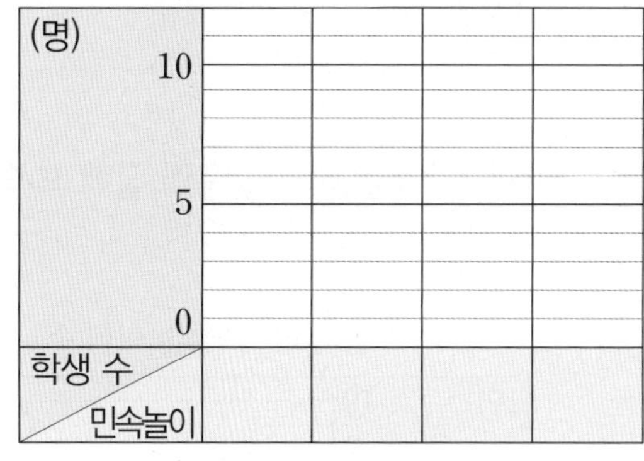

8

종류별 과일 나무 수

과일 나무	사과 나무	배나무	감나무	복숭아 나무	합계
나무 수(그루)		10	14	8	50

유형 콕콕

막대그래프를 보고 물음에 답해 보세요. [01~04]

장래 희망별 학생 수

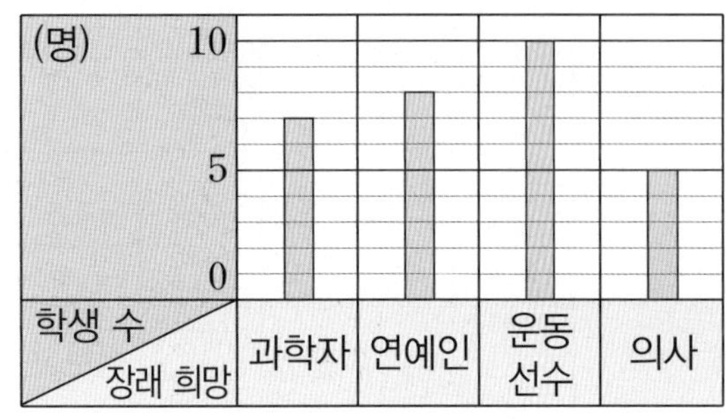

01 가로와 세로는 각각 무엇을 나타내나요?

가로 ( ), 세로 ( )

02 세로 눈금 한 칸은 몇 명을 나타내나요?

( )

03 세로 눈금은 몇 명까지 나타낼 수 있나요?

( )

04 가장 많은 학생이 희망하는 직업은 무엇인가요?

( )

막대그래프를 보고 물음에 답해 보세요. [05~06]

좋아하는 계절별 학생 수

(명) 10 5 0

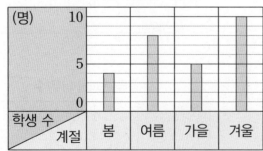

학생 수 / 계절: 봄, 여름, 가을, 겨울

05 가을을 좋아하는 학생은 몇 명인가요?

( )

06 가장 많은 학생이 좋아하는 계절은 어느 계절은 무엇인가요?

( )

가장 좋아하는 간식별 학생 수를 조사하여 나타낸 막대그래프입니다. 물음에 답해 보세요. [07~09]

좋아하는 간식별 학생 수

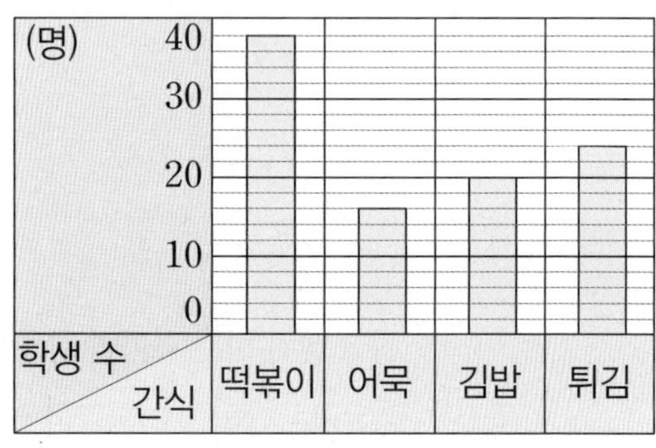

07 가장 많은 학생이 좋아하는 간식부터 차례대로 써 보세요.

( )

08 튀김을 좋아하는 학생 수는 어묵을 좋아하는 학생 수보다 몇 명 더 많은가요?

( )

09 위 막대그래프를 보고 알 수 있는 사실은 어느 것인가요? ( )

① 좋아하는 학생 수가 두 번째로 많은 간식은 김밥입니다.

② 가장 적은 학생이 좋아하는 간식은 튀김입니다.

③ 좋아하는 학생 수가 떡볶이보다 더 많은 간식은 없습니다.

④ 어묵을 좋아하는 학생 수는 13명입니다.

⑤ 좋아하는 학생 수가 김밥보다 더 적은 간식은 2개입니다.

어느 해 1월의 날씨를 조사한 것입니다. 물음에 답해 보세요. [10~12]

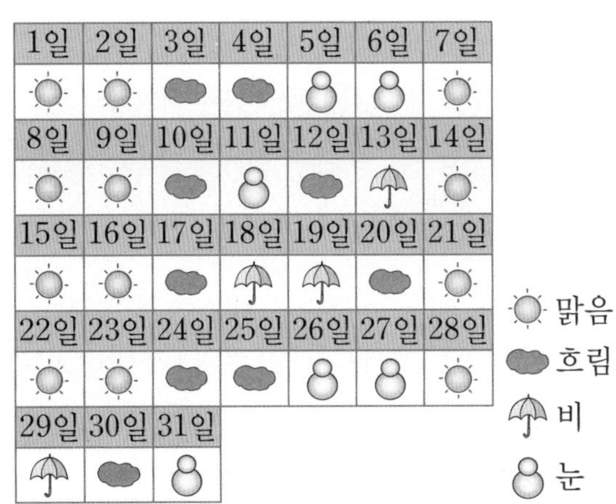

10 조사한 것을 보고 표로 나타내 보세요.

날씨별 날수

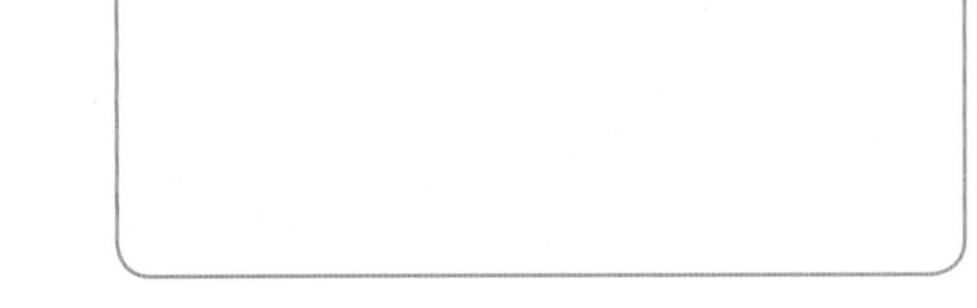

날씨	맑음	흐림	비	눈	합계
날수(일)					

11 위 **10**의 표를 보고 막대그래프로 나타내려고 합니다. 세로 눈금은 며칠까지 나타낼 수 있어야 하는지 설명해 보세요.

12 위 **10**의 표를 보고 막대그래프로 나타내 보세요.

날씨별 날수

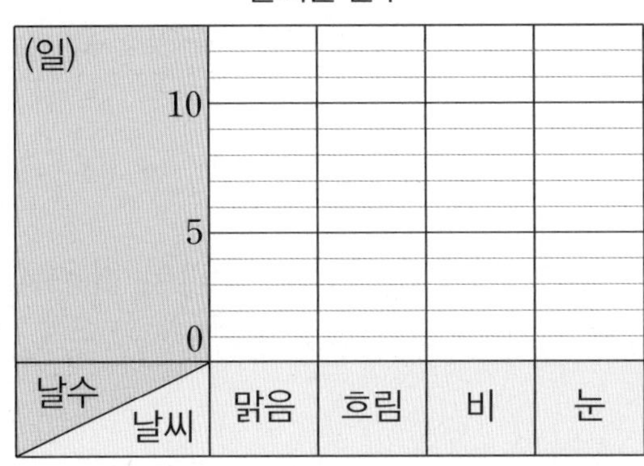

예슬이네 학교 학생들이 가장 존경하는 위인을 조사한 표와 막대그래프입니다. 물음에 답해 보세요. [13~17]

존경하는 위인별 학생 수

위인	세종대왕	이순신	이이	이황	합계
학생 수(명)		30	25	35	

존경하는 위인별 학생 수

위인 \ 학생 수 (명)	0	10	20	30	40
세종대왕					
이순신					
이이					
이황					

13 막대그래프에서 가로 눈금 한 칸은 몇 명을 나타내나요?

( )

14 막대그래프를 보고 세종대왕을 존경하는 학생 수를 표의 빈칸에 써넣으세요.

15 위의 막대그래프를 완성해 보세요.

16 가장 많은 학생이 존경하는 위인부터 차례대로 써 보세요.

( )

17 조사한 학생들에게 붙임 딱지를 한 개씩 주려고 합니다. 붙임 딱지는 모두 몇 개를 준비해야 하나요?

( )

5
단원

단원 평가

5. 막대그래프

점수

한초네 초등학교 학생들이 좋아하는 음식을 조사하여 나타낸 막대그래프입니다. 물음에 답해 보세요. [01~04]

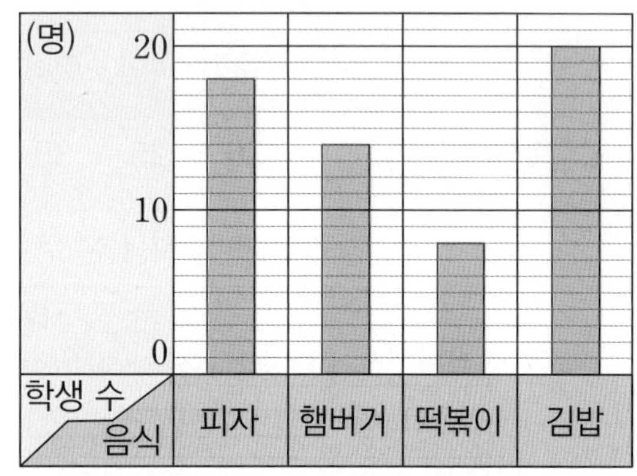

01 세로 눈금 한 칸은 몇 명을 나타내나요?

( )

02 가장 많은 학생이 좋아하는 음식은 무엇인가요?

( )

03 가장 많은 학생이 좋아하는 음식부터 순서대로 써 보세요.

( )

04 14명의 학생이 좋아하는 음식은 무엇인가요?

( )

다음은 석기가 1년 동안 읽은 책을 종류에 따라 조사한 표입니다. 물음에 답해 보세요. [05~07]

1년 동안 읽은 책의 수

종류	동화책	위인전	과학책	역사책	합계
책의 수(권)	13	10	12	5	40

05 위 표를 막대그래프로 나타내려고 합니다. 세로 눈금 한 칸이 1권을 나타낼 때, 역사책은 몇 칸을 차지하나요?

( )

06 표를 보고 막대그래프로 나타내 보세요.

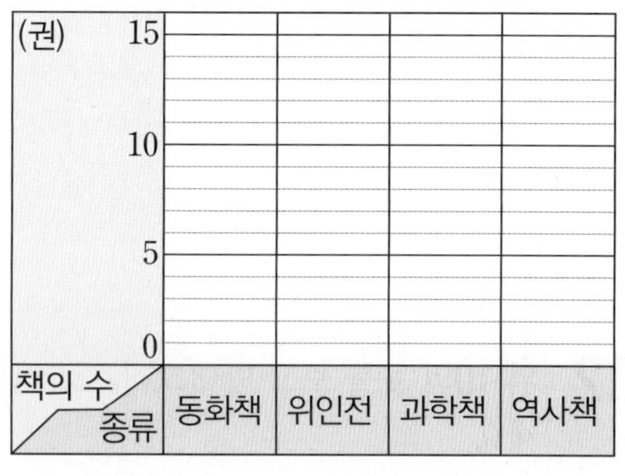

07 석기가 1년 동안 가장 많이 읽은 책은 무슨 책이고, 몇 권인가요?

( ), ( )

한별이네 초등학교에서 알뜰 바자회에 낼 옷을 모둠별로 모았습니다. 물음에 답해 보세요. [08~10]

모둠별 모은 옷의 수

모둠	이슬	풀잎	열매	해님	합계
옷의 수(벌)	20	15	17	10	62

08 표를 보고 막대그래프로 나타내 보세요.

모둠별 모은 옷의 수

옷의 수(벌) / 모둠	이슬	풀잎	열매	해님
20				
10				
0				

09 가장 많이 모은 모둠의 옷과 가장 적게 모은 모둠의 옷의 차를 구해 보세요.

( )

10 이슬 모둠에서 모은 옷의 수는 해님 모둠에서 모은 옷의 수의 몇 배인가요?

( )

솔별이네 초등학교 학생들이 가장 좋아하는 운동을 조사하여 나타낸 막대그래프입니다. 물음에 답해 보세요. [11~14]

좋아하는 운동별 학생 수

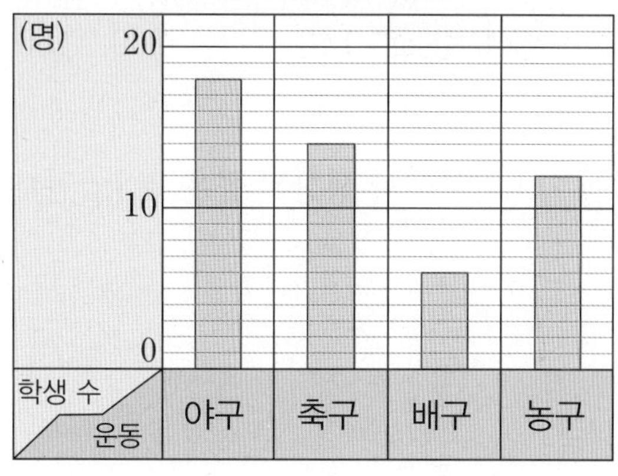

11 위 막대그래프에서 가로와 세로는 각각 무엇을 나타내나요?

가로 ( )
세로 ( )

12 가장 많은 학생이 좋아하는 운동은 무엇인가요?

( )

13 가장 적은 학생이 좋아하는 운동은 무엇인가요?

( )

14 야구를 좋아하는 학생 수는 배구를 좋아하는 학생 수의 몇 배인가요?

( )

5 단원

다음은 마을별 콩 생산량을 조사한 표입니다. 물음에 답해 보세요. [15~17]

마을별 콩 생산량

마을	가	나	다	라	합계
콩 생산량(kg)	140		200	160	600

15 나 마을에서 생산된 콩은 몇 kg인가요?

(　　　　　　　　)

16 표를 보고 막대그래프로 나타내 보세요.

마을별 콩 생산량

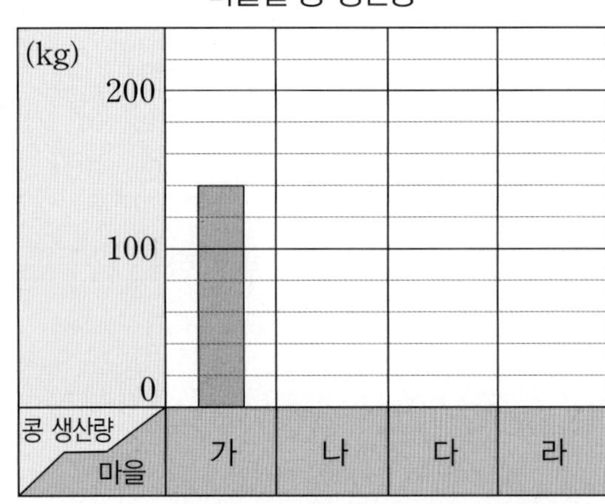

17 가장 많은 콩을 생산한 마을과 가장 적은 콩을 생산한 마을의 콩 생산량의 합은 몇 kg인가요?

(　　　　　　　　)

식목일날 심은 나무 수를 마을별로 조사하여 나타낸 막대그래프입니다. 물음에 답해 보세요. [18~20]

마을별 심은 나무 수

나무 수 / 마을	0　　　10　　　20 (그루)
별빛	
달빛	
은빛	
양지	

18 가장 적게 나무를 심은 마을은 어느 마을이고, 몇 그루를 심었나요?

(　　　　　　), (　　　　　　)

19 은빛 마을과 양지 마을에서 심은 나무의 합은 모두 몇 그루인가요?

(　　　　　　　　)

20 나무를 가장 많이 심은 마을과 가장 적게 심은 마을의 나무 수의 차는 몇 그루인가요?

(　　　　　　　　)

단원 6 규칙 찾기

이번에 배울 내용

1 수 배열표에서 규칙 찾기

2 수의 배열에서 규칙 찾기

3 등호를 사용한 식으로 나타내기

4 도형의 배열에서 규칙 찾기

5 계산식에서 규칙 찾기 (1)

6 계산식에서 규칙 찾기 (2)

7 규칙적인 계산식 찾기

이전에 배운 내용

- 무늬, 쌓은 모양에서 규칙 찾기
- 덧셈표, 곱셈표에서 규칙 찾기

다음에 배울 내용

- 두 양 사이의 관계 알아보기
- 대응 관계를 식으로 나타내기

step
1

원리 꼼꼼

1. 수 배열표에서 규칙 찾기

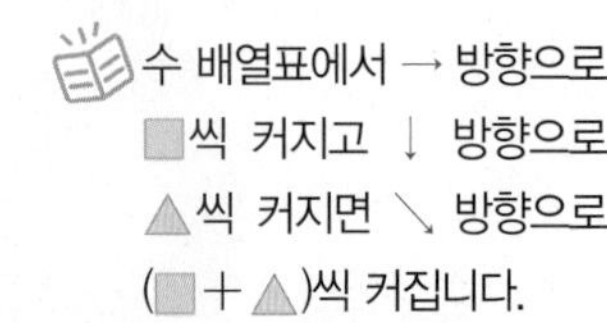
수 배열표에서 → 방향으로
■씩 커지고 ↓ 방향으로
▲씩 커지면 ↘ 방향으로
(■+▲)씩 커집니다.

수 배열표에서 규칙 찾기

101	201	301	401	501
111	211	311	411	511
121	221	321	421	521
131	231	331	431	531

(1) 가로줄에서 규칙을 찾아보기
- 101부터 시작하여 오른쪽으로 갈수록 100씩 커집니다.
- 501부터 시작하여 왼쪽으로 갈수록 100씩 작아집니다.

(2) 세로줄에서 규칙을 찾아보기
- 101부터 시작하여 아래쪽으로 내려갈수록 10씩 커집니다.
- 131부터 시작하여 위쪽으로 올라갈수록 10씩 작아집니다.

(3) 수 배열표에서 또 다른 규칙을 찾아보기
- ↘ 방향으로 110씩 커지고, ↖ 방향으로 110씩 작아집니다.
- ↙ 방향으로 90씩 작아지고, ↗ 방향으로 90씩 커집니다.

원리 확인 1 수 배열표에서 수의 규칙을 찾아보세요.

1000	1100	1200	1300	1400
2000	2100	2200	2300	2400
3000	3100	3200	3300	3400
4000	4100	4200	4300	4400

(1) 가로줄에서 규칙을 찾아보세요.

규칙 1000부터 시작하여 오른쪽으로 □씩 커집니다.

1400부터 시작하여 왼쪽으로 □씩 작아집니다.

(2) 세로줄에서 규칙을 찾아보세요.

규칙 1000부터 시작하여 아래쪽으로 □씩 커집니다.

4000부터 시작하여 위쪽으로 □씩 작아집니다.

(3) 수 배열표에서 또 다른 규칙을 찾아보세요.

규칙 1000부터 시작하여 ↘ 방향으로 □씩 커집니다.

4400부터 시작하여 ↖ 방향으로 □씩 작아집니다.

수 배열표를 보고 물음에 답해 보세요. [1~4]

1000	1020	1040	1060	1080
1200	1220	1240	1260	1280
1400	1420	1440	1460	1480
1600	1620	1640	1660	1680
1800	1820	1840	1860	1880

1 가로줄에 나타난 규칙을 찾아보세요.

규칙 1000부터 시작하여 오른쪽으로 □씩 커집니다.

2 세로줄에 나타난 규칙을 찾아보세요.

규칙 1000부터 시작하여 아래쪽으로 □씩 커집니다.

3 ↘ 방향에 나타난 규칙을 찾아보세요.

규칙 1000부터 시작하여 ↘ 방향으로 □씩 커집니다.

4 색칠한 칸에 나타난 규칙을 찾아보세요.

규칙 ____________________

5 수 배열의 규칙에 맞게 빈칸에 들어갈 수를 써넣으세요.

600	615		645
500	515	530	545
400		430	445
300	315	330	
	215	230	245

1. 가로줄에 있는 각각의 수의 차를 알아봅니다.

2. 세로줄에 있는 각각의 수의 차를 알아봅니다.

5. 가로줄과 세로줄에 있는 수의 배열에서 규칙을 알아봅니다.

6 단원

원리 척척

수 배열표를 보고 □ 안에 알맞은 수를 써넣으세요. [1~5]

2110	2120	2130	2140	2150
3110	3120	3130	3140	3150
4110	4120	4130	4140	4150
5110	㉮	5130	5140	5150
6110	6120	6130	㉯	6150

1 2110부터 시작하여 오른쪽으로 □씩 커집니다.

2 2110부터 시작하여 아래쪽으로 □씩 커집니다.

3 2110부터 시작하여 ↘ 방향으로는 □씩 커집니다.

4 2150부터 시작하여 ↙ 방향으로는 □씩 커집니다.

5 ㉯는 ㉮보다 □+□+□=□만큼 더 큽니다.

수 배열표를 보고 □ 안에 알맞은 수를 써넣으세요. [6~8]

3500	3505	3510	3515	3520
4000	4005	4010	4015	4020
4500	4505	4510	4515	4520
5000	5005	㉮	5015	5020
5500	5505	5510	㉯	5520

6 ▒로 색칠된 칸은 4020부터 시작하여 왼쪽으로 □씩 작아집니다.

7 ▒로 색칠된 칸은 5505부터 시작하여 위쪽으로 □씩 작아집니다.

8 ㉮는 ㉯보다 □+□=□만큼 더 작습니다.

수 배열표를 보고 □ 안에 알맞은 수를 써넣으세요. [9~13]

3000	3101	3202	3303	3404
4000	4101	4202	4303	4404
5000	㉮	5202	5303	5404
6000	6101	6202	㉯	6404
7000	7101	㉰	7303	7404

9 3000부터 시작하여 오른쪽으로 □씩 커집니다.

10 3404부터 시작하여 아래쪽으로 □씩 커집니다.

11 3000부터 시작하여 ↘ 방향으로는 □씩 커집니다.

12 ㉯－㉮＝□＋□＋□＝□입니다.

13 ㉰－㉯＝□－□＝□입니다.

수 배열표를 보고 □ 안에 알맞은 수를 써넣으세요. [14~18]

4000	3990	3980	3970	3960
5000	4990	4980	4970	4960
6000	5990	5980	5970	㉮
7000	6990	㉯	6970	6960
8000	7990	7980	㉰	7960

14 4000부터 시작하여 오른쪽으로 □씩 작아집니다.

15 3990부터 시작하여 아래쪽으로 □씩 커집니다.

16 3960부터 시작하여 ↙ 방향으로는 □씩 커집니다.

17 ㉯－㉮＝□＋□＋□＝□입니다.

18 ㉰－㉯＝□－□＝□입니다.

step 1 원리 꼼꼼

2. 수의 배열에서 규칙 찾기

수 배열표에는 어떤 규칙이 있는지 알아보기

동영상강의

+	11	12	13	14	15	16	17	18	19
11	2	3	4	5	6	7	8	9	0
12	3	4	5	6	7	8	9	0	1
13	4	5	6	■	8	9	0	1	2
14	5	6	7	8	9	▲	1	2	3
15	6	7	8	9	0	1	2	3	4

수 배열에서 규칙을 찾을 때 수의 크기가 증가하면 덧셈 또는 곱셈을 활용하고, 수의 크기가 감소하면 뺄셈 또는 나눗셈을 활용하여 규칙을 찾아봅니다.

- 11+11=22인데 덧셈의 배열표에는 2가 있습니다.
- 11+12=23인데 덧셈의 배열표에는 3이 있습니다.
- 11+13=24인데 덧셈의 배열표에는 4가 있습니다.
- 덧셈의 배열표에서 수의 규칙은 두 수의 덧셈의 결과에서 일의 자리 숫자를 쓴 것입니다.
- ■에 알맞은 수는 13+14=27에서 일의 자리 숫자인 7입니다.
- ▲에 알맞은 수는 14+16=30에서 일의 자리 숫자인 0입니다.

원리 확인 1 수의 배열에서 규칙을 찾아 물음에 답해 보세요.

10 – 30 – 50 – ㉠ – 90 – ㉡ – 130

(1) 수의 배열에는 어떤 규칙이 있는지 찾아보세요.

규칙 10부터 시작하여 □씩 더해진 수가 오른쪽에 있습니다.
130부터 시작하여 □씩 뺀 수가 왼쪽에 있습니다.

(2) 수 배열의 규칙에 맞게 ㉠에 들어갈 수를 구해 보세요.

(　　　　　　)

(3) 수 배열의 규칙에 맞게 ㉡에 들어갈 수를 구해 보세요.

(　　　　　　)

원리 확인 2 수의 배열에서 규칙을 찾아 빈 곳과 □ 안에 알맞은 수를 써넣으세요.

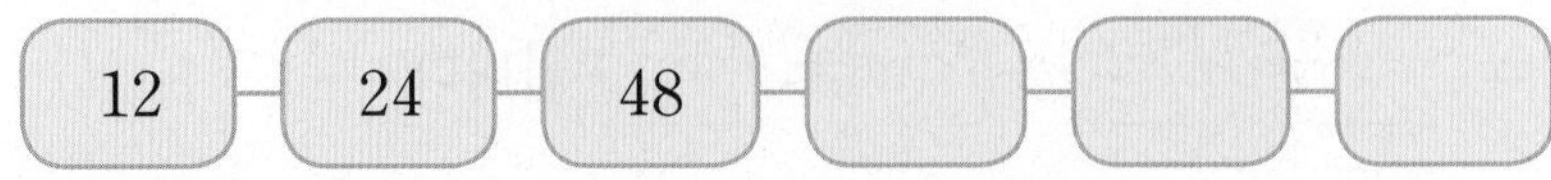

12 – 24 – 48 – □ – □ – □

규칙 12부터 시작하여 □씩 곱해진 수가 오른쪽에 있습니다.

step 2 원리 탄탄

 수 배열표를 보고 물음에 답해 보세요. [1~4]

10	25	40	55	70
60	75	90	105	120
110	125	140	155	170
160	175	190	205	220
210	225	■	255	270

1 가로줄에 나타난 규칙을 찾아보세요.

규칙 10부터 시작하여 오른쪽으로 ☐씩 커집니다.

2 세로줄에 나타난 규칙을 찾아보세요.

규칙 10부터 시작하여 아래쪽으로 ☐씩 커집니다.

3 수 배열의 규칙에 맞게 ■에 들어갈 수를 구해 보세요.

( )

4 노란색으로 색칠한 칸에 나타난 규칙을 찾아보세요.

규칙 ______________________

____

5 수 배열의 규칙에 맞게 빈칸에 들어갈 수를 구하려고 합니다. 물음에 답해 보세요.

1 — 5 — 25 — 125 — ◯

(1) 수의 배열에는 어떤 규칙이 있는지 찾아보세요.

규칙 1부터 시작하여 ☐씩 곱해진 수가 오른쪽에 있습니다.

(2) 수 배열의 규칙에 맞도록 ◯ 안에 들어갈 수를 구해 보세요.

( )

1. 가로줄에 있는 각각의 수의 차를 알아봅니다.

2. 세로줄에 있는 각각의 수의 차를 알아봅니다.

5. 수의 배열에서 각각의 수들의 합, 차, 곱, 몫을 알아보고 규칙을 찾습니다.

6 단원

step 3 원리 척척

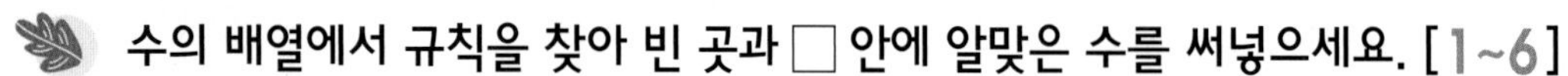

수의 배열에서 규칙을 찾아 빈 곳과 □ 안에 알맞은 수를 써넣으세요. [1~6]

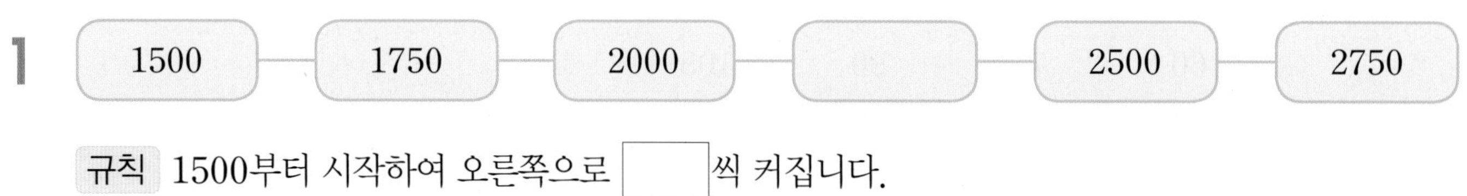

1 1500 — 1750 — 2000 — ( ) — 2500 — 2750

규칙 1500부터 시작하여 오른쪽으로 □씩 커집니다.

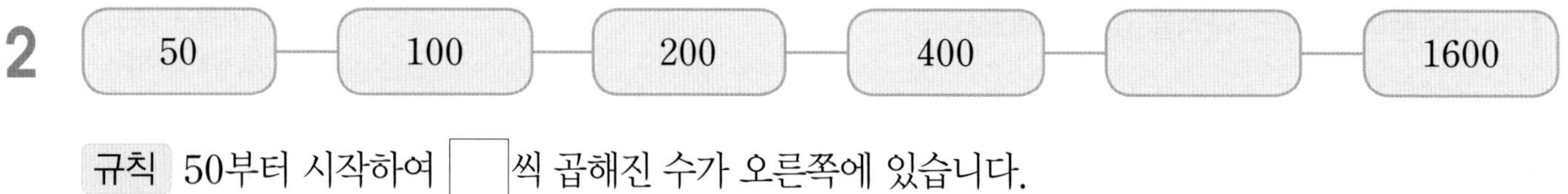

2 50 — 100 — 200 — 400 — ( ) — 1600

규칙 50부터 시작하여 □씩 곱해진 수가 오른쪽에 있습니다.

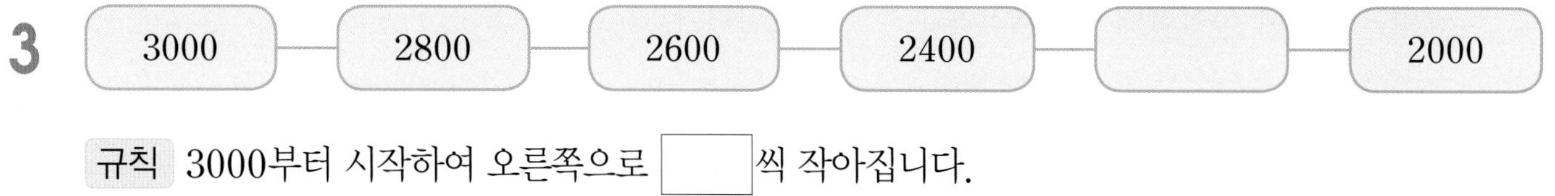

3 3000 — 2800 — 2600 — 2400 — ( ) — 2000

규칙 3000부터 시작하여 오른쪽으로 □씩 작아집니다.

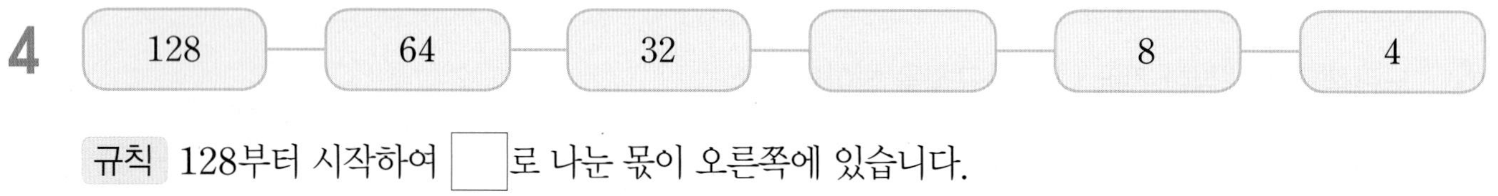

4 128 — 64 — 32 — ( ) — 8 — 4

규칙 128부터 시작하여 □로 나눈 몫이 오른쪽에 있습니다.

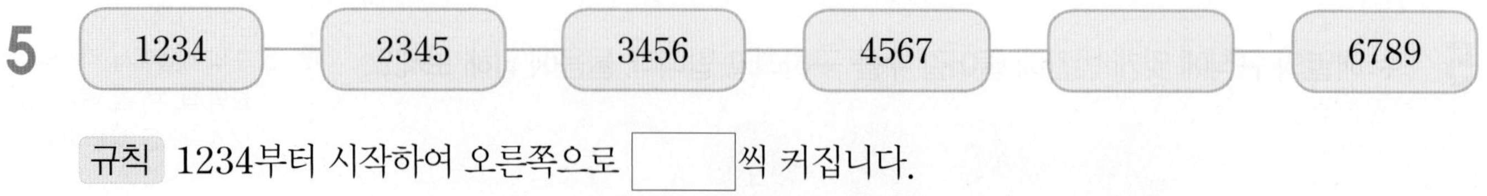

5 1234 — 2345 — 3456 — 4567 — ( ) — 6789

규칙 1234부터 시작하여 오른쪽으로 □씩 커집니다.

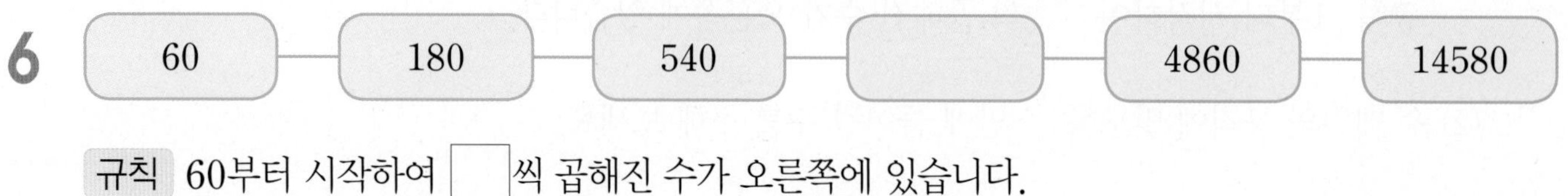

6 60 — 180 — 540 — ( ) — 4860 — 14580

규칙 60부터 시작하여 □씩 곱해진 수가 오른쪽에 있습니다.

수 배열표를 보고 □ 안에 알맞은 수나 말을 써넣으세요. [7~9]

+	200	220	240	260	280
100	0	2	4	6	8
210	1	3	5	㉮	9
320	2	4	㉯	8	0
430	3	5	7	9	1

7 수 배열표에서 수 배열의 규칙은 가로에 놓인 수와 세로에 놓인 수의 합을 구한 후 합의 □의 자리 숫자를 나타낸 것입니다.

8 ㉮에 들어갈 수는 □+□=□이므로 □입니다.

9 ㉯에 들어갈 수는 □+□=□이므로 □입니다.

수 배열표를 보고 □ 안에 알맞은 수를 써넣으세요. [10~12]

100	110	130	160	200	250
200	210	230	260	300	350
400	410	430	㉮	500	550
700	710	730	760	㉯	850
1100	1110	1130	1160	1200	1250

10 수 배열표에서 수 배열의 규칙은 100부터 시작하여 가로는 10, □, □, □, □씩 커지는 규칙이고, 세로는 100, □, □, □씩 커지는 규칙입니다.

11 ㉮에 알맞은 수는 430+□=□, 또는 260+□=□입니다.

12 ㉯에 알맞은 수는 760+□=□, 또는 500+□=□입니다.

원리 꼼꼼

3. 등호를 사용한 식으로 나타내기

등호를 사용한 식으로 나타내기 (1)

$15+17=19+13$ (15에서 19로 $+4$, 17에서 13으로 -4)

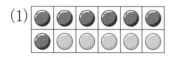

$32-14=24-6$ (32에서 24로 -8, 14에서 6으로 -8)

등호를 사용한 식으로 나타내기 (2)

$2\times9=6\times3$ (2에서 6으로 $\times3$, 9에서 3으로 $\div3$)

$24\div6=8\div2$ (24에서 8로 $\div3$, 6에서 2로 $\div3$)

원리 확인 1 그림을 보고 □ 안에 알맞은 수를 써넣으세요.

(1) $7+5$ = $6+\square$ = $\square+9$

(2) $7+5=6+\square$ (7에서 6으로 -1, 5에서 □로 $+1$)

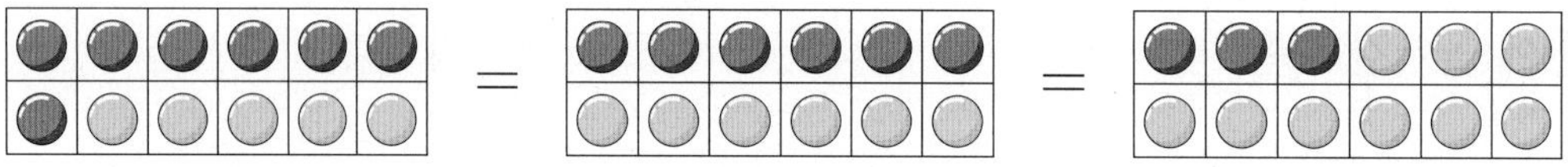

(3) $7+5=\square+9$ (7에서 □로 -4, 5에서 9로 $+4$)

원리 확인 2 그림을 보고 □ 안에 알맞은 수를 써넣으세요.

(1) 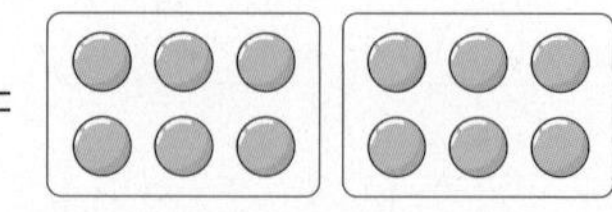 = 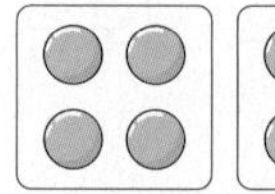 = 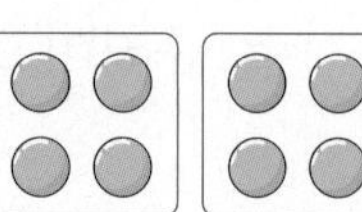

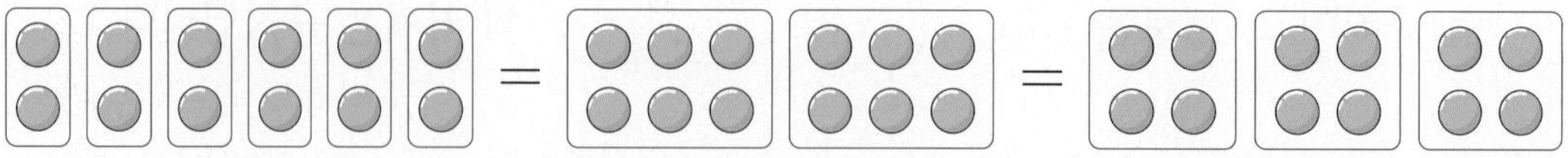

2×6  $6\times\square$ 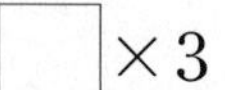 $\square\times3$

(2) $2\times6=6\times\square$ (2에서 6으로 $\times3$, 6에서 □로 $\div3$)

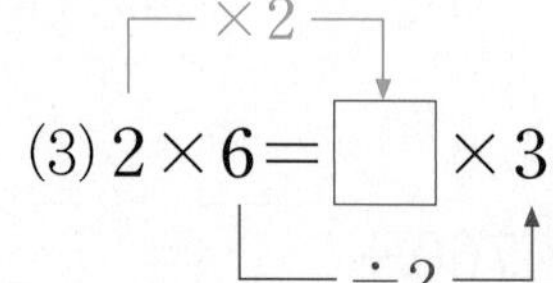

(3) $2\times6=\square\times3$ (2에서 □로 $\times2$, 6에서 3으로 $\div2$)

step 2 원리 탄탄

기본 문제를 통해 개념과 원리를 다져요.

1 □ 안에 알맞은 수를 써넣으세요.

$18+12=20+★$

20은 18보다 2만큼 더 큰 수이므로 ★에 알맞은 수는 12보다 2만큼 더 작은 수인 □입니다.

1. 더해지는 수가 커진만큼 더하는 수가 작아지면 합은 같습니다.

2 크기가 다른 식을 찾아 ○표 하세요.

$28+36$ $52+12$ $42+22$
$32+32$ $62+0$

3 옳은 식에 ○표, 옳지 않은 식에 ×표 하세요.

(1)

$23+27=22+26$	
$30+6=35+1$	
$28-14=26-12$	

(2)

$12\times4=6\times8$	
$60\div20=30\div10$	
$8\times4=16\times8$	

4 □ 안에 알맞은 수를 써넣으세요.

(1) $42\times16=21\times$ □

(2) □ $\times20=32\times10$

4. (1) 곱해지는 수를 2로 나누고, 곱하는 수를 2배 하면 곱은 같습니다.

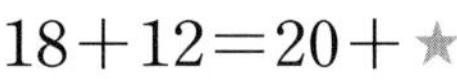

6 단원

원리 척척

□ 안에 알맞은 수를 써넣으세요. [1~8]

1 $30+5=\square+\square$ (+3, −□)

2 $25+7=\square+\square$ (+4, −□)

3 $42+8=\square+\square$ (+□, −2)

4 $53+10=\square+\square$ (+□, −5)

5 $25+47=49+\square$

6 $20+54=\square+50$

7 $63+\square=50+27$

8 $\square+42=64+32$

□ 안에 알맞은 수를 써넣으세요. [9~16]

9 $57-13=58-\square$ (+1, +1)

10 $84-25=\square-\square$ (+2, +2)

11 $94-17=97-\square$ (+3, +□)

12 $76-24=79-27$ (+□, +□)

13 $68-24=71-\square$

14 $59-24=\square-26$

15 $74-\square=70-27$

16 $\square-36=51-30$

□ 안에 알맞은 수를 써넣으세요. [17~24]

17 $16\times8=\square\times\square$ (16에서 ÷2 → 첫 번째 □, 8에서 ×2 → 두 번째 □)

18 $16\times8=\square\times\square$ (÷4, ×4)

19 $16\times8=\square\times\square$ (÷8, ×8)

20 $14\times4=\square\times\square$ (÷7, ×□)

21 $2\times20=\square\times4$ (×5, ÷5)

22 $2\times20=\square\times\square$ (×4, ÷4)

23 $2\times20=\square\times\square$ (×10, ÷□)

24 $40\times15=10\times\square$

□ 안에 알맞은 수를 써넣으세요. [25~32]

25 $16\div4=\square\div\square$ (×2, ×2)

26 $16\div4=\square\div\square$ (×4, ×4)

27 $16\div4=\square\div\square$ (÷4, ÷4)

28 $32\div8=\square\div\square$ (÷8, ÷8)

29 $24\div\square=12\div2$ (÷□, ÷□)

30 $11\div1=\square\div7$ (×□, ×□)

31 $64\div8=\square\div4$

32 $40\div4=20\div\square$

6 단원

step 1 원리 꼼꼼

4. 도형의 배열에서 규칙 찾기

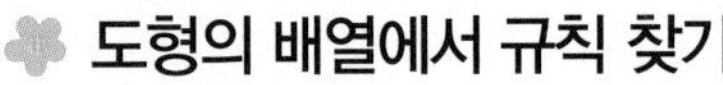

도형의 배열에서 규칙 찾기

(1) 모형의 개수를 세어 보고 어떤 규칙이 있는지 찾아보기

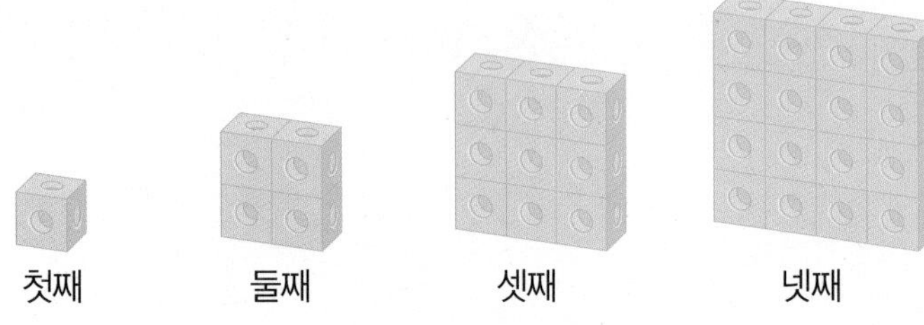

예) 모형의 개수는 놓인 순서에 따라 (순서 수)×(순서 수)의 곱과 같습니다.

도형의 배열에서 규칙을 찾을 때 개수의 규칙이 아닌 모양의 배열에서 규칙을 찾을 수도 있습니다.

예)

➡ 가로와 세로가 각각 1개씩 늘어나서 이루어진 정사각형 모양입니다.

(2) 도형의 배열에서 규칙을 찾아보기

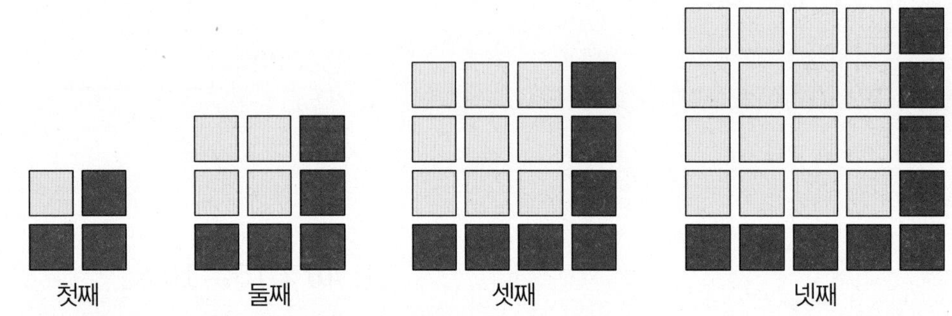

규칙
- 노란색 모양은 가로와 세로가 각각 1개씩 더 늘어나서 이루어진 정사각형 모양입니다.
- 빨간색 모양은 위쪽과 왼쪽으로 각각 1개씩 늘어납니다.

원리 확인 1 계단 모양의 배열에서 규칙을 찾아 □ 안에 알맞은 수를 써넣고 물음에 답해 보세요.

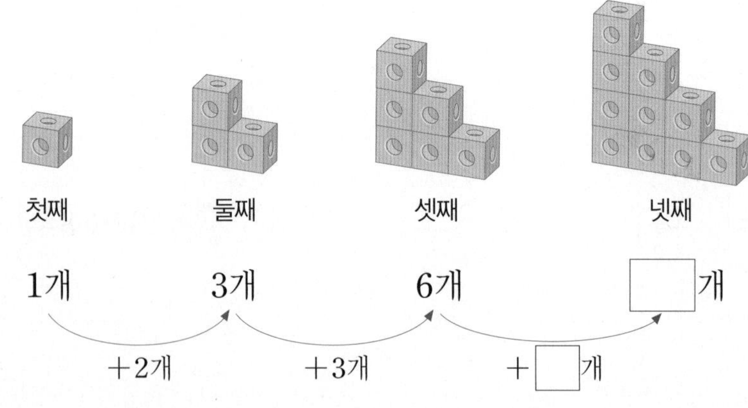

1개 3개 6개 □개

+2개 +3개 +□개

(1) 모형의 개수가 1개에서 시작하여 2개, □개, □개씩 점점 늘어나는 규칙입니다.

(2) 넷째에 놓이는 모형은 몇 개인가요?

(　　　　　　　　)

step
2
원리 탄탄

모양의 배열에서 규칙을 찾아 물음에 답해 보세요. [1~5]

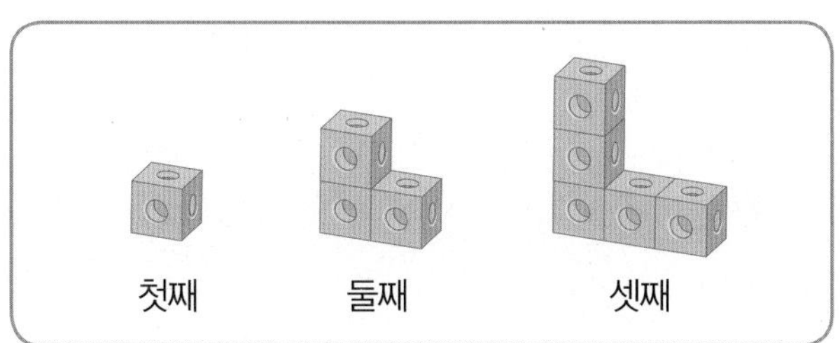
첫째
둘째
셋째

1 모형의 개수를 각각 세어 보세요.

첫째 (　　　　　　), 둘째 (　　　　　　), 셋째 (　　　　　　)

2 규칙을 찾아 □ 안에 알맞은 수를 써넣으세요.

1개에서 시작하여 오른쪽과 위쪽으로 각각 □개씩 더 늘어납니다.

3 넷째에 알맞은 모양을 그려 보세요. (단, 모양을 그릴 때 모형을 간단히 사각형으로 나타냅니다.)

4 넷째 모양을 만들기 위해 필요한 모형은 몇 개인가요?

(　　　　　　)

5 첫째 모양부터 넷째 모양까지 모형의 수를 더하면 모두 몇 개인가요?

(　　　　　　)

3. 모형이 늘어난 규칙을 이용하여 넷째 모양을 알아봅니다.

6 단원

원리 척척

1 그림과 같이 바둑돌이 놓여 있습니다. 여섯째에는 바둑돌을 몇 개 놓아야 하나요?

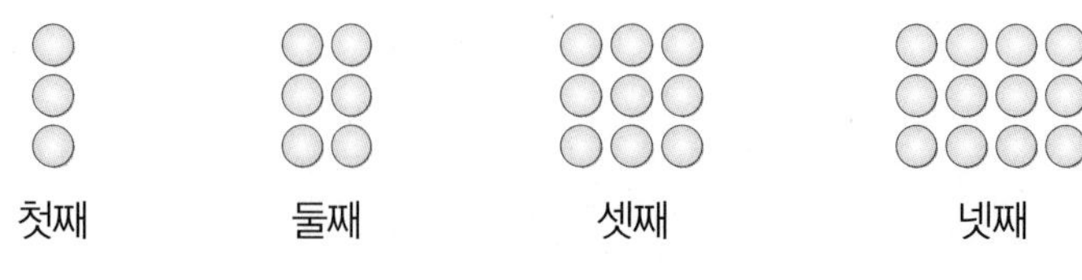

( )

2 그림과 같이 쌓기나무가 놓여 있습니다. 다섯째에는 쌓기나무를 몇 개 놓아야 하나요?

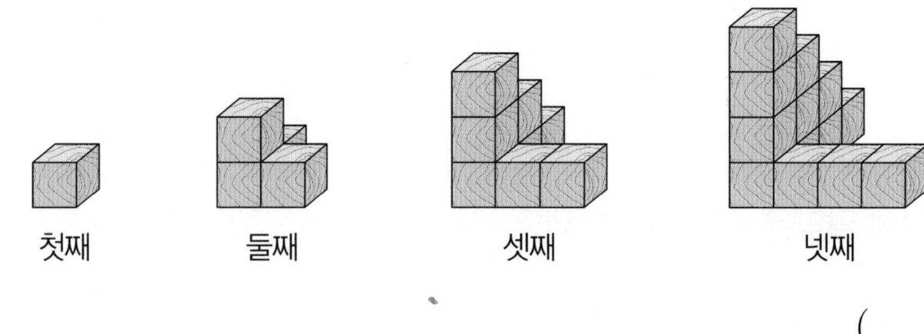

( )

3 그림과 같이 삼각형이 놓여 있습니다. 다섯째에는 삼각형을 몇 개 놓아야 하나요?

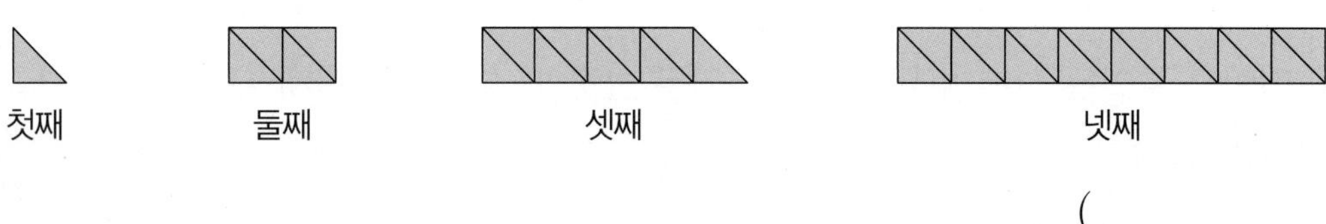

( )

그림과 같이 정사각형이 놓여 있습니다. 물음에 답해 보세요. [4~5]

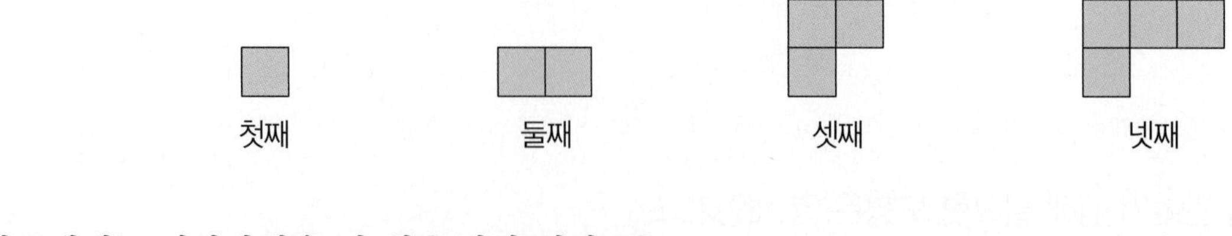

4 일곱째에는 정사각형을 몇 개 놓아야 하나요?

( )

5 아홉째에는 정사각형을 몇 개 놓아야 하나요?

( )

그림과 같이 성냥개비로 정삼각형을 만들어 갑니다. 물음에 답해 보세요. [6~7]

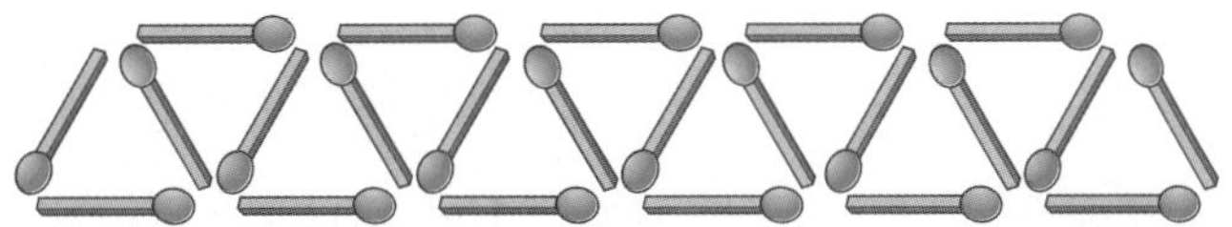

6 정삼각형을 6개 만드는 데 필요한 성냥개비는 몇 개인가요?

( )

7 정삼각형을 15개 만드는 데 필요한 성냥개비는 몇 개인가요?

( )

그림과 같이 성냥개비가 놓여 있는 것을 보고 물음에 답해 보세요. [8~10]

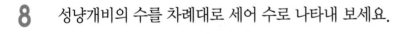

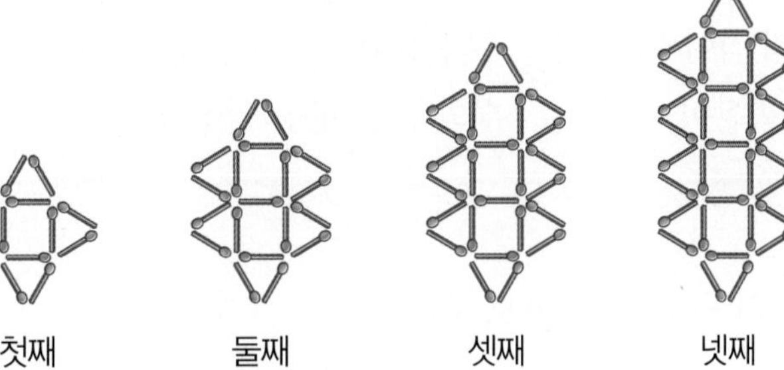

8 성냥개비의 수를 차례대로 세어 수로 나타내 보세요.

( )

9 성냥개비의 수는 단계의 순서에 따라 몇 개씩 커지나요?

( )

10 일곱째에는 성냥개비를 몇 개 놓아야 하나요?

( )

원리 꼼꼼

5. 계산식에서 규칙 찾기 (1)

덧셈식에서 규칙 찾기

순서	덧셈식
첫째	100+101+102=303
둘째	200+201+202=603
셋째	300+301+302=903
넷째	400+401+402=1203

• 백의 자리가 1씩 커지는 세 수의 합은 300씩 커집니다.
• 연속되는 세 수의 합은 가운데 수를 3배한 수와 같습니다.

뺄셈식에서 규칙 찾기

900−200=700
800−300=500
700−400=300
600−500=100

327−105=222
427−205=222
527−305=222
627−405=222

• 빼지는 수가 100씩 작아지고, 빼는 수가 100씩 커지면 두 수의 차는 200씩 작아집니다.
• 같은 자리의 수가 똑같이 커지는 두 수의 차는 항상 일정합니다.

원리 확인  계산식에서 규칙을 찾아보세요.

순서	계산식
첫째	1+3=4 ➡ 2×2=4
둘째	1+3+5=9 ➡ 3×3=9
셋째	1+3+5+7=16 ➡ 4×4=16
넷째	1+3+5+7+9=25 ➡ 5×5=25
다섯째	

(1) 어떤 규칙이 있는지 찾아보세요.

규칙 ______________________

(2) 다섯째 빈칸에 알맞은 계산식을 써 보세요.

기본 문제를 통해 개념과 원리를 다져요.

1 덧셈식의 배열에서 규칙을 찾아 빈칸에 알맞은 계산식을 써넣으세요.

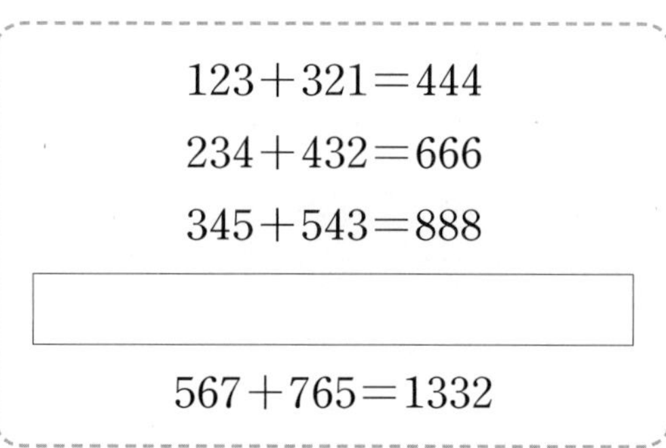

$123+321=444$

$234+432=666$

$345+543=888$

□

$567+765=1332$

2 뺄셈식의 배열에서 규칙을 찾아 빈칸에 알맞은 계산식을 써넣으세요.

$600-400=200$

$1600-1400=200$

$2600-2400=200$

□

$4600-4400=200$

3 주어진 덧셈식의 규칙에 따라 □ 안에 알맞은 수를 써넣고 규칙을 설명해 보세요.

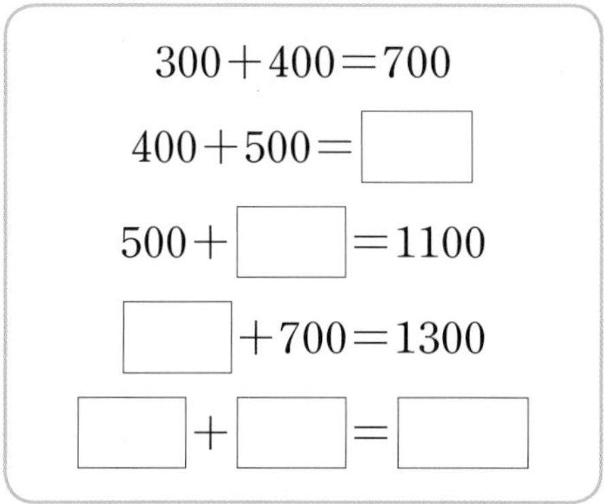

$300+400=700$

$400+500=$□

$500+$□$=1100$

□$+700=1300$

□$+$□$=$□

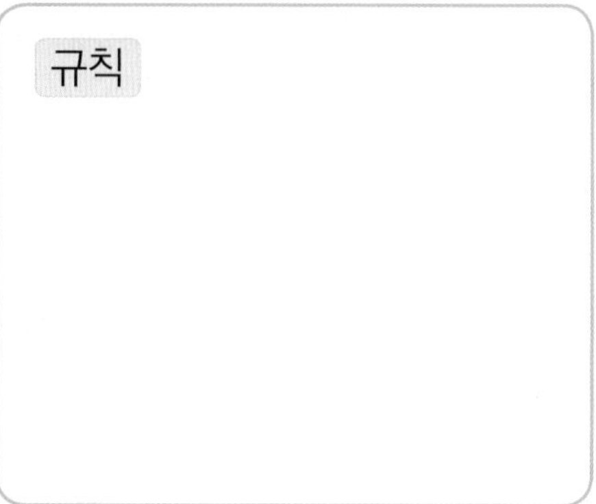

1. 덧셈식에서 수의 배열을 보며 규칙을 찾습니다.

2. 빼지는 수와 빼는 수가 일정하게 커지면 두 수의 차는 일정합니다.

3. 더해지는 수와 더하는 수가 각각 얼마씩 커졌는지 알아보고, 이때 두 수의 합은 얼마가 커졌는지 알아봅니다.

6 단원

원리 척척

보기의 계산식을 보고 물음에 답해 보세요. [1~3]

보기

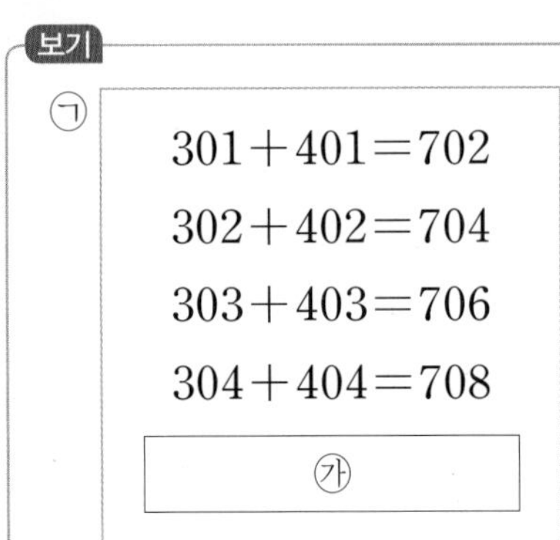

㉠
301＋401＝702
302＋402＝704
303＋403＝706
304＋404＝708
㉮

㉡
203＋303＝506
213＋313＝526
223＋323＝546
233＋333＝566
㉯

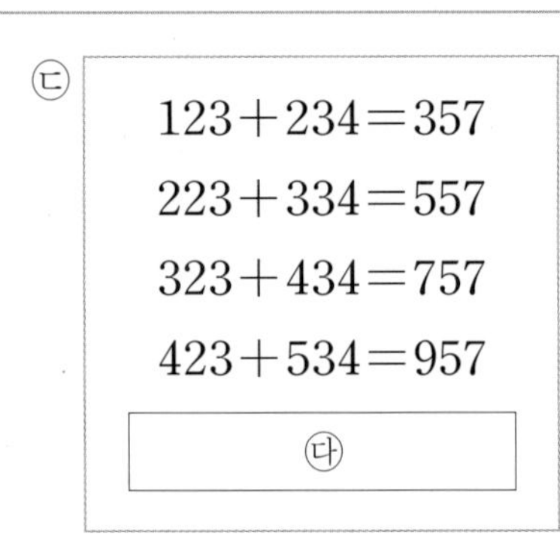

㉢
123＋234＝357
223＋334＝557
323＋434＝757
423＋534＝957
㉰

1 백의 자리의 숫자가 각각 1씩 커지고 두 수의 합은 200씩 커지는 계산식의 기호를 써 보세요.

(　　　　　　　　)

2 규칙을 찾아 ㉮에 알맞은 계산식을 써 보세요.

(　　　　　　　　)

3 규칙을 찾아 ㉯에 알맞은 계산식을 써 보세요.

(　　　　　　　　)

보기의 계산식을 보고 물음에 답해 보세요. [4~6]

보기

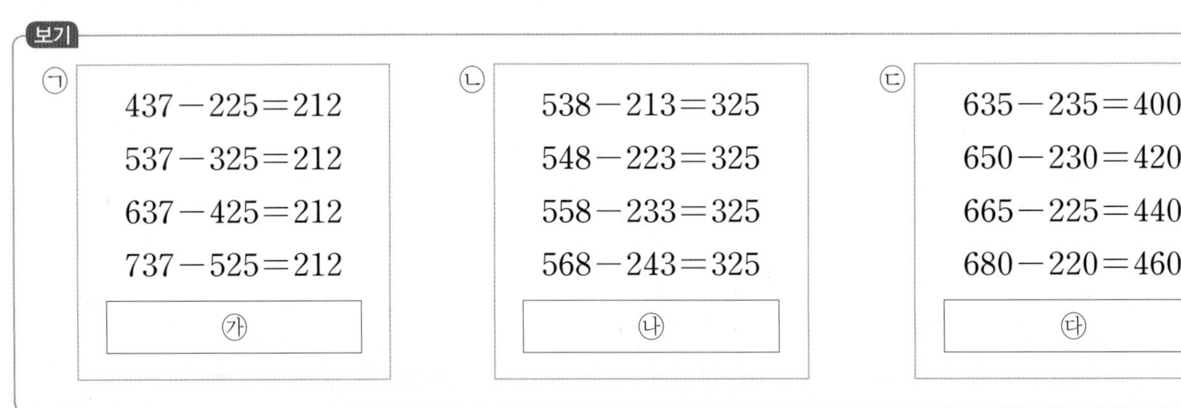

㉠
437－225＝212
537－325＝212
637－425＝212
737－525＝212
㉮

㉡
538－213＝325
548－223＝325
558－233＝325
568－243＝325
㉯

㉢
635－235＝400
650－230＝420
665－225＝440
680－220＝460
㉰

4 십의 자리의 숫자가 각각 똑같이 커져 두 수의 차가 일정한 계산식의 기호를 써 보세요.

(　　　　　　　　)

5 규칙을 찾아 ㉮에 알맞은 계산식을 써 보세요.

(　　　　　　　　)

6 규칙을 찾아 ㉰에 알맞은 계산식을 써 보세요.

(　　　　　　　　)

계산식을 보고 물음에 답해 보세요. [7~8]

순서	계산식
첫째	$1+2+3=2\times3=6$
둘째	$1+2+3+4+5=3\times5=15$
셋째	$1+2+3+4+5+6+7=4\times7=28$
넷째	$1+2+3+4+5+6+7+8+9=5\times9=45$
다섯째	

7 어떤 규칙이 있는지 알아보려고 합니다. □ 안에 알맞게 써넣으세요.

규칙 1부터 시작하는 연속된 수를 더한 개수가 3개, 5개, □개, □개로 □개씩 늘어나며, 연속된 수의 합은 (가운데에 놓인 수)×□의 곱과 같습니다.

8 규칙에 맞게 다섯째 칸에 들어갈 계산식을 써 보세요.

6 단원

덧셈식을 보고 물음에 답해 보세요. [9~10]

순서	덧셈식
첫째	$1+3=4$
둘째	$1+3+5=9$
셋째	$1+3+5+7=16$
넷째	$1+3+5+7+9=25$
다섯째	

9 어떤 규칙이 있는지 알아보려고 합니다. □ 안에 알맞게 써넣으세요.

규칙 1부터 시작되는 연속적인 홀수의 합은 (홀수의 개수)×□의 곱과 같습니다.

10 규칙에 맞게 다섯째 칸에 들어갈 계산식을 써 보세요.

원리 꼼꼼

6. 계산식에서 규칙 찾기 (2)

곱셈식에서 규칙 찾기

순서	곱셈식
첫째	$25 \times 4 = 100$
둘째	$25 \times 8 = 200$
셋째	$25 \times 12 = 300$
넷째	$25 \times 16 = 400$
다섯째	

- 곱하는 수가 2배, 3배, 4배씩 커지면 곱도 2배, 3배, 4배씩 커집니다.
- 다섯째에 알맞은 곱셈식은 $25 \times 20 = 500$입니다.

나눗셈식에서 규칙 찾기

순서	나눗셈식
첫째	$222 \div 2 = 111$
둘째	$444 \div 4 = 111$
셋째	$666 \div 6 = 111$
넷째	

- 나뉠 수가 2배, 3배씩 커지고 나누는 수가 2배, 3배씩 커지면 그 몫은 모두 똑같습니다.
- 넷째에 알맞은 나눗셈식은 $888 \div 8 = 111$입니다.

원리 확인  곱셈식에서 규칙을 찾아보세요.

순서	곱셈식
첫째	$75 \times 24 = 1800$
둘째	$150 \times 24 = 3600$
셋째	$225 \times 24 = 5400$
넷째	$300 \times 24 = 7200$
다섯째	

(1) 어떤 규칙이 있는지 찾아보세요.

규칙 ____________________

(2) 다섯째 빈칸에 알맞은 곱셈식을 써넣으세요.

원리 탄탄

기본 문제를 통해 개념과 원리를 다져요.

1 곱셈식의 배열에서 규칙을 찾아 빈칸에 알맞은 계산식과 수를 써넣으세요.

순서	곱셈식
첫째	$20\times2=40$
둘째	$20\times22=440$
셋째	$20\times222=4440$
넷째	

규칙 단계가 진행될수록 자리 수에 2가 ☐개씩 늘어나는 수를 곱하는 규칙입니다.

1. 곱하는 수와 두 수의 곱이 어떻게 변하였는지 살펴보고 규칙을 찾습니다.

2 나눗셈식의 배열에서 규칙을 찾아 빈칸에 알맞은 계산식과 수를 써넣으세요.

순서	나눗셈식
첫째	$36\div6=6$
둘째	$72\div12=6$
셋째	$108\div18=6$
넷째	

규칙 나뉠 수와 나누는 수가 각각 2배, ☐배, ☐배씩 커지더라도 몫은 모두 ☐으로 같습니다.

2. 나뉠 수와 나누는 수가 어떻게 변할 때 몫은 어떻게 되었는지 살펴봅니다.

6 단원

3 계산식의 배열의 규칙에 맞게 빈칸에 들어갈 식을 써넣으세요.

$111111\div3=37037$

$222222\div6=37037$

$333333\div9=37037$

☐

3. 나뉠 수와 나누는 수가 각각 2배, 3배, 4배씩 커지더라도 몫은 항상 같습니다.

step 3 원리 척척

규칙적인 계산식을 보고 물음에 답해 보세요. [1~4]

1

$3\times103=309$
$3\times1003=3009$
$3\times10003=30009$
$3\times100003=300009$
□

(1) □ 안에 알맞은 계산식을 써 보세요.

(2) 규칙을 이용하여 계산 결과가 30000009가 나오는 계산식을 써 보세요.

2

$105\times9=945$
$1005\times9=9045$
$10005\times9=90045$
□

(1) □ 안에 알맞은 계산식을 써 보세요.

(2) 규칙을 이용하여 계산 결과가 9000045가 나오는 계산식을 써 보세요.

3

$21\times5=105$
$2211\times5=11055$
$222111\times5=1110555$
□

(1) □ 안에 알맞은 계산식을 써 보세요.

(2) 규칙을 이용하여 계산 결과가 11111055555가 나오는 계산식을 써 보세요.

4

$1\times9=11-2=9$
$12\times9=111-3=108$
$123\times9=1111-4=1107$
□

(1) □ 안에 알맞은 계산식을 써 보세요.

(2) 규칙을 이용하여 계산 결과가 111105가 나오는 계산식을 써 보세요.

규칙적인 계산식을 보고 물음에 답해 보세요. [5~8]

5

$600 \div 30 = 20$
$900 \div 30 = 30$
$1200 \div 30 = 40$
$1500 \div 30 = 50$
□

(1) □ 안에 알맞은 계산식을 써 보세요.

(2) 규칙을 이용하여 계산 결과가 80이 나오는 계산식을 써 보세요.

6

$111111 \div 111 = 1001$
$222222 \div 111 = 2002$
$333333 \div 111 = 3003$
□

(1) □ 안에 알맞은 계산식을 써 보세요.

(2) 규칙을 이용하여 계산 결과가 6006이 나오는 계산식을 써 보세요.

7

$525 \div 5 = 105$
$5025 \div 5 = 1005$
$50025 \div 5 = 10005$
□

(1) □ 안에 알맞은 계산식을 써 보세요.

(2) 규칙을 이용하여 계산 결과가 1000005가 나오는 계산식을 써 보세요.

8

$(80+1) \div 9 = 9$
$(880+2) \div 9 = 98$
$(8880+3) \div 9 = 987$
$(88880+4) \div 9 = 9876$
□

(1) □ 안에 알맞은 계산식을 써 보세요.

(2) 규칙을 이용하여 계산 결과가 987654가 나오는 계산식을 써 보세요.

6 단원

7. 규칙적인 계산식 찾기

규칙적인 계산식을 찾아보기

일	월	화	수	목	금	토
		1	2	3	4	5
6	7	8	9	10	11	12
13	14	15	16	17	18	19
20	21	22	23	24	25	26
27	28	29	30			

- 같은 주 토요일의 날짜에서 일요일의 날짜를 빼면 항상 6입니다.
  ➡ $12-6=6$, $19-13=6$
- ↘ 방향의 수의 합과 ↙ 방향의 수의 합은 같습니다.
  ➡ $6+14=7+13$, $7+15=8+14$, $8+16=9+15$
- 연속된 세 수의 합은 가운데 수의 3배와 같습니다.
  ➡ $6+7+8=7\times3$, $13+14+15=14\times3$

원리 확인 **1** 수 배열표를 보고 규칙적인 계산식을 찾아보려고 합니다. 물음에 답해 보세요.

111	112	113	114	115	116
211	212	213	214	215	216

(1) □ 안에 알맞은 수를 써넣으세요.

가로의 수의 배열에서 111+□=112, 112+□=113, 113+□=114, ...이므로 왼쪽의 수에 □을 더하면 오른쪽 수가 됩니다.

세로의 수의 배열에서 111+□=211, 112+□=212, 113+□=213, ...이므로 위의 수에 □을 더하면 아래의 수가 됩니다.

(2) $111+212=323$, $112+211=323$이므로 ↘ 방향과 ↙ 방향에 있는 두 수의 합은 (같습니다 , 다릅니다).

(3) 111+112+113=□=112×□,

114+115+116=□=115×□,

211+212+213=□=212×□,

214+215+216=□=215×□

➡ 연속된 세 수의 합은 가운데 수의 □배입니다.

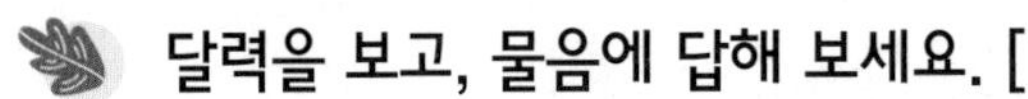

달력을 보고, 물음에 답해 보세요. [1~3]

일	월	화	수	목	금	토
1	2	3	4	5	6	7
8	9	10	11	12	13	14
15	16	17	18	19	20	21
22	23	24	25	26	27	28
29	30	31				

1 달력에서 규칙적인 계산식을 찾아 □ 안에 알맞은 수를 써넣으세요.

$8-1=\square$

$9-2=\square$

$10-3=\square$

$11-4=\square$

1. 달력에서 세로로 배열된 수들의 차는 7씩입니다.

2 달력에서 규칙적인 계산식을 찾아 □ 안에 알맞은 수를 써넣으세요.

$8+16=9+15$

$10+18=11+17$

$11+19=12+\square$

$17+\square=18+24$

2. 달력에서 ↘ 방향과 ↙ 방향의 두 수의 합은 같습니다.

3 달력에서 규칙적인 계산식을 찾아 □ 안에 알맞은 수를 써넣으세요.

$15+16+17=16\times\square$

$18+19+20=19\times\square$

$23+24+25=\square\times3$

$25+26+27=\square\times3$

3. 연속된 세 수의 합은 가운데 수를 3배한 것과 같습니다.

6 단원

원리 척척

수 배열표에서 규칙적인 계산식을 찾아 □ 안에 알맞은 수를 써넣으세요. [1~14]

204	208	212	216	220	224
314	318	322	326	330	334

1 $204+318=208+\square$

2 $204+322=212+\square$

3 $208+330=220+\square$

4 $208+334=224+\square$

5 $204+224=208+\square$

6 $314+334=\square+330$

7 $314-204=318-\square$

8 $318-204=322-\square$

9 $204+314+224+334=208+318+\square+\square$

10 $204+208+212=208\times\square$

11 $314+318+322=\square\times3$

12 $204+208+212+216+220=212\times\square$

13 $318+322+326+330+334=\square\times5$

14 $204+208+212+326+330+334=314+318+\square+216+220+\square$

다음은 어느 해 2월의 달력입니다. □ 안에 알맞은 수를 써넣으세요. [15~20]

일	월	화	수	목	금	토
1	2	3	4	5	6	7
8	9	10	11	12	13	14
15	16	17	18	19	20	21
22	23	24	25	26	27	28

15 첫째 주의 날짜의 합을 구해 보세요.

$$1+2+3+4+5+6+7=4\times\square=\square$$

16 둘째 주의 날짜의 합은 첫째 주의 날짜의 합보다 얼마나 더 크나요?

$$(8-1)+(9-2)+\cdots+(14-7)=7\times\square=\square$$

17 월요일에 있는 날짜의 합은 일요일에 있는 날짜의 합보다 얼마나 더 크나요?

$$(2-1)+(9-8)+(16-15)+(23-22)=1\times\square=\square$$

18 금요일의 날짜의 합은 화요일의 날짜의 합보다 얼마나 크나요?

$$(6-3)+(13-10)+(20-17)+(27-24)=\square\times\square=\square$$

19 다음과 같이 2월 19일을 포함한 9개의 날짜의 합은 얼마인가요?

11	12	13
18	19	20
25	26	27

➡ $19\times\square=\square$

20 2월의 모든 날짜의 합은 얼마인가요?

$1+2+3+4+\cdots+25+26+27+28$

$=(1+28)+(2+27)+(3+26)+\cdots+(14+15)$

$=\square\times\square=\square$

6 단원

유형 콕콕

01 수 배열의 규칙에 맞도록 빈칸에 알맞은 수를 써넣으세요.

512	513	514	
612	613		615
	713	714	715
812		814	

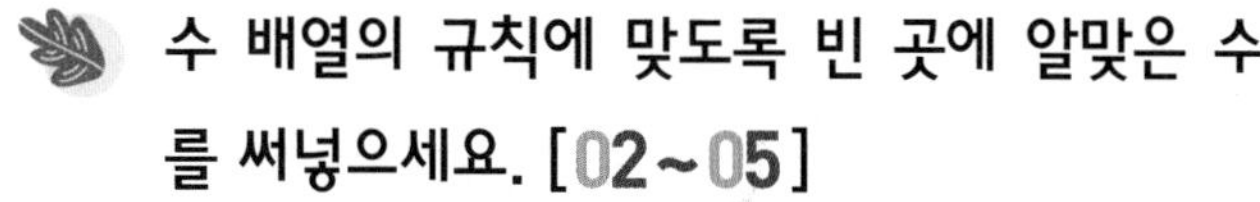

수 배열의 규칙에 맞도록 빈 곳에 알맞은 수를 써넣으세요. [02~05]

02

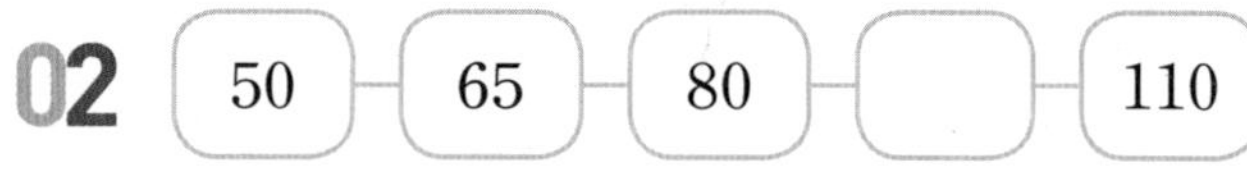

03

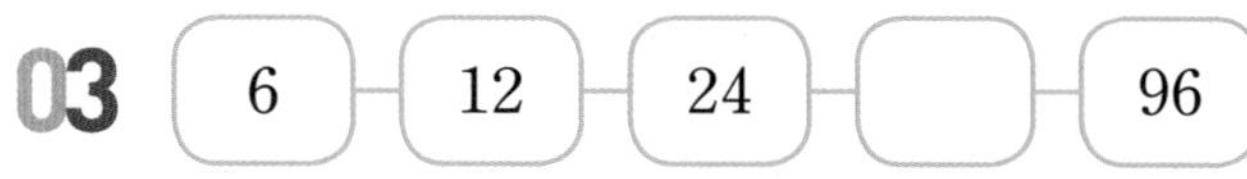

04 500 - 450 - 400 - □ - 300

05 128 - 64 - 32 - □ - 8

06 수 배열표를 보고 규칙에 맞도록 빈칸에 알맞은 수를 써넣으세요.

+	1234	1235	1236	1237
24	8	9	0	1
25	9	0		2
26		1	2	
27	1		3	

도형의 배열을 보고 물음에 답해 보세요. [07~10]

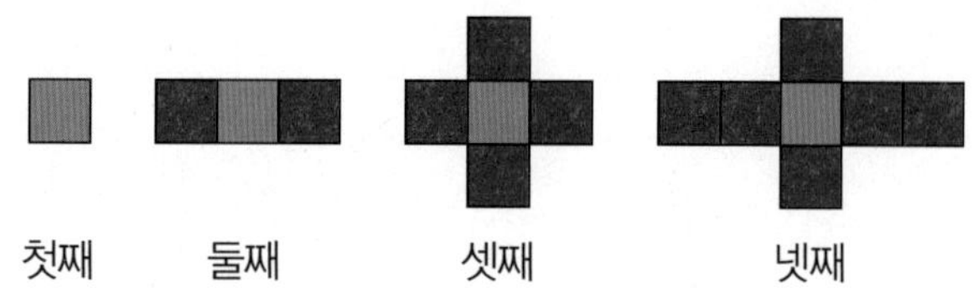

07 다섯째에 올 도형에서 빨간색으로 색칠한 사각형의 개수는 몇 개인가요?

( )

08 다섯째에 알맞은 도형을 그려 보세요.

09 도형의 배열에서 규칙을 찾아 □ 안에 알맞은 수나 말을 써넣으세요.

■을 중심으로 □ 방향과 □ 방향으로 번갈아가며 양쪽 끝에 □개씩 도형이 늘어나는 규칙입니다.

10 여섯째에 놓이는 도형에서 빨간색으로 색칠한 도형은 □×2=□(개)입니다.

규칙적인 계산식을 보고 빈칸에 알맞은 계산식을 써넣으세요. [11~14]

11

순서	계산식
첫째	300+400=700
둘째	310+420=730
셋째	320+440=760
넷째	

12

순서	계산식
첫째	1800−300=1500
둘째	2800−1300=1500
셋째	3800−2300=1500
넷째	

13

순서	계산식
첫째	11×11=121
둘째	22×11=242
셋째	33×11=363
넷째	

14

순서	계산식
첫째	72÷8=9
둘째	792÷8=99
셋째	7992÷8=999
넷째	

수 배열표를 보고 □ 안에 알맞은 수를 써넣으세요. [15~20]

101	102	103	104	105
201	202	203	204	205
301	302	303	304	305

15 101+202=102+□

16 102+304=104+□

17 101+102+103+104+105
=103×□

18 (105+205+305)−(101+201+301)
=4×□

19

101	102	103
201	202	203
301	302	303

의 9개의 수의 합

➡ □×9=□

20 101+202+303+□
=102+203+304

6 단원

단원 평가

점수

수 배열표를 보고 물음에 답해 보세요. [01~03]

101	102	103	104	105
201	202	203	204	205
301	302	303	㉮	305
401	402	403	404	405

01 가로줄은 101부터 시작하여 오른쪽으로 얼마씩 커지는 규칙인가요?

( )

02 세로줄은 101부터 시작하여 아래쪽으로 얼마씩 커지는 규칙인가요?

( )

03 ㉮에 알맞은 수를 구해 보세요.

( )

04 크기가 같은 식이 되도록 □ 안에 알맞은 수를 써넣으세요.

$102+203=103+202$

$103+204=104+203$

$104+205=\square+204$

05 수 배열의 규칙에 맞도록 빈 곳에 알맞은 수를 써넣으세요.

도형의 배열을 보고 물음에 답해 보세요. [06~07]

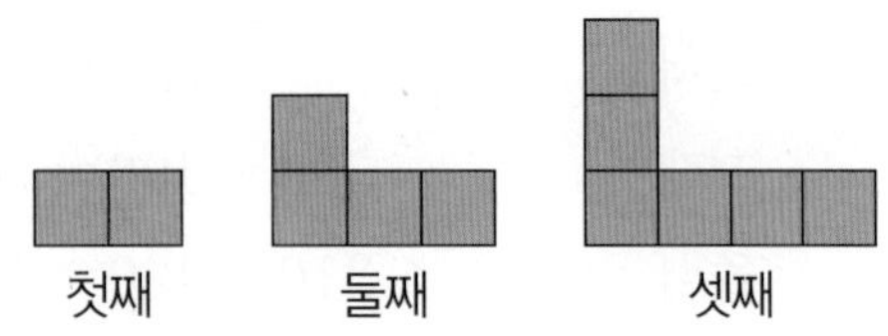

06 넷째에 알맞은 도형을 그려 보세요.

07 도형의 배열에서 규칙을 찾아 알맞은 말에 ○표 하세요.

모양에서 시작하여
(위쪽과 오른쪽, 아래쪽과 왼쪽)으로
1개씩 늘어나는 규칙입니다.

08 계산식의 배열에서 규칙을 찾아 □ 안에 알맞은 식을 써넣으세요.

$110+220=330$

$210+320=530$

$310+420=730$

□

$510+620=1130$

계산식을 보고 물음에 답해 보세요. [09~11]

㉠

101+202=303
111+212=323
121+222=343
㉮

㉡

123+210=333
123+230=353
123+250=373
㉯

㉢

4×400=1600
8×200=1600
16×100=1600
㉰

㉣

960÷32=30
480÷16=30
240÷8=30
㉱

09 설명에 맞는 계산식을 찾아 기호를 써 보세요.

십의 자리 숫자가 1씩 커지는 수와 십의 자리 숫자가 1씩 커지는 수의 합은 십의 자리 숫자가 2씩 커집니다.

( )

10 ㉢의 계산식에서 규칙을 찾아 ㉰에 알맞은 계산식을 써 보세요.

( )

11 ㉣의 계산식에서 규칙을 찾아 ㉱에 알맞은 계산식을 써 보세요.

( )

12 곱셈표를 보고 빈칸에 알맞은 수를 써넣으세요.

×	5	10	15
20	100	200	
	150		450
40		400	600

13 계산식 배열의 규칙에 맞도록 빈칸에 알맞은 식을 써넣으세요.

순서	계산식
첫째	9×123=1107
둘째	9×1234=11106
셋째	9×12345=111105
넷째	

14 주어진 곱셈식의 규칙을 이용하여 □ 안에 알맞은 수를 써넣으세요.

22×11=242
33×11=363
44×11=484
55×11=605

242÷11=22
363÷11=33
484÷11=□
605÷□=55

달력의 수의 배열에서 규칙적인 계산식을 찾아 보고 물음에 답해 보세요. [15~17]

일	월	화	수	목	금	토
					1	2
3	4	5	6	7	8	9
10	11	12	13	14	15	16
17	18	19	20	21	22	23
24	25	26	27	28	29	30

15 달력에 배열된 날짜를 이용하여 규칙적인 계산식을 만들었습니다. □ 안에 알맞은 수를 써넣으세요.

$3+11+19=5+11+17$

$4+12+20=6+12+\square$

$5+13+21=7+13+\square$

16 □ 안에 알맞은 수를 써넣으세요.

달력에서 3부터 시작하여 → 방향으로는 □씩 커지고, ↓ 방향으로는 □씩 커지며, ↘ 방향으로는 □씩 커집니다.

17 달력에서 토요일의 날짜의 합은 금요일의 날짜의 합보다 얼마나 더 크나요?

(　　　　　　　)

18 수 배열의 규칙에 맞도록 ○ 안에 알맞은 수를 써넣으세요.

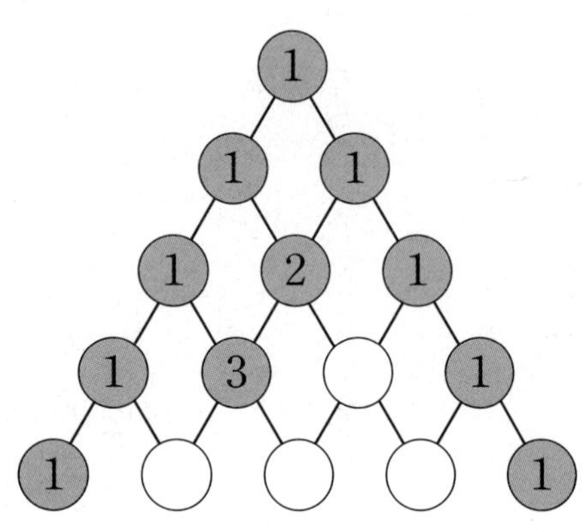

19 곱셈식에서 규칙을 찾아 빈칸에 알맞은 수를 써넣으세요.

$3\times9=27$

$33\times9=297$

$333\times9=2997$

$3333\times9=29997$

$33333\times9=\square$

20 19번 문제의 곱셈식에서 규칙을 찾아 빈칸에 알맞은 계산식을 써넣으세요.

$2999997=\square$

왕수학

왕수학

개념과 원리를 다지고
계산력을 키우는

왕수학

개념+연산

정답과 풀이

4-1

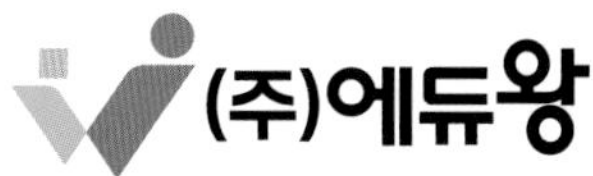

왕수학

정답과
풀이

4-1

1. 큰 수

step 1 원리 꼼꼼 6쪽

원리 확인 1 (1) 8000 (2) 9000 (3) 10000

원리 확인 2 (1) 1000 (2) 100 (3) 10 (4) 1

step 2 원리 탄탄 7쪽

1 (1) 1000 (2) 10

2 예

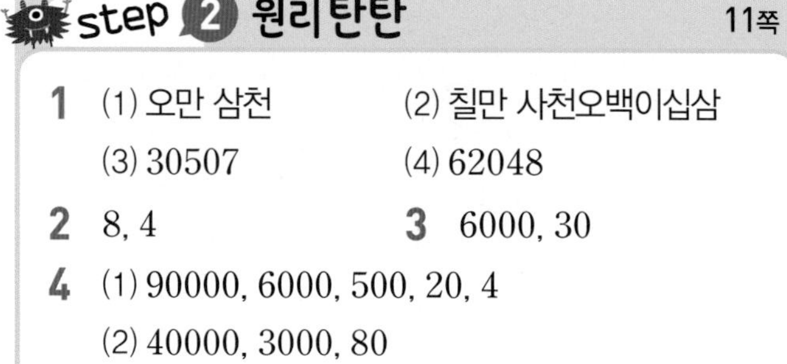

3 1, 10, 100, 1000

4 (1) 9997, 9998, 9999
(2) 9970, 9990, 10000

2 1000이 10개이면 10000이므로 천 모형 10개를 묶습니다.

step 3 원리 척척 8~9쪽

1 10000, 1만, 만, 일만

2 100 3 1000

4 1000 5 100

6 10 7 1

8 2000 9 5000

10 9000 11 20000, 2만, 이만

12 30000, 3만, 삼만 13 50000, 5만, 오만

14 60000, 6만, 육만 15 70000, 7만, 칠만

16 80000, 8만, 팔만 17 90000, 9만, 구만

18 5 19 7

20 9

step 1 원리 꼼꼼 10쪽

원리 확인 1 (1) 50000 (2) 7000 (3) 300 (4) 80 (5) 9 (6) 57389

원리 확인 2 40000, 6000, 300, 80, 7

step 2 원리 탄탄 11쪽

1 (1) 오만 삼천 (2) 칠만 사천오백이십삼
(3) 30507 (4) 62048

2 8, 4 3 6000, 30

4 (1) 90000, 6000, 500, 20, 4
(2) 40000, 3000, 80

1 (3) 삼만 오백칠 ➡ 3만 507 ➡ 30507
주의 30000507로 쓰지 않도록 주의합니다.
(4) 육만 이천사십팔 ➡ 6만 2048 ➡ 62048

4 (1) 9 6 5 2 4

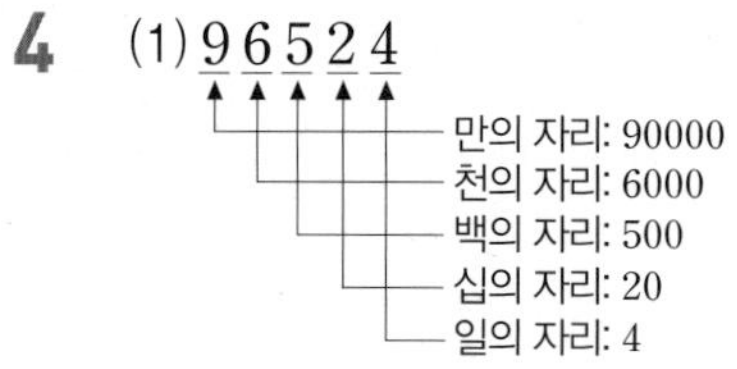

step 3 원리 척척 12~13쪽

1 38714 2 42589

3 60174 4 사만 사천삼백이십

5 육만 팔천이백구십이 6 오만 칠천사백삼십

7 칠만 칠백삼십사 8 팔만 사천삼백이십육

9 구만 사천칠십이 10 54294

11 71380 12 81423

13 90917 14 82527

15 90600

16 (위에서부터) 8, 0, 4, 7, 50000, 8000, 0, 7

17 만, 90000, 천, 1000, 백, 400, 십, 0, 일, 6

18 41598 **19** 8, 3, 2, 0, 7

20 10000, 8000, 300, 20, 6

21 30000, 4000, 700, 2

22 50000, 4000, 80, 9

step 1 원리 꼼꼼 14쪽

원리 확인 1 (1) 10만 원(100000원)

(2) 100만 원(1000000원)

(3) 1000만 원(10000000원)

원리 확인 2 2000000, 500000, 30000

1 (1) 10000원짜리 지폐가 10장이면 100000원 또는 10만 원입니다.

(2) 10000원짜리 지폐가 100장이면 1000000원 또는 100만 원입니다.

(3) 10000원짜리 지폐가 1000장이면 10000000원 또는 1000만 원입니다.

step 2 원리 탄탄 15쪽

1 280000, 28만, 이십팔만

2 (1) 8740, 2546 (2) 8, 7, 4, 0

3 (1) 오백사십만 삼천팔백이십일

(2) 삼천구십칠만 이천백오십팔

4 천만, 60000000

2 8740|2546 (만|일) ➡ 8740만 2546

➡ 만이 8740개, 일이 2546개

3 (1) 540|3821 (만|일) ➡ 540만 3821

➡ 오백사십만 삼천팔백이십일

(2) 3097|2158 (만|일) ➡ 3097만 2158

➡ 삼천구십칠만 이천백오십팔

4 6253|0798 (만|일)에서 6은 천만의 자리 숫자이고 60000000을 나타냅니다.

(6: 천만의 자리)

step 3 원리 척척 16~17쪽

1 300000, 30만, 삼십만

2 2000000, 200만, 이백만

3 6000000, 600만, 육백만

4 40000000, 4000만, 사천만

5 30230678 **6** 52700583

7 60, 2743 **8** 470, 2589

9 8293, 280 **10** 9020, 327

11 팔십사만 천칠백육십이

12 사백삼십이만 육천구백칠십오

13 오천사백팔십만 이천칠백사

14 433991 **15** 8204097

16 70420326

17 천만, 90000000, 백만, 7000000, 십만, 0

18 1, 10000000, 백만, 6000000, 5, 500000

step 1 원리 꼼꼼 18쪽

원리 확인 1 (1) 100000000, 1, 억, 일억

(2) 800000000, 팔억

(3) 125, 백이십오억

(4) 2345, 이천삼백사십오억

원리 확인 2 20000000000, 8000000000, 400000000

step 2 원리탄탄 19쪽

1 (1) 3000000000, 30
(2) 245700000000, 2457

2 10억, 100억, 1000억

3 (1) 이백구십이억 (2) 삼천사십칠억
(3) 8900000000 (4) 117000000000

4 (1) 3029, 6227 (2) 2900, 3645, 642

3 (1) 292|0000|0000 ➡ 292억 ➡ 이백구십이억
억 만 일
(2) 3047|0000|0000 ➡ 3047억 ➡ 삼천사십칠억
억 만 일

4 (1) 3029|6227|0000 (2) 2900|3645|0642
억 만 일 억 만 일

step 3 원리척척 20~21쪽

1 2368730000
2 48408820000
3 740954800000
4 49, 8487
5 550, 4781
6 9876, 543, 210
7 십칠억 사천삼십사만
8 삼십육억 이천사백팔만
9 사백칠십사억 삼천사백이십일만
10 오백육십오억 구천팔백이십팔만
11 359410000
12 7245160000
13 6004940000
14 12632000000
15 600000000000, 80000000000
16 4, 40000000000, 8, 8000000000, 6, 600000000
17 5, 500000000000, 4, 40000000000, 0, 0
18 천억, 800000000000, 백억, 70000000000, 십억, 9000000000
19 2, 200000000000, 십억, 6000000000, 4, 400000000

step 1 원리꼼꼼 22쪽

원리 확인 1 (1) 1조, 조
(2) 26000000000000, 이십육조

원리 확인 2 700000000000000, 30000000000000, 800000000000

step 2 원리탄탄 23쪽

1 (1) 1억 (2) 10억
(3) 100억 (4) 1000억

2

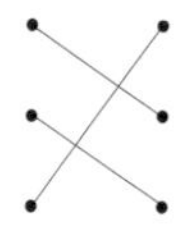

3 5302, 6519, 74, 3662

4 500369204070000, 오백조 삼천육백구십이억 사백칠만

step 3 원리척척 24~25쪽

1 17842000000000
2 274653100000000
3 3219540800000000
4 74, 258
5 821, 6932
6 9740, 435, 4800
7 오조 사천칠십삼억
8 삼십이조 팔천사백삼십억
9 사십조 이천팔백오십육억
10 육백사십삼조 이백사십팔억
11 4262600000000
12 12369700000000
13 29048500000000
14 368176000000000
15 천조, 6000000000000000, 9, 900000000000000
16 2, 20000000000000, 9, 9000000000000, 7, 7000000000000

17 7, 7000000000000000, 0, 0, 8, 80000000000000
18 천조, 9000000000000000, 백조, 300000000000000, 십조, 20000000000000
19 4, 4000000000000000, 십조, 10000000000000, 2, 2000000000000

step 1 원리꼼꼼 26쪽

원리 확인 1 (1) 백억의 자리 (2) 100억

원리 확인 2 55400, 65400
58조, 59조

1 7140억 − 7240억 − 7340억 − 7440억 − 7540억
➡ 백억의 자리 숫자가 1씩 커지므로 100억씩 뛰어 세었습니다.

2 1만씩 뛰어 세면 만의 자리 숫자가 1씩 커집니다.

3 1조씩 뛰어 세면 조의 자리 숫자가 1씩 커집니다.

step 2 원리탄탄 27쪽

1 (1) 10만 (2) 1억
2 5446만, 5646만
3 (1) 17조, 18조
(2) 6조 499억, 6조 519억
4 4300억, 4조 3000억

1 (1) 123790 − 223790 − 323790 − 423790
➡ 십만의 자리 숫자가 1씩 커지므로 10만씩 뛰어 세었습니다.
(2) 1조 35억 − 1조 36억 − 1조 37억 − 1조 38억
➡ 일억의 자리 숫자가 1씩 커지므로 1억씩 뛰어 세었습니다.

2 5346만 − 5446만 − 5546만 − 5646만 − 5746만

3 (1) 일조의 자리 숫자가 1씩 커지므로 1조씩 뛰어 세었습니다.
(2) 십억의 자리 숫자가 1씩 커지므로 10억씩 뛰어 세었습니다.

step 3 원리척척 28~29쪽

1 243000, 253000
2 20억, 40억
3 54000, 64000
4 733만, 753만
5 68억, 70억
6 163억, 193억
7 483억 4만, 583억 4만
8 1조, 1조 30억
9 494조, 495조
10 9293조, 9313조
11 300억, 3조
12 3000만, 3억, 300억
13 40억, 4000만, 400만
14 500만, 500억, 5조
15 63조, 6300억, 6300만
16 80만, 8억, 800조

step 1 원리꼼꼼 30쪽

원리 확인 1 (1) ㉮ 5자리 수, ㉯ 7자리 수
(2) ㉯

원리 확인 2 (1) 만의 자리 (2) 백만의 자리

원리 확인 3 <

1 (2) (5자리 수)<(7자리 수)

2 (1) 75435600 < 75440500 (3<4)
(2) 3억 1740만 > 3억 1690만 (7>6)

step 2 원리탄탄 31쪽

1 (1) > (2) <
(3) > (4) <

2 ㉠

3 (1) (△) (2) ( )
( ) (○)
(○) (△)

4 8, 9

1 (1) 54326782 ⓪> 945012
(8자리 수) (6자리 수)
(2) 330189 < 439124
3<4
(3) 45억 1297만 > 45억 1290만
7>0
(4) 178조 1590억 < 1003조 57억
(15자리 수) (16자리 수)

2 ㉠ 3678 05④3 5634 (12자리 수)
㉡ 3678 05⓪8 6507 (12자리 수)
➡ 4>0이므로 ㉠이 더 큰 수입니다.

3 (1) 2 5043 (5자리 수)
19 4560 (6자리 수)
20 0493 (6자리 수)
(2) 359조 4700억(15자리 수)
367조 5887만(15자리 수)
1359억 9766만(12자리 수)

4 2846793612048<2846□02530000
7<□
➡ □ 안에는 8, 9가 들어갈 수 있습니다.

step 3 원리척척 32~33쪽

1 > 2 <
3 < 4 >
5 > 6 >
7 > 8 <
9 < 10 5, 6, 7, 8, 9
11 0, 1, 2 12 0, 1, 2, 3, 4, 5
13 7, 8, 9 14 0, 1, 2, 3, 4
15 0, 1, 2, 3 16 0, 1, 2, 3
17 6, 7, 8, 9

step 4 유형콕콕 34~35쪽

01 29037
02 (1) 일만 또는 만 (2) 이만
(3) 오만 팔천 (4) 칠만 삼천
03 (1) 34538 (2) 65174
(3) 21041 (4) 90600
04 27859, 이만 칠천팔백오십구
05 8214, 6973
06 (1) 7, 70000000 (2) 2, 2000000
07 5928만 3806, 59283806
08 4807359, 사백팔십만 칠천삼백오십구
09 5000000000000, 900000000000
10 6537, 8491, 3215, 8000
11 (1) 이백십육조
(2) 오천백육십삼조 칠백이십사억
(3) 팔천사백십구조 삼천칠백이억
12 (1) 270109463765
(2) 457130000000000
(3) 1961421800000000
13 142400, 152400, 162400, 192400
14 (1) 376억, 396억, 406억
(2) 5271조, 5671조, 5771조
15 (1) 90억, 9000억 (2) 2조 3000억, 2300억
16 <

13 만의 자리 숫자가 1씩 커지므로 만씩 뛰어 세었습니다.

14 (1) 십억의 자리 숫자가 1씩 커지므로 10억씩 뛰어 세었습니다.

(2) 백조의 자리 숫자가 1씩 커지므로 100조씩 뛰어 세었습니다.

15 수를 10배 하면 0이 하나씩 많아집니다.

단원 평가 36~38쪽

01 1000, 9900
02 40319
03 (1) 3, 30000000 (2) 2, 200000
04 (1) 팔백이십억 칠천삼백이십칠만
(2) 구천삼십사조 칠백이십오억
05 (1) 4201809 (2) 580930000000
06 4
07 11개
08 80000, 2000, 900, 20, 7
09 천만, 70000000(7000만)
10 백억, 20000000000(200억)
11 516, 2759, 8323
12 ㉡
13 ㉢, ㉤, ㉣, ㉠, ㉡
14 ㉣
15 ㉤
16 (1) 167만, 197만, 227만
(2) 33조 700억, 34조 700억
(3) 7000억, 1조 3000억
17 ㉣, ㉡, ㉢, ㉠
18 (1) < (2) <
19 ( )
(△)
(○)
20 ㉡, ㉢, ㉠

04 (1) 820|7327|0000 (억, 만)
(2) 큰 수는 뒤에서부터 네 자리씩 끊어서 읽습니다.
9034|0725|0000|0000 (조, 억, 만)

05 읽지 않은 자리에는 숫자 0을 씁니다.

06 1548|6700|2358|9260 (조, 억, 만, 일)
└ 십조의 자리: 40000000000000

07 팔천조 사백구억 이천이십만
➡ 8000조 409억 2020만
➡ 8000040920200000

08 82927은 10000이 8개, 1000이 2개, 100이 9개, 10이 2개, 1이 7개인 수입니다.

09 7832|1500 (만, 일) ➡ 7은 천만의 자리 숫자입니다.

10 8234|7001|5000 (억, 만, 일) ➡ 2는 백억의 자리 숫자입니다.

11 516|2759|8323|0000 (조, 억, 만, 일)

12 ㉡ 72000025980025

13 ㉠ 27591400850000
㉡ 72000025980025
㉢ 589032400000
㉣ 10958274000000
㉤ 792000470000
따라서 가장 작은 수부터 차례대로 기호를 쓰면 ㉢, ㉤, ㉣, ㉠, ㉡입니다.

14 ㉣ 10958274000000

15 ㉤ 7920억 47만

16 (1) 30만씩 뛰어 센 수입니다.
(2) 1조씩 뛰어 센 수입니다.
(3) 1조는 1000억이 10개인 수입니다.

17
- ㉣에 가장 큰 숫자인 9를 넣어도 ㉠, ㉡, ㉢보다 작은 수가 되므로 ㉣이 가장 작은 수입니다.
- ㉠에 가장 작은 숫자인 0을 넣어도 ㉡, ㉢, ㉣보다 큰 수가 되므로 ㉠이 가장 큰 수입니다.
- ㉢에 가장 작은 숫자인 0을 넣어도 ㉡보다 큰 수가 되므로 ㉢>㉡입니다.

따라서 가장 작은 수부터 차례대로 기호를 쓰면 ㉣, ㉡, ㉢, ㉠입니다.

18 (1) 3782900 (7자리 수) < 37743600 (8자리 수)
(2) 8234억 7200만 < 8240억
십억의 자리 숫자 비교 (3<4)

19
6504|2598 (8자리 수)
1543|5292 (8자리 수)
10|3552|9800 (10자리 수)
(억, 만, 일)

20 ㉠ 75360 ㉡ 82035 ㉢ 76048

2. 각도

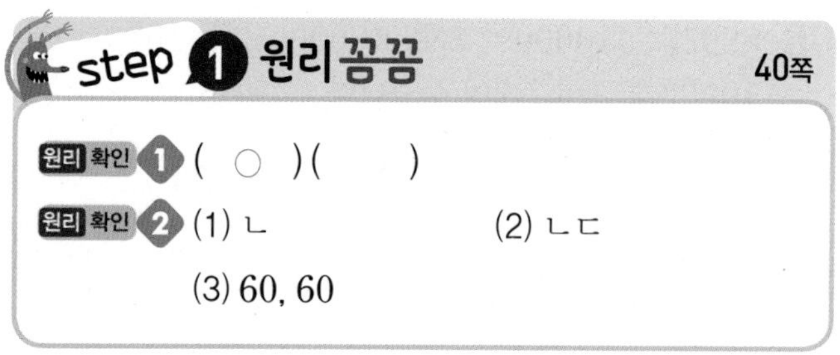

step 1 원리꼼꼼 40쪽

원리 확인 1 (○) ( )

원리 확인 2 (1) ㄴ (2) ㄴㄷ

(3) 60, 60

step 2 원리탄탄 41쪽

1 3, 1, 2

2 ④

3 (1) 70° (2) 110°

4 (1) 65° (2) 110°

2 ① 60° ② 30° ③ 110° ④ 140° ⑤ 10°

3 (1) 각도기의 오른쪽 눈금 0에서 안쪽으로 매긴 눈금을 읽으면 70°입니다.

주의 각도기를 사용하여 각도를 읽을 때 두 개의 눈금 중 어떤 눈금을 읽어야 하는지 알아봅니다.

4 주의 각의 변이 짧아 각도기의 눈금과 만나지 않는 경우에는 변의 길이를 각도기의 크기보다 더 길게 그린 다음 각도를 잽니다.

step 3 원리척척 42~43쪽

1 가

2 다

3 다

4 나

5 가

6 50

7 120

8 140

9 30

10 10

11 90

12 40

13 130

14 65

15 100

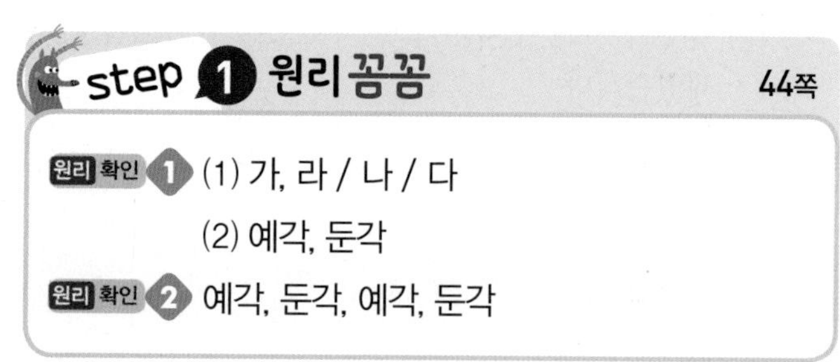

step 1 원리꼼꼼 44쪽

원리 확인 1 (1) 가, 라 / 나 / 다

(2) 예각, 둔각

원리 확인 2 예각, 둔각, 예각, 둔각

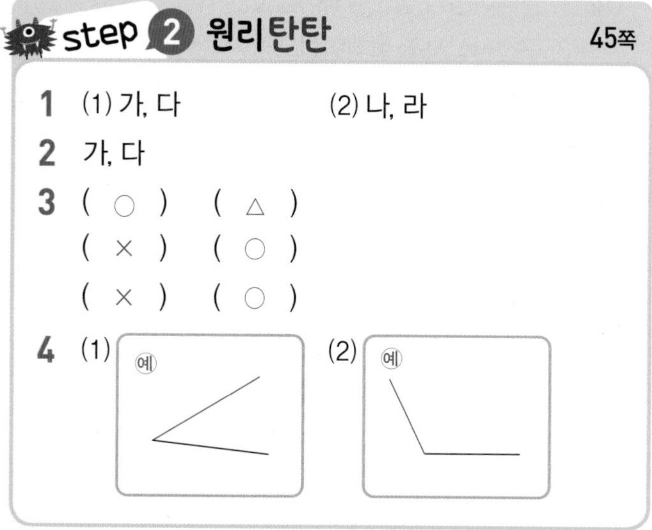

step 2 원리탄탄 45쪽

1 (1) 가, 다 (2) 나, 라

2 가, 다

3 (○) (△)

(×) (○)

(×) (○)

4 (1) 예 (2) 예

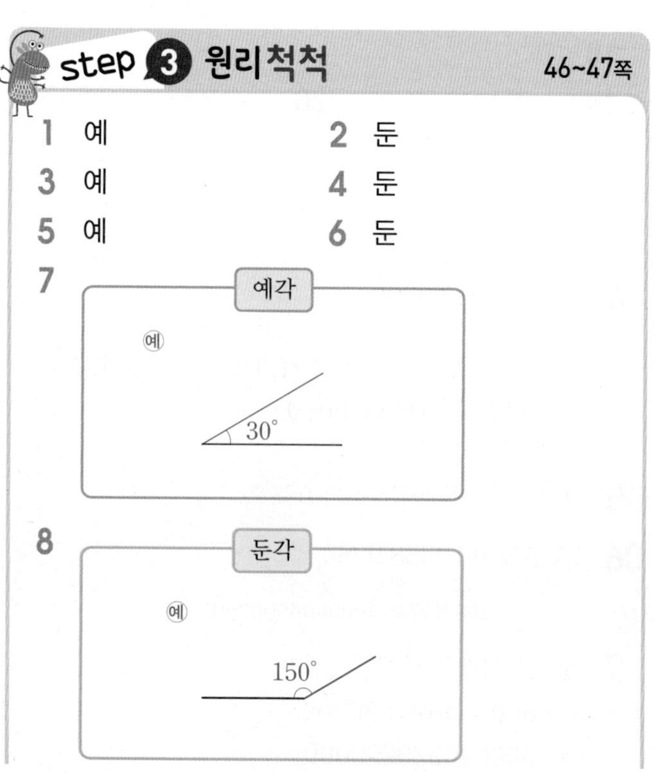

step 3 원리척척 46~47쪽

1 예

2 둔

3 예

4 둔

5 예

6 둔

7 예각 예 30°

8 둔각 예 150°

9 예각

예

70°

10 둔각

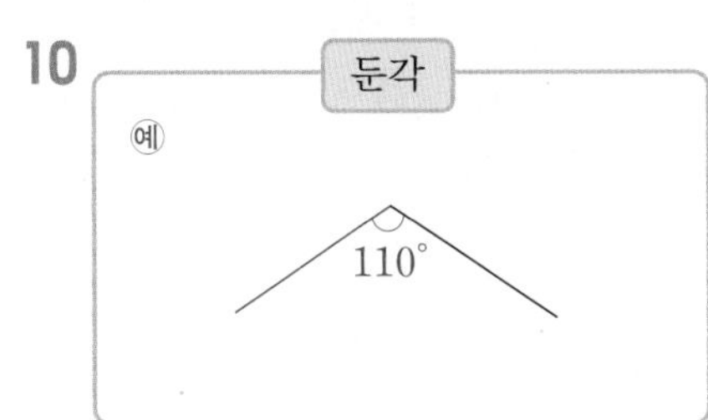

11	예	12	둔
13	예	14	둔
15	직	16	예
17	둔	18	예
19	둔	20	예
21	둔	22	예
23	둔	24	예
25	직		

step 1 원리꼼꼼 48쪽

원리 확인 1 (1) 예 100, 100 (2) 예 60, 60

원리 확인 2 (1) 60, 20, 80 (2) 60, 20, 40

step 2 원리탄탄 49쪽

1 (1) 60, 60 (2) 25, 25

2 (1) 90 (2) 95

3 (1) 150° (2) 205°
(3) 135° (4) 215°

4 (1) 30° (2) 50°
(3) 75° (4) 175°

2 (1) $25^\circ+65^\circ=90^\circ$ (2) $155^\circ-60^\circ=95^\circ$

3 (3) $90^\circ+45^\circ=135^\circ$
(4) $35^\circ+180^\circ=215^\circ$

step 3 원리척척 50~51쪽

1	예 70, 70	2	예 115, 115
3	예 55, 65	4	예 110, 115
5	예 100, 105	6	예 35, 30
7	예 50, 50	8	예 85, 80
9	75	10	105
11	70	12	90
13	110	14	165
15	20	16	40
17	95	18	55
19	50	20	90

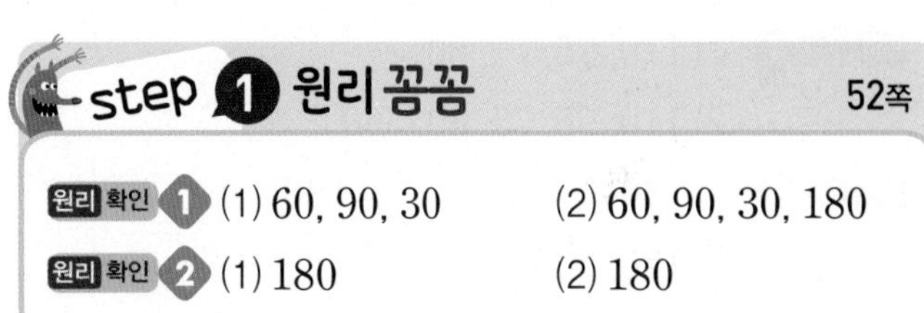

step 1 원리꼼꼼 52쪽

원리 확인 1 (1) 60, 90, 30 (2) 60, 90, 30, 180

원리 확인 2 (1) 180 (2) 180

step 2 원리탄탄 53쪽

1 45, 90, 45 / 180

2 (1) 70 (2) 115

3 105 4 55°

3 ㉠+㉡$=180^\circ-75^\circ=105^\circ$

4 • (각 ㄴㄱㄷ)$=180^\circ-50^\circ-30^\circ=100^\circ$
• (각 ㄹㅁㅂ)$=180^\circ-80^\circ-55^\circ=45^\circ$
➡ $100^\circ-45^\circ=55^\circ$

step 3 원리척척 54~55쪽

1	100, 45, 35 / 180	2	75, 40, 65 / 180
3	70	4	80
5	30	6	90
7	60	8	125
9	100°	10	90°
11	105°	12	120°
13	100	14	140
15	70	16	70

13

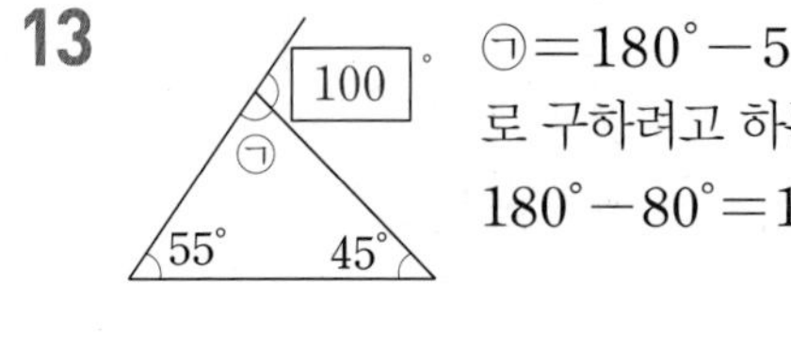

㉠$=180°-55°-45°=80°$이므로 구하려고 하는 각도는 $180°-80°=100°$입니다.

step 1 원리꼼꼼 56쪽

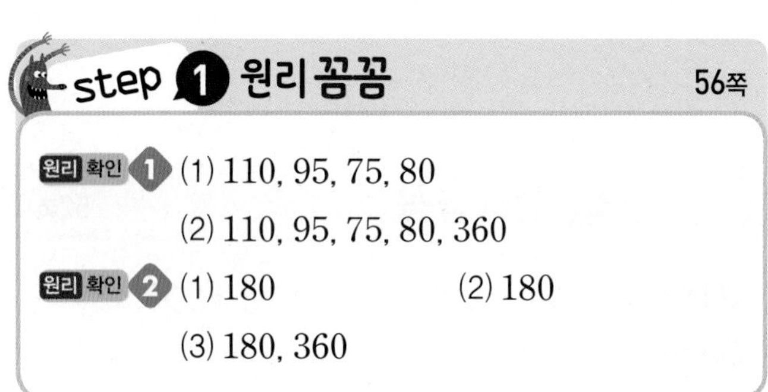

원리 확인 1 (1) 110, 95, 75, 80
(2) 110, 95, 75, 80, 360

원리 확인 2 (1) 180 (2) 180
(3) 180, 360

step 2 원리탄탄 57쪽

1	100, 80, 65, 115 / 360		
2	(1) 95		(2) 100
3	245	4	55

4 • ㉠$=360°-(70°+85°+100°)=105°$
• ㉡$=360°-(120°+95°+95°)=50°$
➡ ㉠$-$㉡$=105°-50°=55°$

step 3 원리척척 58~59쪽

1	120, 50, 130, 60 / 360		
2	110, 70, 80, 100 / 360		
3	110	4	90
5	50	6	120
7	85	8	65
9	145°	10	175°
11	160°	12	180°
13	110	14	100
15	65	16	130

1 $120°+50°+130°+60°=360°$

2 $110°+70°+80°+100°=360°$

9 ㉠$+$㉡$=360°-100°-115°=145°$

13

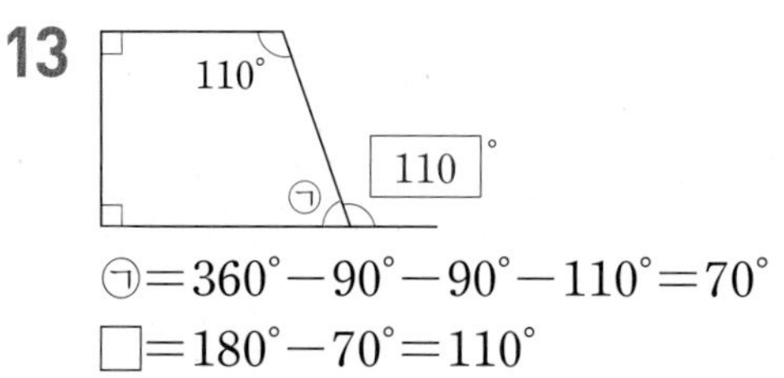

㉠$=360°-90°-90°-110°=70°$
□$=180°-70°=110°$

14

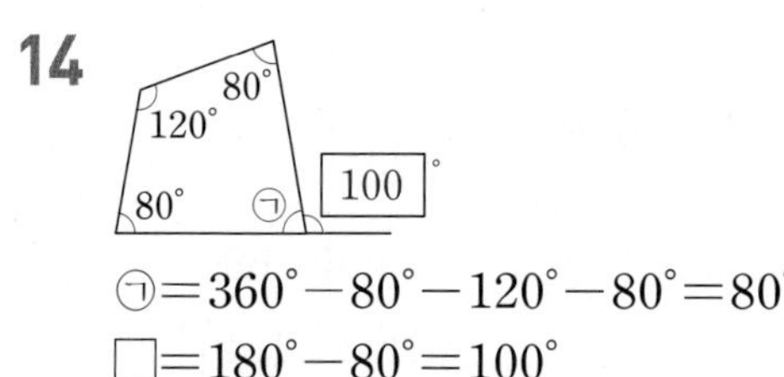

㉠$=360°-80°-120°-80°=80°$
□$=180°-80°=100°$

15

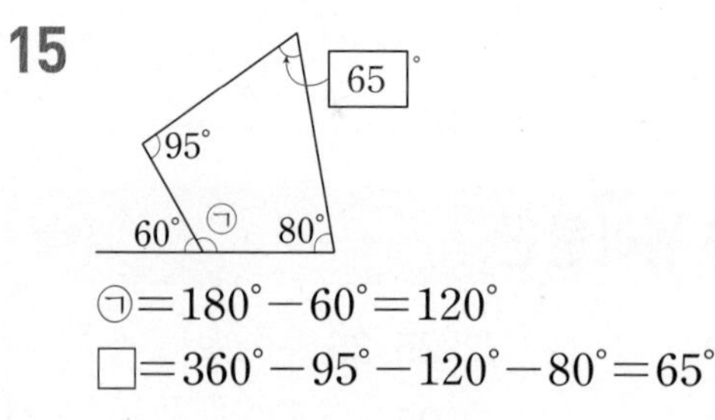

㉠$=180°-60°=120°$
□$=360°-95°-120°-80°=65°$

16

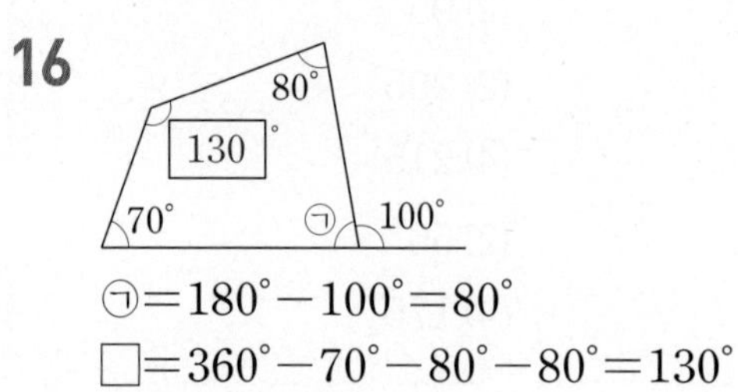

㉠$=180°-100°=80°$
□$=360°-70°-80°-80°=130°$

step 4 유형콕콕 60~61쪽

01 80
02 (1) 50 (2) 150
03 90
04 (1) 예각 (2) 둔각
05 ㉢
06 (1) 60, 20, 80 (2) 60, 20, 40
07 (1) 150 (2) 40
08 (1) 135 (2) 85
09 40
10 30
11 95°
12 110°
13 115
14 60
15 30
16 210°
17 120
18 100

11 • ㉠+㉡+85°=180°
• ㉠+㉡=180°−85°=95°

12 • (각 ㄴㄱㄷ)=180°−60°−60°=60°
• (각 ㄹㅁㅂ)=180°−90°−40°=50°
➡ 60°+50°=110°

13

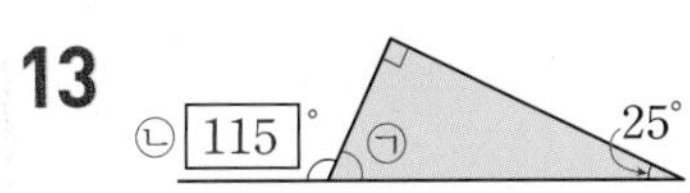

㉠=180°−90°−25°=65°
㉡=180°−65°=115°

14 사각형의 네 각의 크기의 합은 360°이므로
□=360°−130°−100°−70°=60°입니다.

16 ㉠+㉡+90°+60°=360°
➡ ㉠+㉡=360°−90°−60°=210°

17

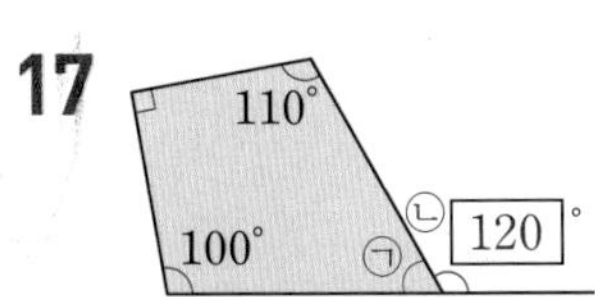

㉠=360°−110°−100°−90°=60°
㉡=180°−60°=120°

18

㉢ 100 °
㉡
㉠
75°
115°

㉠=180°−115°=65°
㉡=180°−75°=105°
㉢=360°−65°−105°−90°=100°

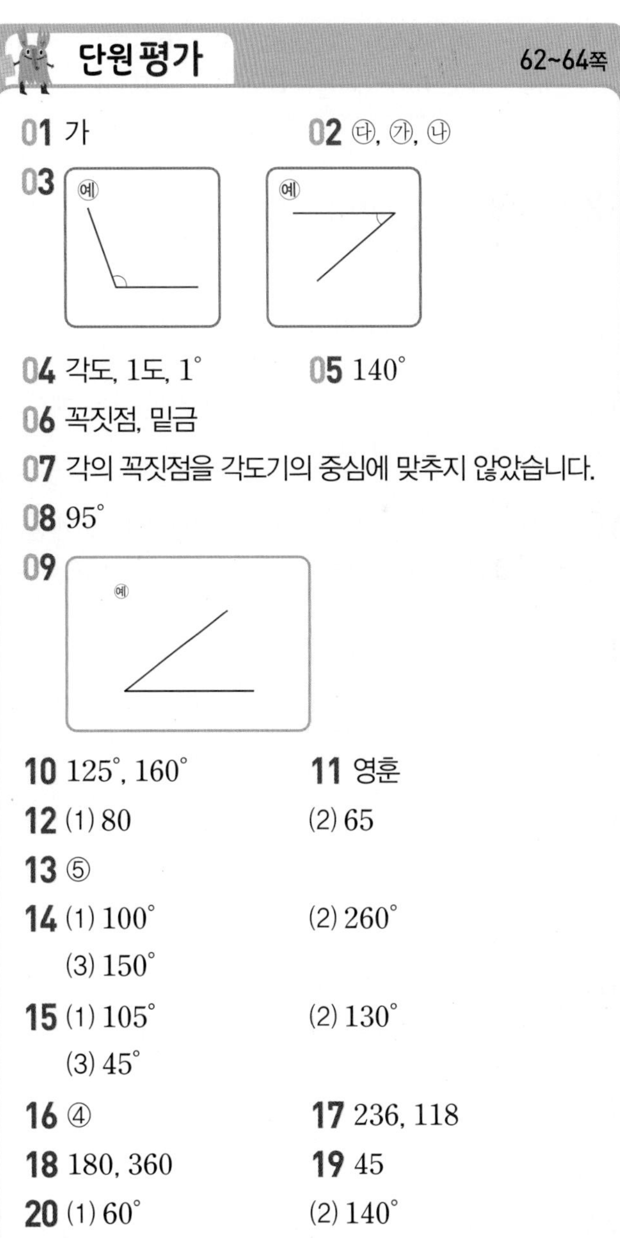

단원평가 62~64쪽

01 가
02 ㉰, ㉮, ㉯
03 예 예
04 각도, 1도, 1°
05 140°
06 꼭짓점, 밑금
07 각의 꼭짓점을 각도기의 중심에 맞추지 않았습니다.
08 95°
09 예
10 125°, 160°
11 영훈
12 (1) 80 (2) 65
13 ⑤
14 (1) 100° (2) 260° (3) 150°
15 (1) 105° (2) 130° (3) 45°
16 ④
17 236, 118
18 180, 360
19 45
20 (1) 60° (2) 140°

01 두 변의 벌어진 정도가 더 큰 것을 찾으면 가입니다.

03 보기보다 큰 각은 두 변이 보기보다 더 벌어지도록 그리고 작은 각은 두 변이 보기보다 덜 벌어지도록 그립니다.

05 각의 기준선이 왼쪽에 있으므로 각도기의 왼쪽에서 시작된 수, 즉 바깥쪽의 눈금을 읽습니다.

08 각의 꼭짓점에 각도기의 중심을 맞추고, 각의 한 변을 각도기의 밑금에 잘 맞춘 후 나머지 한 변과 만나는 눈금을 읽습니다.

11 각도는 70°이므로 영훈이는 $70^\circ-65^\circ=5^\circ$ 차이가 나고 진수는 $80^\circ-70^\circ=10^\circ$ 차이가 납니다.
따라서 더 정확하게 어림한 사람은 영훈입니다.

12 (1) $20^\circ+60^\circ=80^\circ$
(2) $140^\circ-75^\circ=65^\circ$

13 ⑤ $125^\circ+25^\circ=150^\circ$

14 자연수의 덧셈과 같은 방법으로 계산한 다음 계산 결과에 도($^\circ$)를 붙입니다.

15 자연수의 뺄셈과 같은 방법으로 계산한 다음 계산 결과에 도($^\circ$)를 붙입니다.

16 ① $90^\circ+20^\circ=110^\circ$ ② $70^\circ+60^\circ=130^\circ$
③ $90^\circ-5^\circ=85^\circ$ ④ $180^\circ-15^\circ=165^\circ$
⑤ $155^\circ-36^\circ=119^\circ$

17 가장 큰 각도는 177°, 가장 작은 각도는 59°입니다.
각도의 합: $177^\circ+59^\circ=236^\circ$
각도의 차: $177^\circ-59^\circ=118^\circ$

18 • 삼각형의 세 각의 크기의 합은 180°입니다.
• 사각형의 네 각의 크기의 합은 360°입니다.

19 $75^\circ+60^\circ+\square^\circ=180^\circ$
$\square^\circ=180^\circ-75^\circ-60^\circ=45^\circ$

20 (1) ㉠$+120^\circ+$㉡$=180^\circ$,
㉠$+$㉡$=180^\circ-120^\circ=60^\circ$
(2) ㉠$+70^\circ+$㉡$+150^\circ=360^\circ$,
㉠$+$㉡$=360^\circ-70^\circ-150^\circ=140^\circ$

3. 곱셈과 나눗셈

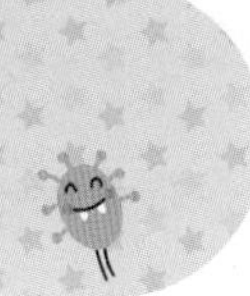

step 1 원리 꼼꼼 66쪽

원리 확인 1 (1) 600 (2) 6000

원리 확인 2 (1) 840, 8400, 10 / 840, 8400, 10
(2) 762, 7620, 10 / 762, 7620, 10

step 2 원리 탄탄 67쪽

1 1752, 3, 1752 / 1752
2 3, 729, 7290
3 48000, 64000
4 (선 잇기)

4 • $60 \times 800 = 48000$
• $80 \times 800 = 64000$

step 3 원리 척척 68~69쪽

1 6000
2 9000
3 12000
4 15000
5 24000
6 40000
7 24000
8 36000
9 27000
10 42000
11 18000
12 72000
13 40000
14 14000
15 36000
16 4000
17 6000
18 4290
19 9400
20 10680
21 13900
22 18880
23 35140
24 12300
25 25200
26 17730
27 7140
28 17250
29 30080
30 36680
31 43380
32 78840

step 1 원리 꼼꼼 70쪽

원리 확인 1 4, 1528, 11460, 12988

원리 확인 2 861, 5740, 6601 / 861 / 5740

원리 확인 3 (1) 1032, 7740, 8772
(2) 2172, 14480, 16652

step 2 원리 탄탄 71쪽

1 2760, 13800, 16560 / 345×8, 345×40
2 21024
3 18585
4 <

2 $438 \times 48 = 21024$

3 $413 \times 45 = 18585$

4 $429 \times 30 = 12870$, $415 \times 32 = 13280$

step 3 원리 척척 72~73쪽

1 714 / 1071 / 1071, 714, 8211
2 1876 / 2814 / 2814, 1876, 21574
3 3216 / 2144 / 2144, 3216, 34304
4 5912 / 5173 / 5173, 5912, 64293
5 978, 16300, 17278 / 326, 3 / 326, 50
6 3432, 17160, 20592 / 572, 6 / 572, 30
7 3750, 25000, 28750 / 625, 6 / 625, 40
8 3896, 24350, 28246 / 487, 8 / 487, 50
9 9823
10 24612
11 22752
12 60188
13 24416
14 62764
15 22269
16 46574
17 48843
18 27782
19 27587
20 16146
21 69402
22 35328
23 45937

step 1 원리 꼼꼼 74쪽

원리 확인 1 (1) 4, 4 (2) 7, 7

원리 확인 2 3, 25 / 3, 180, 25 / 3, 180, 180, 25

2 나머지는 항상 나누는 수보다 작아야 합니다.

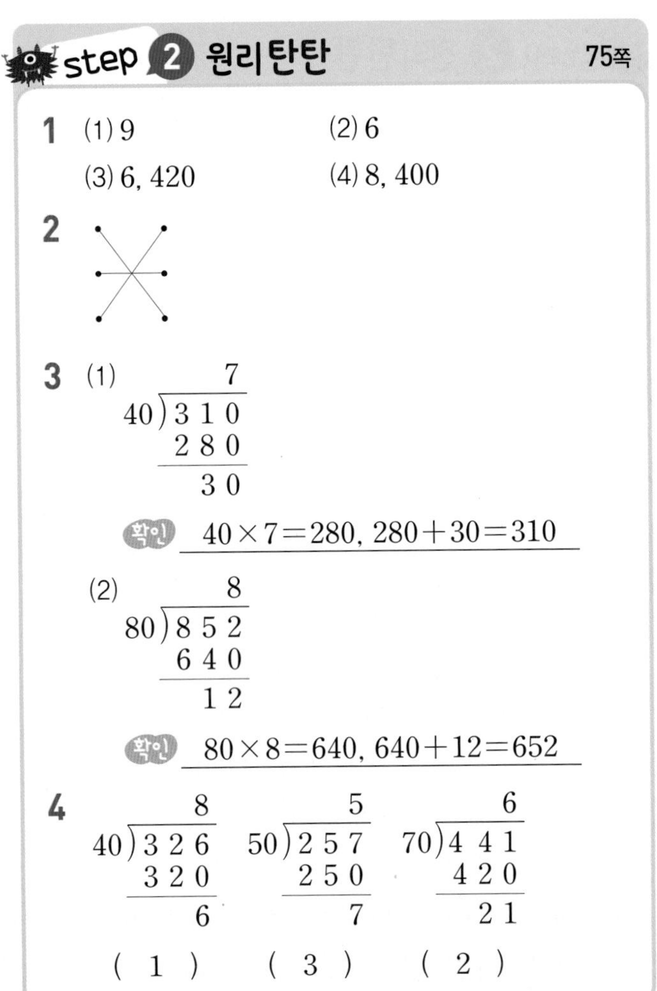

step 2 원리 탄탄 75쪽

1 (1) 9 (2) 6
(3) 6, 420 (4) 8, 400

2

3 (1)

```
      7
40)3 1 0
   2 8 0
   -----
     3 0
```

확인 $40\times7=280,\ 280+30=310$

(2)

```
      8
80)8 5 2
   6 4 0
   -----
     1 2
```

확인 $80\times8=640,\ 640+12=652$

4

```
      8         5         6
40)3 2 6  50)2 5 7  70)4 4 1
   3 2 0     2 5 0     4 2 0
   -----     -----     -----
       6         7       2 1
```

(1) (3) (2)

2 $100\div50=2,\ 90\div30=3,\ 720\div90=8,$
$320\div40=8,\ 240\div80=3,\ 140\div70=2$

step 3 원리 척척 76~77쪽

1 5 **2** 8
3 3 **4** 4
5 7 **6** 6
7 3 **8** 4
9 7 **10** 9
11 8 **12** 6
13 5
14 2…9, $90\times2=180,\ 180+9=189$
15 6…2, $40\times6=240,\ 240+2=242$
16 9…5, $20\times9=180,\ 180+5=185$
17 7…6, $70\times7=490,\ 490+6=496$
18 3…12, $30\times3=90,\ 90+12=102$
19 5…15, $60\times5=300,\ 300+15=315$
20 4…25, $60\times4=240,\ 240+25=265$
21 8…23, $50\times8=400,\ 400+23=423$
22 5…62, $80\times5=400,\ 400+62=462$
23 8…7, $30\times8=240,\ 240+7=247$
24 6…8, $80\times6=480,\ 480+8=488$
25 7…1, $60\times7=420,\ 420+1=421$
26 3…42, $90\times3=270,\ 270+42=312$

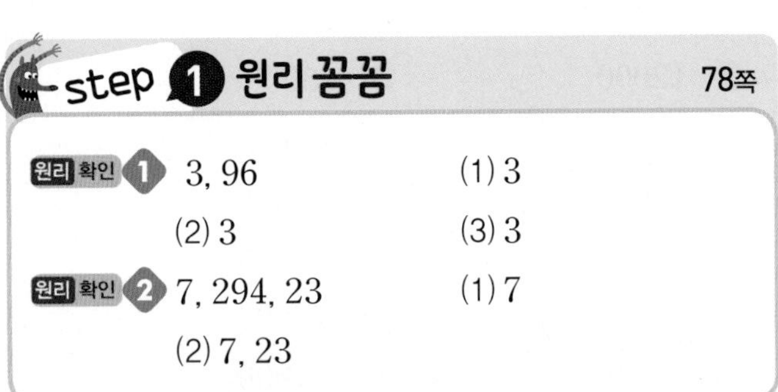

step 1 원리 꼼꼼 78쪽

원리 확인 1 3, 96 (1) 3
(2) 3 (3) 3

원리 확인 2 7, 294, 23 (1) 7
(2) 7, 23

step 2 원리 탄탄 79쪽

1 5, 65, 2 / 5, 2 / 5, 65, 65, 2
2 (1) 8, 208, 3 / 8, 208, 208, 3
(2) 8, 600, 29 / 8, 600, 600, 29
3 6일 **4** 9장, 9장

3 96÷16=6(일)

4 270÷29=9…9이므로 한 명에게 9장씩 나누어 주고, 9장이 남습니다.

step 3 원리척척 80~81쪽

1 3…5, 27×3=81, 81+5=86
2 2…3, 46×2=92, 92+3=95
3 2…8, 25×2=50, 50+8=58
4 2…13, 37×2=74, 74+13=87
5 3…12, 13×3=39, 39+12=51
6 2…11, 36×2=72, 72+11=83
7 5…11, 16×5=80, 80+11=91
8 3…10, 21×3=63, 63+10=73
9 2…28, 33×2=66, 66+28=94
10 2…9, 42×2=84, 84+9=93
11 7…5, 12×7=84, 84+5=89
12 5…11, 14×5=70, 70+11=81
13 2…12, 31×2=62, 62+12=74
14 4…8, 47×4=188, 188+8=196
15 6…2, 29×6=174, 174+2=176
16 9…2, 68×9=612, 612+2=614
17 8…25, 34×8=272, 272+25=297
18 3…17, 83×3=249, 249+17=266
19 5…19, 21×5=105, 105+19=124
20 6…21, 97×6=582, 582+21=603
21 7…30, 38×7=266, 266+30=296
22 2…29, 53×2=106, 106+29=135
23 5…23, 28×5=140, 140+23=163
24 4…47, 62×4=248, 248+47=295
25 2…31, 56×2=112, 112+31=143
26 6…74, 81×6=486, 486+74=560

step 1 원리꼼꼼 82쪽

원리 확인 1 (1) 1, 37, 126 / 13, 37, 126, 111, 15
(2) 13 (3) 13, 15

원리 확인 2 (1) 3, 57, 151 / 37, 57, 151, 133, 18 / 37, 703, 703, 18
(2) 37 (3) 37, 18

step 2 원리탄탄 83쪽

1 (1) 18, 27, 221, 216, 5 / 18, 486, 486, 5
(2) 16, 48, 322, 288, 34 / 16, 768, 768, 34

2 (1)
```
     1 7
31)5 3 0
   3 1
   2 2 0
   2 1 7
       3
```
확인 31×17=527, 527+3=530

(2)
```
     4 4
19)8 4 5
   7 6
     8 5
     7 6
       9
```
확인 19×44=836, 836+9=845

(3) 24…19, 26×24=624, 624+19=643
(4) 18…8, 53×18=954, 954+8=962

3 10줄, 11명 **4** 24상자, 3개

3 171÷16=10…11이므로 10줄을 서고, 11명이 남습니다.

4 603÷25=24…3이므로 24상자가 되고, 3개가 남습니다.

step 3 원리척척 84~85쪽

1 13
2 16
3 25
4 24
5 19
6 25
7 29
8 26
9 23
10 17
11 23
12 27
13 23
14 18…3, 21×18=378, 378+3=381
15 25…5, 19×25=475, 475+5=480
16 36…9, 17×36=612, 612+9=621
17 28…1, 34×28=952, 952+1=953
18 14…7, 29×14=406, 406+7=413
19 10…18, 45×10=450, 450+18=468
20 16…27, 53×16=848, 848+27=875
21 19…39, 42×19=798, 798+39=837
22 25…17, 32×25=800, 800+17=817
23 36…2, 24×36=864, 864+2=866
24 11…4, 61×11=671, 671+4=675
25 14…9, 32×14=448, 448+9=457
26 13…2, 73×13=949, 949+2=951

step 1 원리꼼꼼 86쪽

원리 확인 1 (1) 400, 50, 20000
(2) 400, 50, 400, 50

원리 확인 2 (1) 800, 16 (2) 800, 16

step 2 원리탄탄 87쪽

1 약 400, 약 70, 약 28000, 26841
2 900, 900, 36000, 36000
3

$$\begin{array}{r} \boxed{8} \\ 60\overline{)\boxed{5}\,0\,0} \\ 4\,8\,0 \\ \hline 2\,0 \end{array} \qquad \begin{array}{r} \boxed{7} \\ 60\overline{)4\,7\,8} \\ 4\,2\,0 \\ \hline 5\,8 \end{array}$$

4 7에 ○표

1 389는 약 400, 69는 약 70이므로 어림셈으로 계산하면 약 400×약 70=약 28000입니다.

2 898은 약 900이므로 898×40을 어림셈으로 구하면 약 900×40=약 36000입니다. 898은 900보다 작으므로 실제 계산 결과는 어림셈으로 구한 결과보다 작습니다.

3 478은 480보다 작으므로 실제 몫은 어림셈으로 구한 몫인 8보다 작게 생각할 수 있습니다.

4 283을 280으로, 42를 40으로 어림하면 약 280÷약 40=약 7이 됩니다.

step 3 원리척척 88~89쪽

1 400, 20000
2 600, 18000
3 300, 20, 6000
4 700, 30, 21000
5 700, 50, 35000
6 900, 60, 54000
7 400, 10
8 400, 20
9 900, 30, 30
10 700, 20, 35
11 600, 60, 10
12 800, 40, 20

1 403은 400에 가까우므로 403×50의 어림셈은 약 400×50=약 20000입니다.

2 596은 600에 가까우므로 596×30의 어림셈은 약 600×30=약 18000입니다.

7 392는 400에 가까우므로 392÷40의 어림셈은 약 400÷40=약 10입니다.

8 401은 400에 가까우므로 401÷20의 어림셈은 약 400÷20=약 20입니다.

12 770은 800으로, 38은 40으로 어림하면 약 800÷40=약 20입니다.

step 4 유형콕콕 90~91쪽

01 24900 **02** 3개

03 ⑤ **04** ②

05 (1) 164, 656, 6724 (2) 258, 516, 5418

06

$$\begin{array}{r} 567 \\ \times\ 81 \\ \hline 567 \\ 4536\ \\ \hline 45927 \end{array}$$

07 100, 50, 5000

08 2496권

09

$$\begin{array}{r} 2 \\ 34\overline{)76} \\ 68 \\ \hline 8 \end{array}$$

확인 34×2=68, 68+8=76

10 >

11

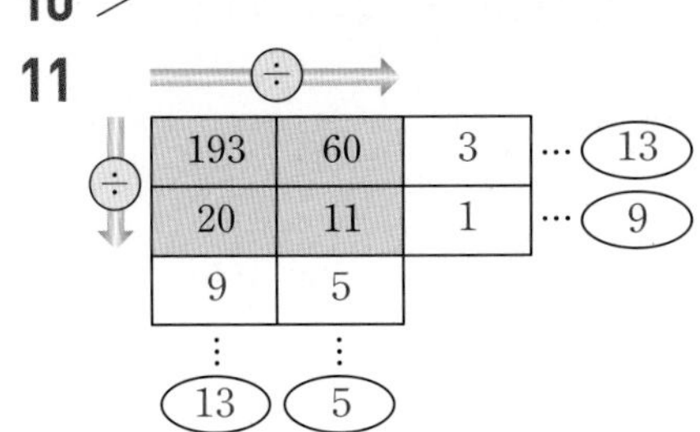

÷
÷
193
60
3
13
20
11
1
9
9
5
13
5

12 3도막 **13** 12개

14

$$\begin{array}{r} 8 \\ 42\overline{)341} \\ 336 \\ \hline 5 \end{array}$$

확인 42×8=336, 336+5=341

15 ㉢ **16** ⑤

17 7상자, 9개 **18** 9권, 4권

02 900×50=45000 (9×5=45)

03 ①, ②, ③, ④: 12000, ⑤: 120000

04 4와 8의 곱인 32에 0을 3개 붙이면 32000이므로 숫자 3은 만의 자리에, 숫자 2는 천의 자리에 써야 합니다.

07 103은 약 100이고, 51은 약 50이므로 어림셈으로 구하면 약 100×50=약 5000입니다.

08 전체 학생 수는 12×16=192(명)입니다.
따라서 모은 책은 모두 192×13=2496(권)입니다.

12 90÷30=3이므로 색 테이프는 모두 3도막이 생깁니다.

13 720÷60=12
따라서 바구니 12개에 담을 수 있습니다.

15 ㉠ 10 ㉡ 11 ㉢ 12 ㉣ 10

16 나머지는 나누는 수보다 항상 작아야 합니다.

17 191÷26=7…9이므로 토마토를 담은 상자는 7상자가 되고, 9개가 남습니다.

18 346÷38=9…4이므로 9권씩 주고, 4권이 남습니다.

단원 평가 92~94쪽

01 (1) 21, 21 (2) 20, 20

02 (선 잇기)

03 1488, 1488 / 14880

04 (1)

$$\begin{array}{r} 193 \\ \times\ 57 \\ \hline 1351 \\ 965\ \\ \hline 11001 \end{array}$$

(2)

$$\begin{array}{r} 308 \\ \times\ 52 \\ \hline 616 \\ 1540\ \\ \hline 16016 \end{array}$$

(3)

$$\begin{array}{r} 834 \\ \times\ 20 \\ \hline 16680 \end{array}$$

(4)

$$\begin{array}{r} 572 \\ \times\ 36 \\ \hline 3432 \\ 1716\ \\ \hline 20592 \end{array}$$

05 ㉣
06 75870
07 4
08 21762
09 306, 11322
10 <
11 ④
12

10	20	30

13 8, 240, 19 / 8, 240, 240, 19
14 >
15 (1)

$$\begin{array}{r} 20 \\ 45\overline{)924} \\ 90 \\ \hline 24 \end{array}$$

확인 $45\times20=900$, $900+24=924$

(2)

$$\begin{array}{r} 25 \\ 35\overline{)878} \\ 70 \\ \hline 178 \\ 175 \\ \hline 3 \end{array}$$

확인 $35\times25=875$, $875+3=878$

16 ①
17 21, 3339
18
19 1, 4, 5, 2, 2, 0, 8
20

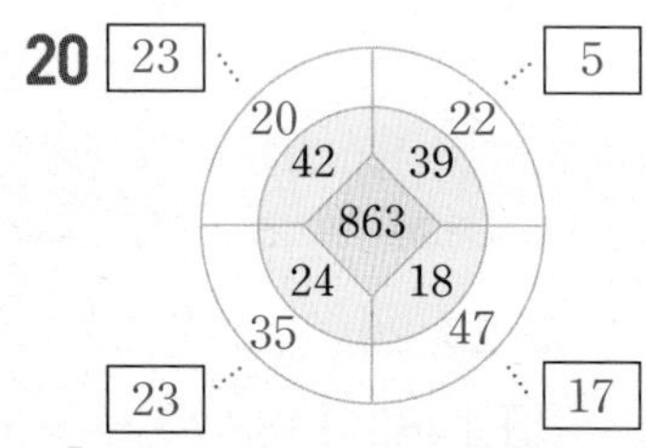

01 (1) 700×30은 7과 3의 곱에 0을 3개 붙입니다.
(2) 40×500은 4와 5의 곱에 0을 3개 붙입니다.

02 • $30\times200=20\times300=6000$
• $80\times300=600\times40=24000$
• $300\times40=60\times200=12000$

05 ㉠ $513\times40=20520$ ㉡ $217\times39=8463$
㉢ $765\times23=17595$ ㉣ $859\times67=57553$

06 가장 큰 수: 843, 가장 작은 수: 90
➡ $843\times90=75870$

08

$$\begin{array}{r} 837 \\ \times\ \ 26 \\ \hline 5022 \\ 1674\ \ \\ \hline 21762 \end{array}$$

09 $34\times9=306$, $306\times37=11322$

10

$$\begin{array}{r} 194 \\ \times\ \ 54 \\ \hline 776 \\ 970\ \ \\ \hline 10476 \end{array} \qquad \begin{array}{r} 358 \\ \times\ \ 31 \\ \hline 358 \\ 1074\ \ \\ \hline 11098 \end{array}$$

11 ① $624\times35=21840$ ② $857\times27=23139$
③ $546\times44=24024$ ④ $951\times28=26628$
⑤ $337\times74=24938$

12 698은 약 700으로 어림할 수 있습니다.
➡ 약 $700\div70=$약 10

14 $480\div60=8$ ($48\div6=8$) $420\div70=6$ ($42\div7=6$)

17 $672\div32=21$, $21\times159=3339$

18 $472\div25=18\cdots22$, $260\div18=14\cdots8$
$356\div12=29\cdots8$, $724\div27=26\cdots22$
$548\div33=16\cdots20$, $818\div21=38\cdots20$

19

$$\begin{array}{r} 14 \\ 52\overline{)745} \\ 52\ \ \\ \hline 225 \\ 208 \\ \hline 17 \end{array}$$

20 $863\div39=22\cdots5$, $863\div18=47\cdots17$,
$863\div24=35\cdots23$, $863\div42=20\cdots23$

4. 평면도형의 이동

step 1 원리 꼼꼼 96쪽

원리 확인 1 (1) ~ (4)

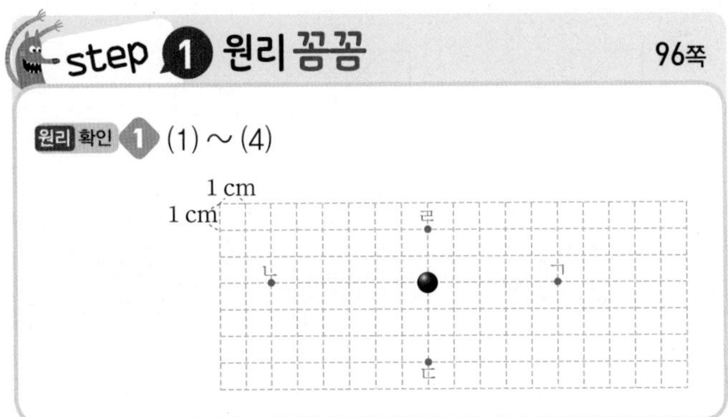

step 2 원리 탄탄 97쪽

1 오른, 8

2 (1) ㉰ (2) ㉯

3

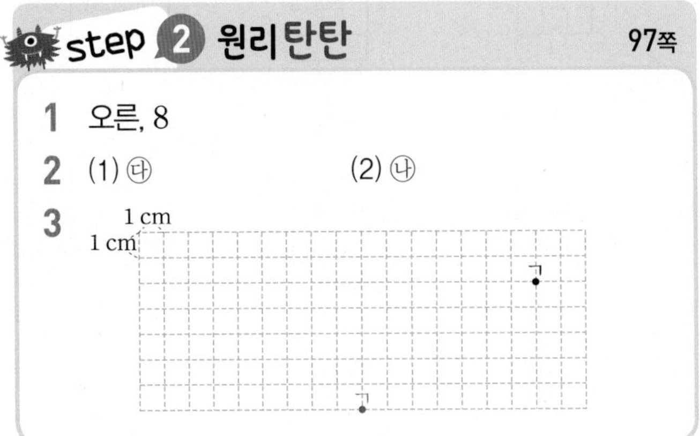

2 (1) 위쪽으로 2칸 이동한 곳: ㉰
(2) 왼쪽으로 3칸 이동한 곳: ㉯

3 왼쪽으로 7 cm이므로 왼쪽으로 7칸, 아래쪽으로 5 cm이므로 아래쪽으로 5칸 이동합니다.

step 3 원리 척척 98~99쪽

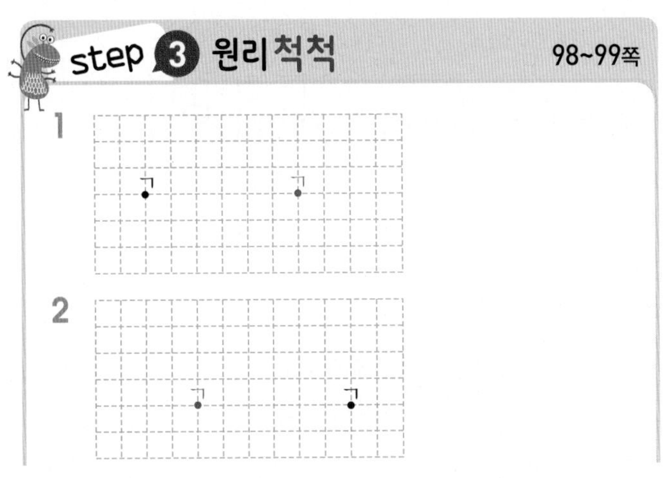

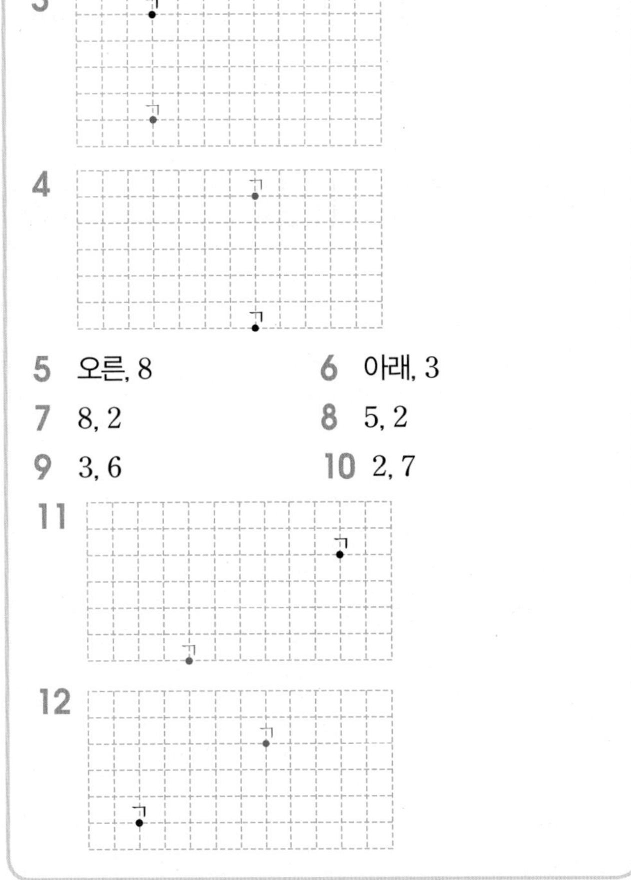

5 오른, 8
6 아래, 3
7 8, 2
8 5, 2
9 3, 6
10 2, 7

step 1 원리 꼼꼼 100쪽

원리 확인 1 (1)

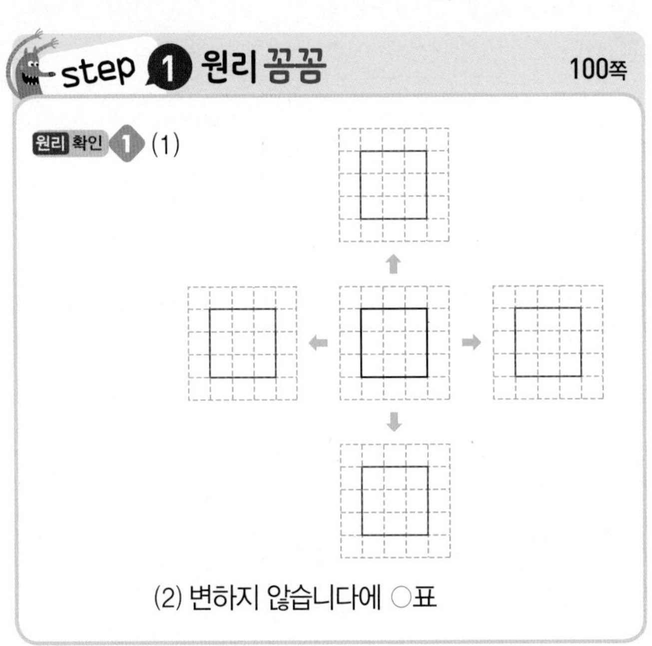

(2) 변하지 않습니다에 ○표

step 2 원리탄탄 101쪽

1 (   )(○)

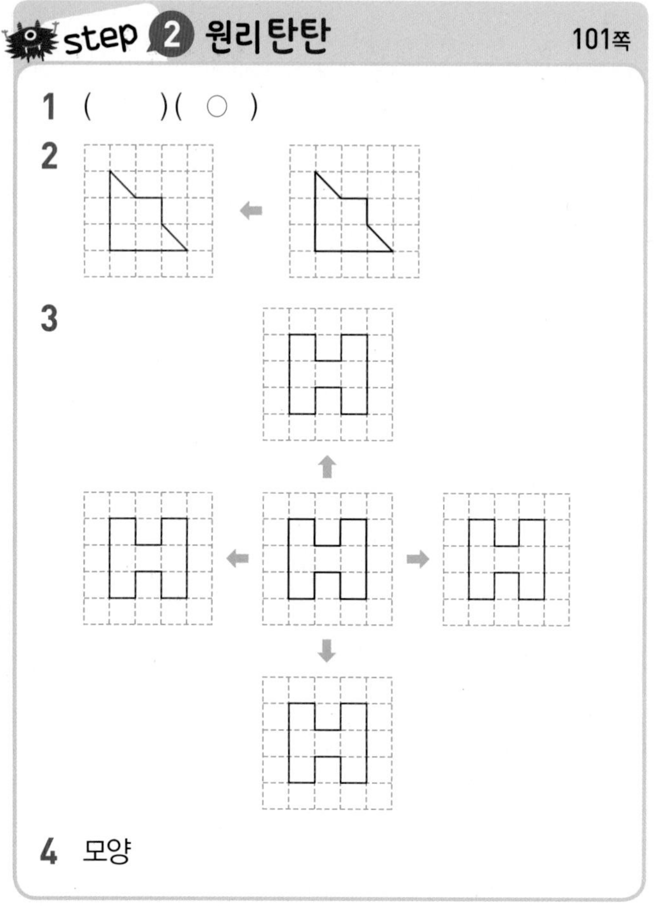

4 모양

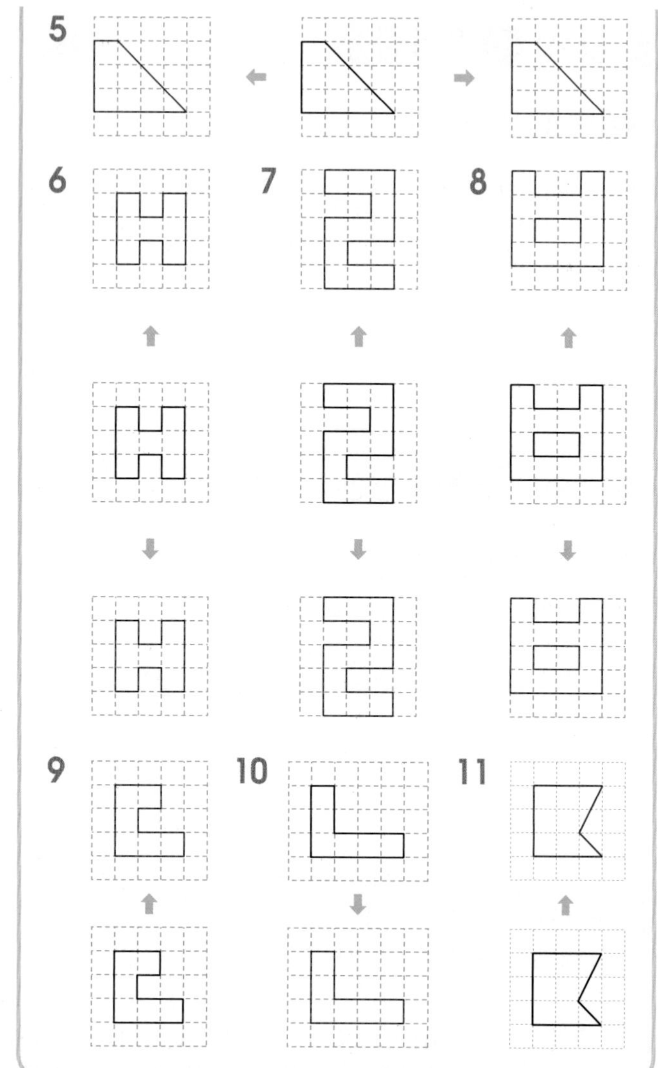

step 3 원리척척 102~103쪽

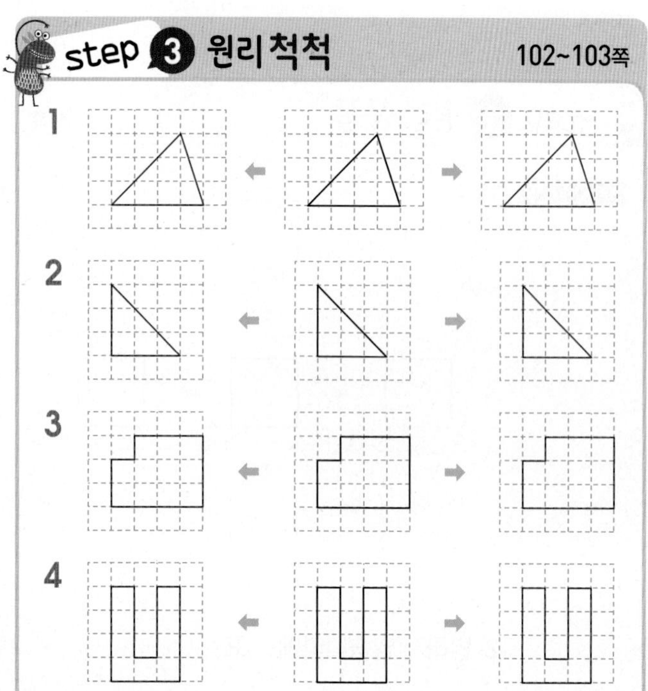

step 1 원리꼼꼼 104쪽

원리 확인 1 (1)

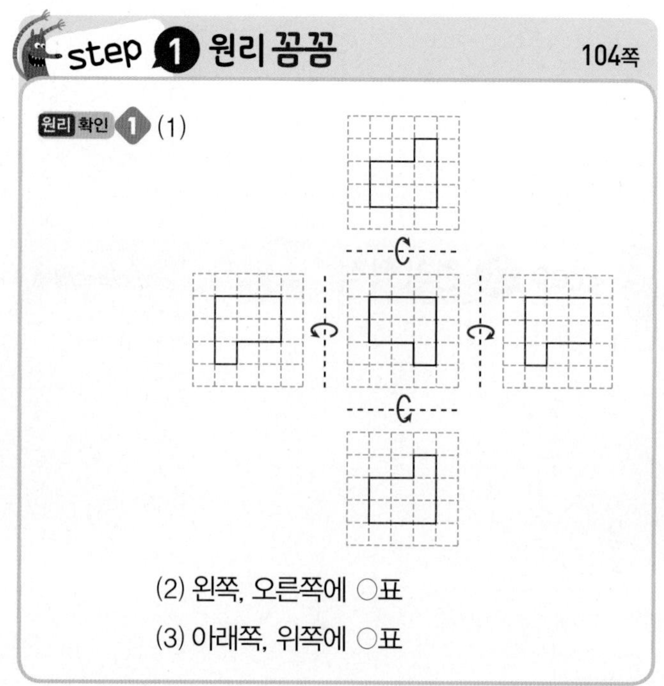

(2) 왼쪽, 오른쪽에 ○표

(3) 아래쪽, 위쪽에 ○표

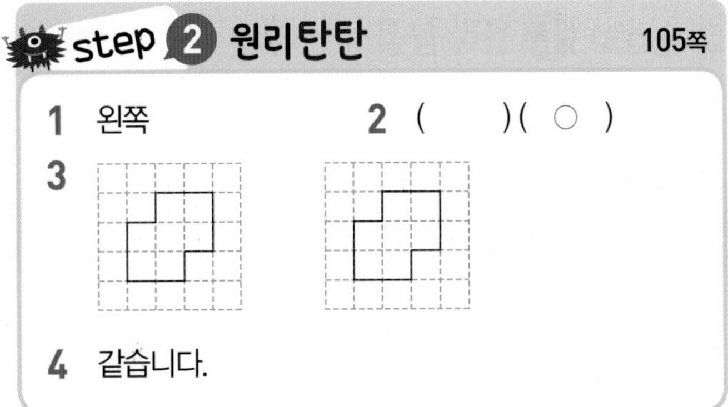

step 2 원리탄탄
105쪽
1 왼쪽
2 ( )(○)
3
4 같습니다.

1 도형을 오른쪽이나 왼쪽으로 뒤집으면 도형의 오른쪽과 왼쪽의 위치가 서로 바뀝니다.

2 도형을 왼쪽으로 뒤집으면 왼쪽과 오른쪽이 서로 바뀝니다.

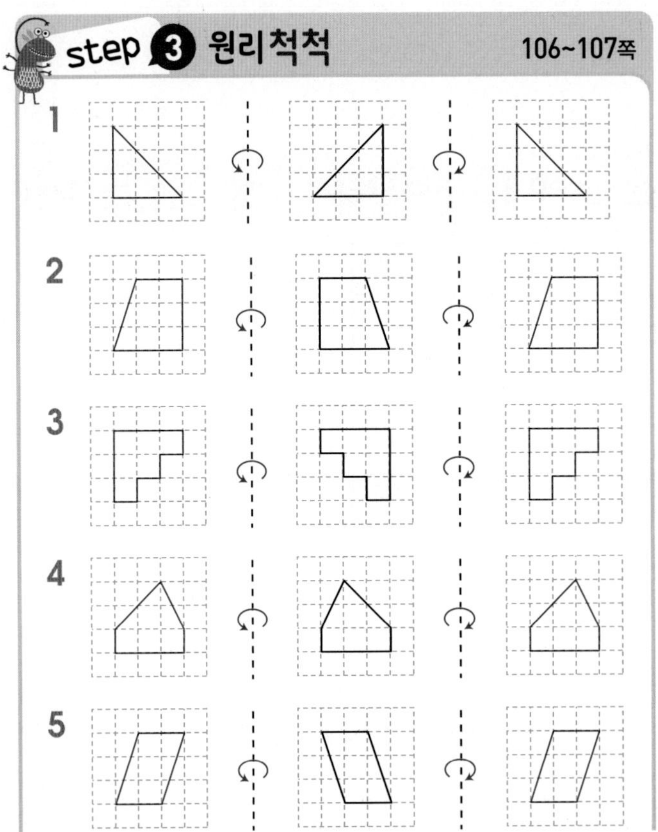

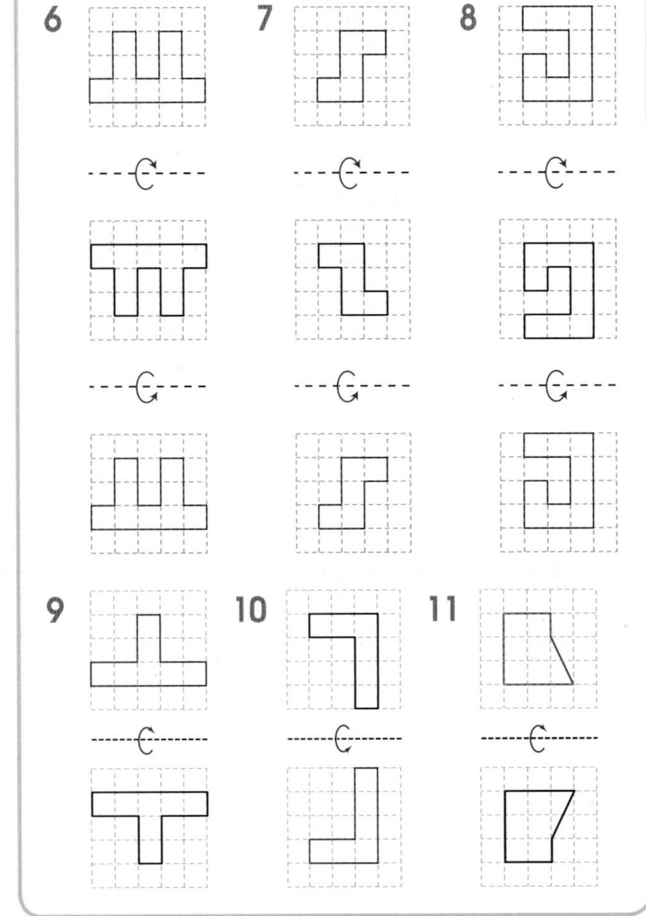

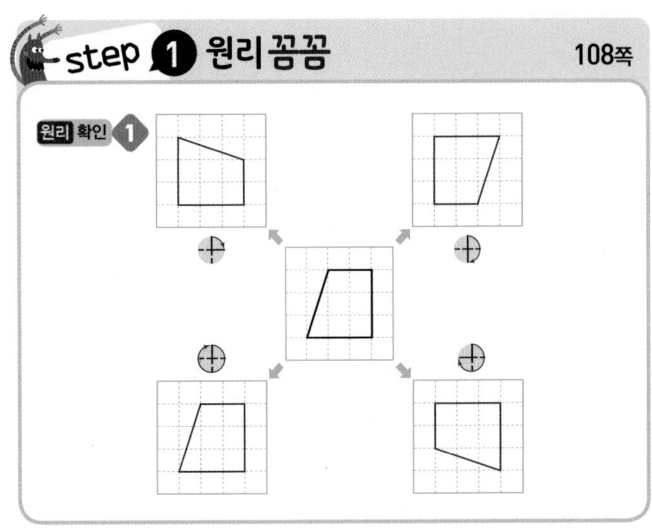

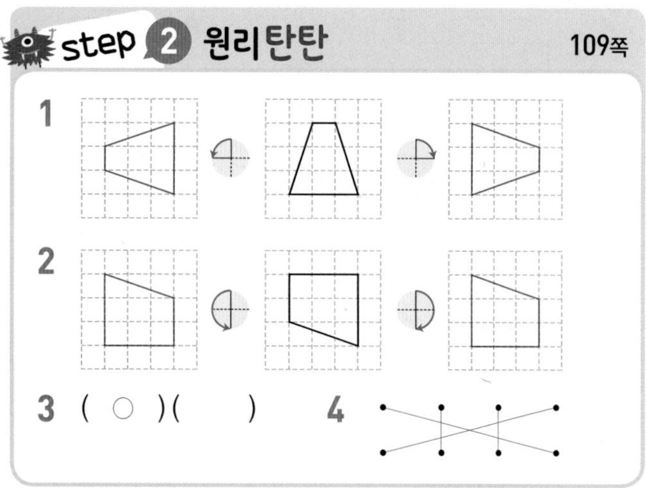

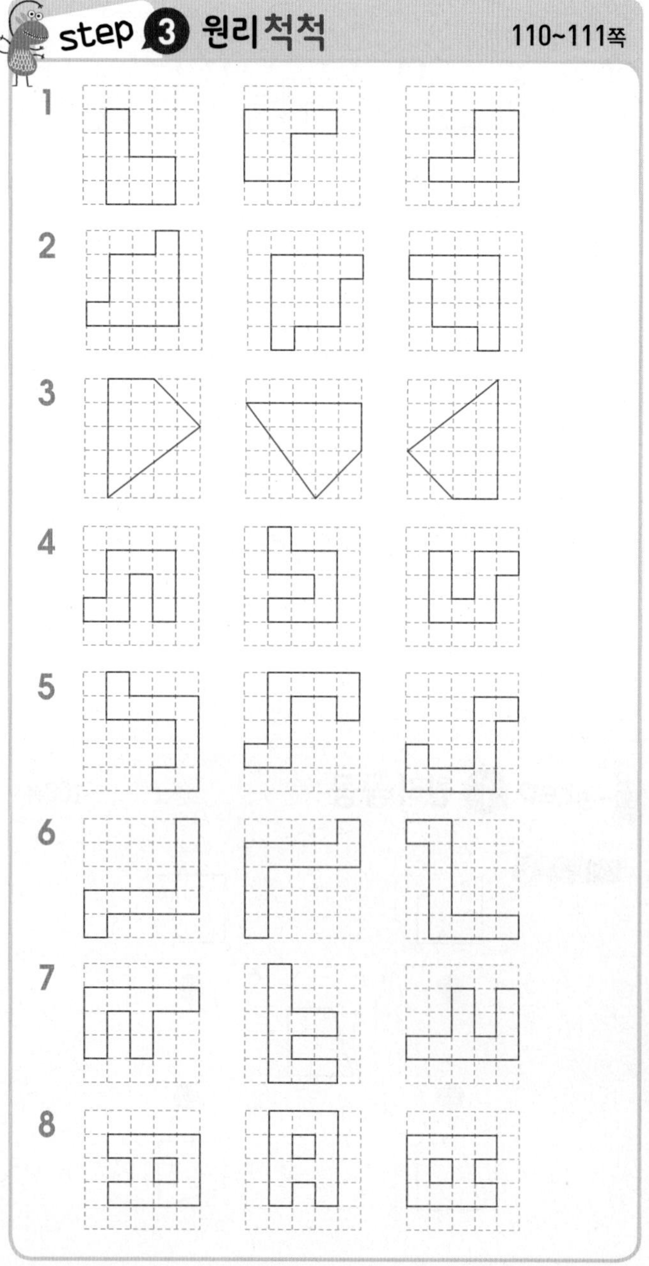

1 각 칸에 있는 모양이 주어진 모양과 같으므로, 주어진 모양의 밀기를 이용하여 새로운 무늬를 만든 것입니다.

2 ▭, ▭, ▭, ▭ 모양 중 하나로 뒤집기를 이용하여 만든 무늬입니다.

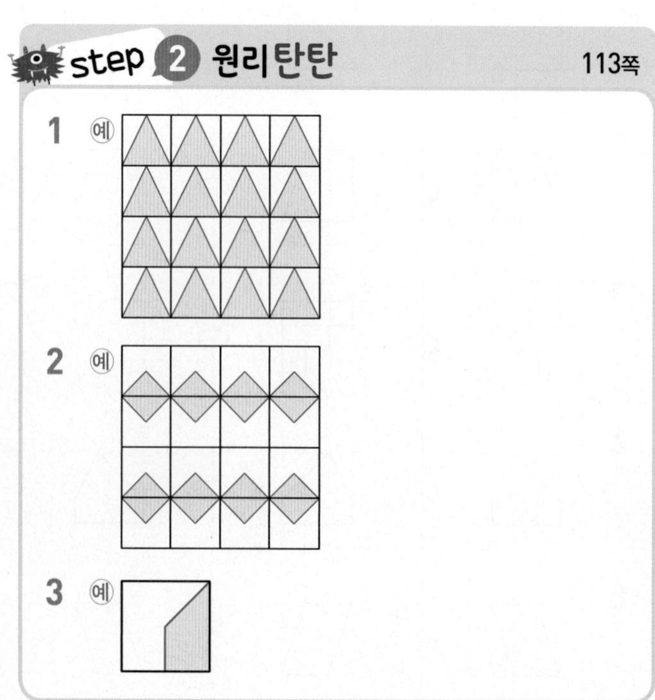

step 3 원리 척척 114~115쪽

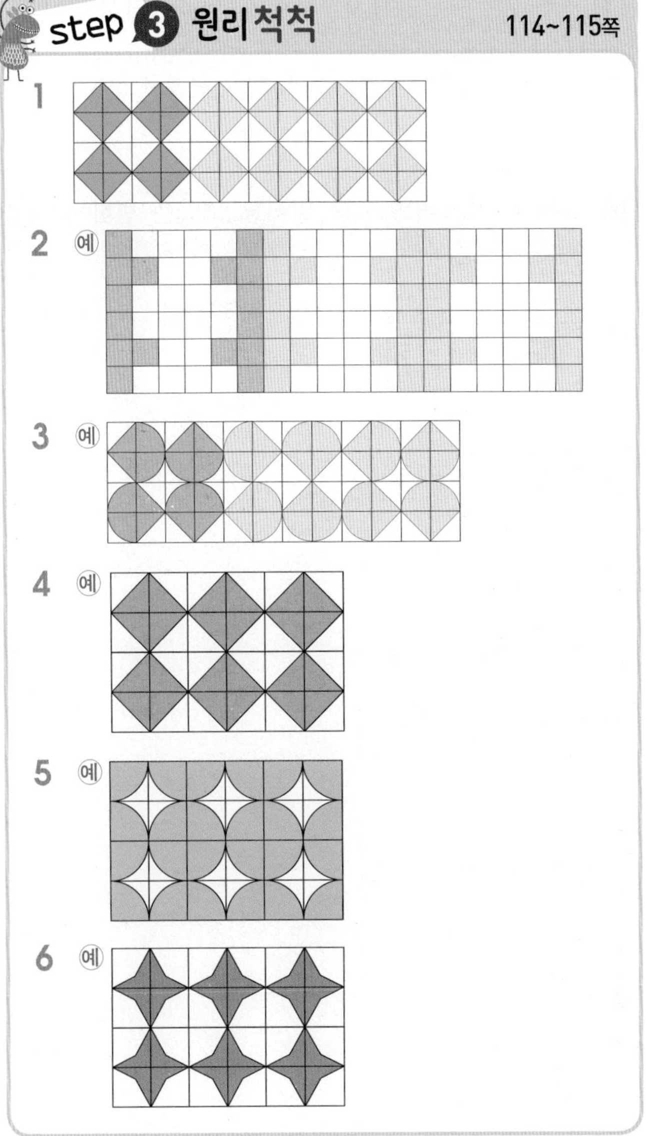

step 4 유형 콕콕 116~117쪽

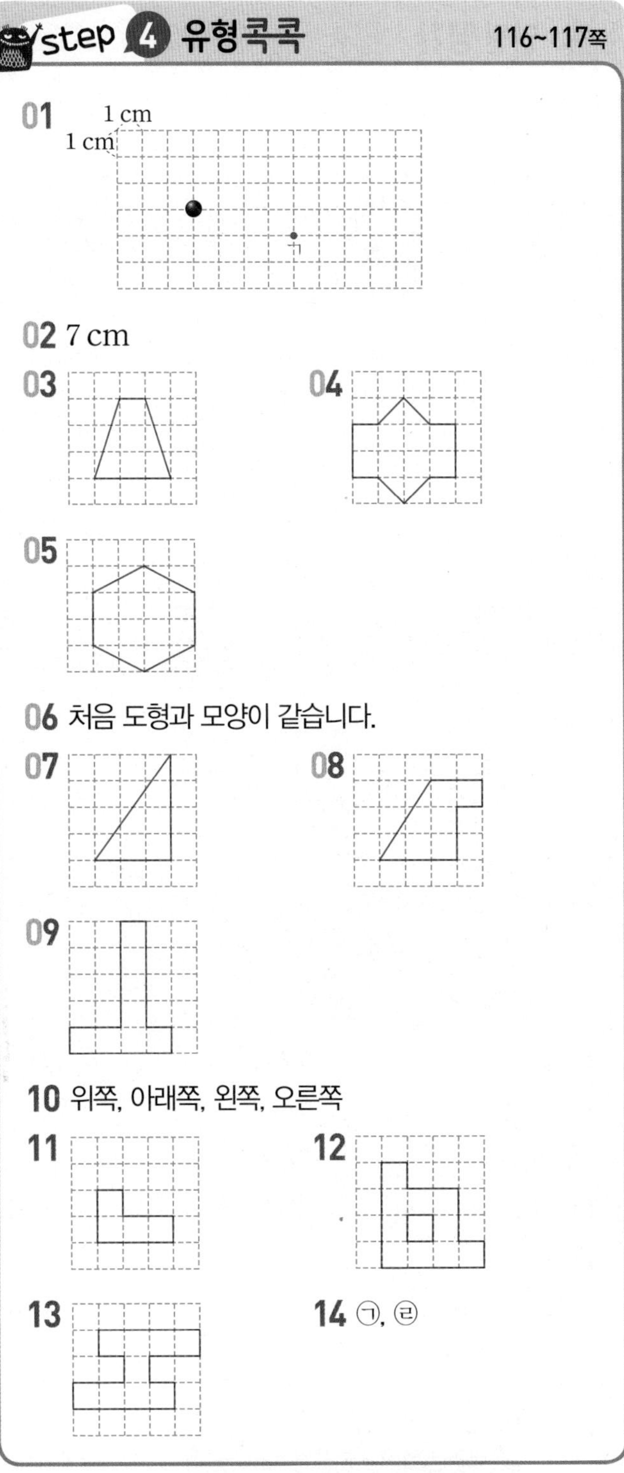

01 한 칸이 1 cm이므로 바둑돌을 오른쪽으로 4칸 이동한 후 다시 아래쪽으로 1칸 이동한 곳에 점 ㄱ으로 표시합니다.

02 처음 위치에서 ㉮로 이동: 오른쪽으로 4 cm
㉮에서 ㉯로 이동: 아래쪽을 3 cm
➡ (이동한 거리)$=4+3=7$ (cm)

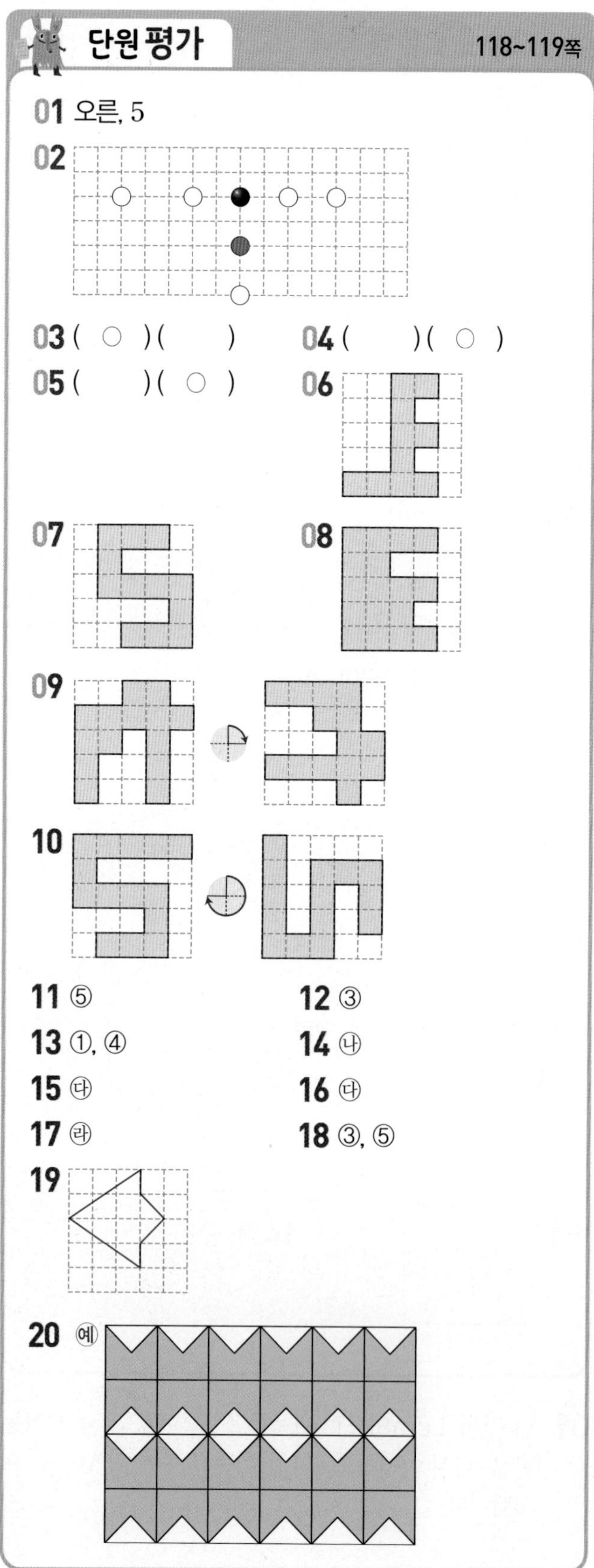

단원평가 118~119쪽

01 오른, 5

02

03 (○)(　)　04 (　)(○)

05 (　)(○)　06

07　08

09

10

11 ⑤　12 ③

13 ①, ④　14 ㉯

15 ㉰　16 ㉰

17 ㉱　18 ③, ⑤

19

20 ㉕

01 점 ㉮로 이동하려면 오른쪽으로 5칸 이동해야 합니다.

02 바둑돌이 놓인 위치에서 아래쪽으로 2칸 이동한 곳에 색칠합니다.

06 도형을 어느 방향으로 밀어도 모양은 변하지 않습니다.

14

15

16

17

5. 막대그래프

step 1 원리꼼꼼 122쪽

원리 확인 1 (1) 28 (2) 9, 6
(3) 편리합니다에 ○표

원리 확인 2 (1) 수영에 ○표 (2) 농구에 ○표
(3) 수영, 태권도, 스키, 농구
(4) 편리합니다에 ○표

step 2 원리탄탄 123쪽

1 귤
2 4, 1, 2, 12
3 사과
4 배

step 3 원리척척 124~125쪽

1 막대그래프
2 사탕, 학생 수
3 1명
4 초코 맛 사탕
5 학생 수, 동물
6 1명
7 표
8 막대그래프
9 좋아하는 계절별 학생 수
10 막대그래프
11 1명
12 21명
13 수학
14 4명

step 1 원리꼼꼼 126쪽

원리 확인 1 (1) 선물, 학생 수 (2) 게임기
(3) 16명

1 (2) 막대그래프에서 막대의 길이가 가장 긴 것은 게임기입니다.
(3) 세로 눈금 한 칸의 크기는 1명입니다. 따라서 동화책은 16칸이므로 16명입니다.

step 2 원리탄탄 127쪽

1 과목, 학생 수
2 영어
3 체육
4 배추김치
5 열무김치
6 45명

6 $14+10+13+8=45$(명)

step 3 원리척척 128~129쪽

1 꽃, 학생 수
2 장미, 백합
3 2
4 16명
5 7명
6 5명
7 피자
8 1
9 24
10 ○
11 ×
12 ○
13 ○
14 ○
15 ×

step 1 원리 꼼꼼 130쪽

원리 확인 1

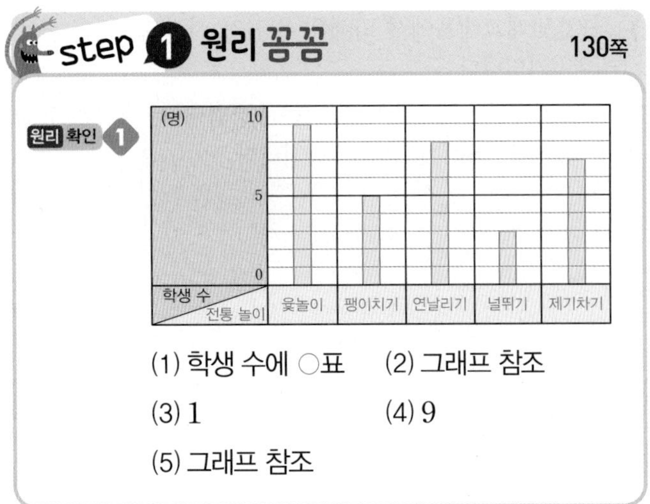

(1) 학생 수에 ○표 (2) 그래프 참조

(3) 1 (4) 9

(5) 그래프 참조

1 (3) 세로 눈금 5칸이 5명을 나타내므로 세로 눈금 한 칸은 $5 \div 5 = 1$(명)을 나타냅니다.

(4) 윷놀이를 좋아하는 학생이 9명으로 가장 많으므로 세로 눈금은 적어도 9명까지 나타낼 수 있어야 합니다.

step 2 원리 탄탄 131쪽

1 7, 5, 4, 9, 25

2

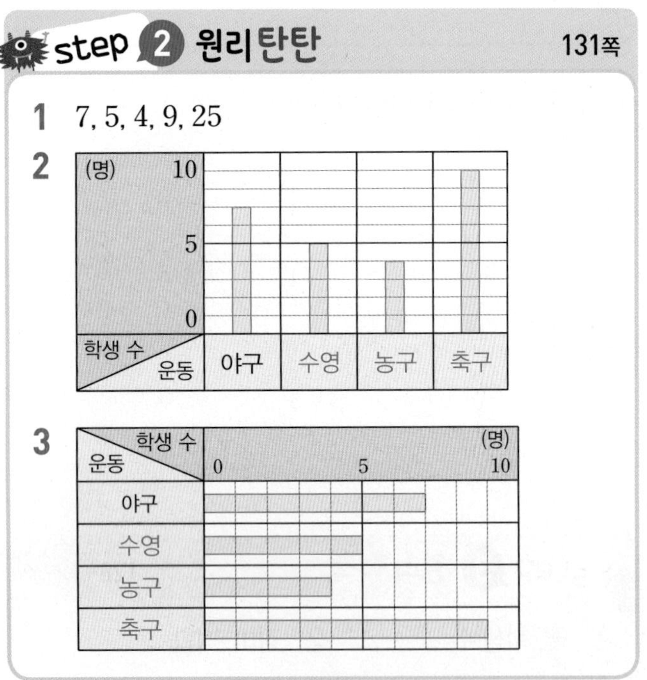

3

step 3 원리 척척 132~133쪽

1

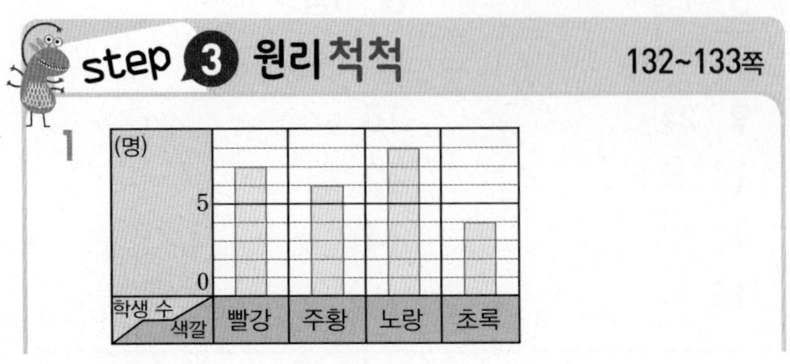

2

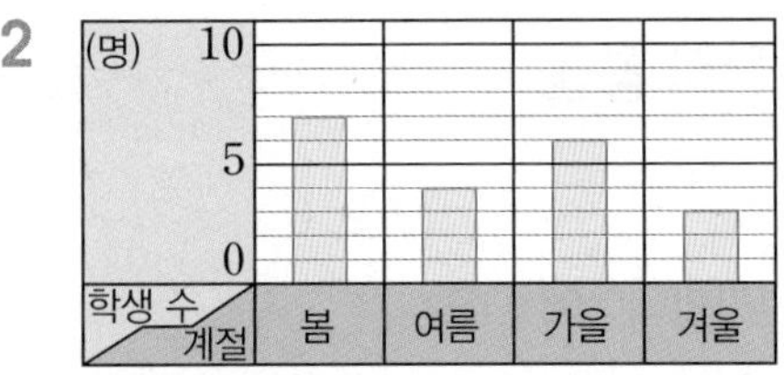

3

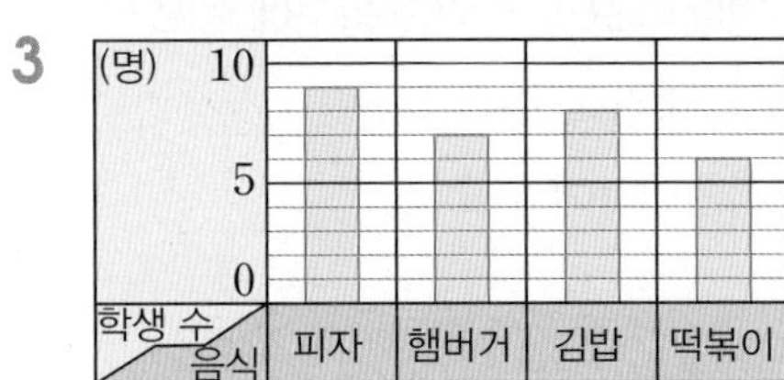

4

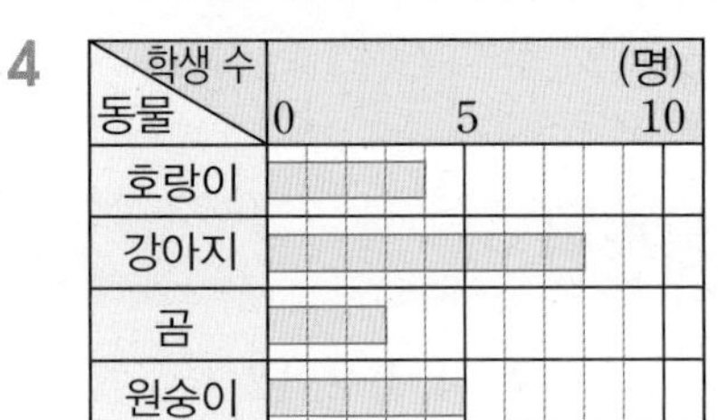

5 8,

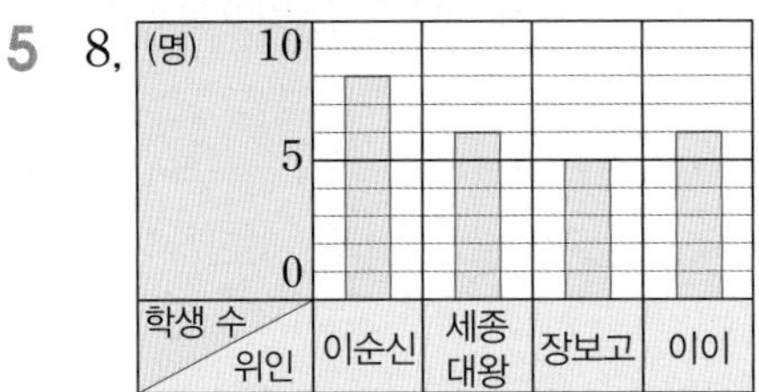

6 22,

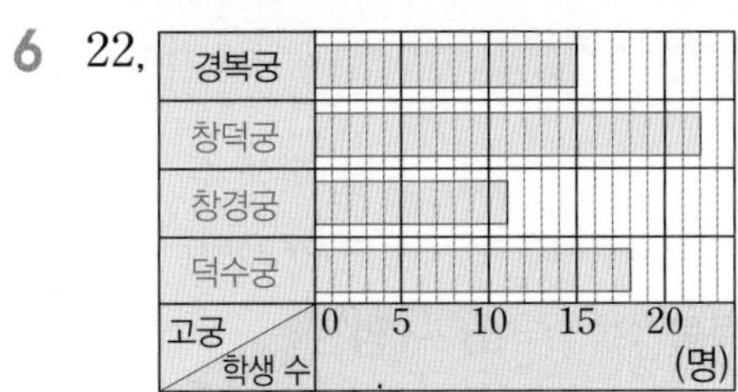

7 10,

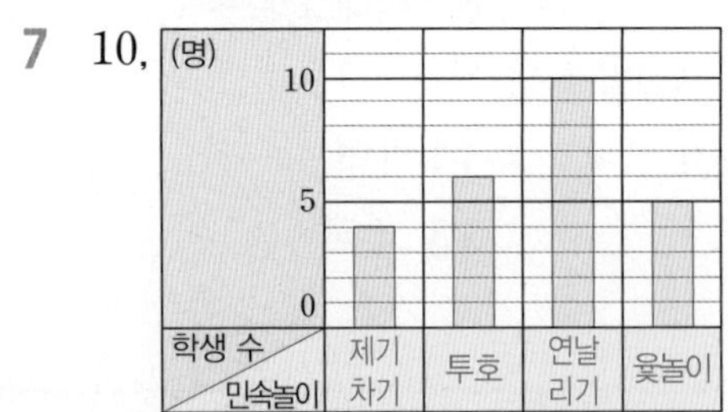

8 18,

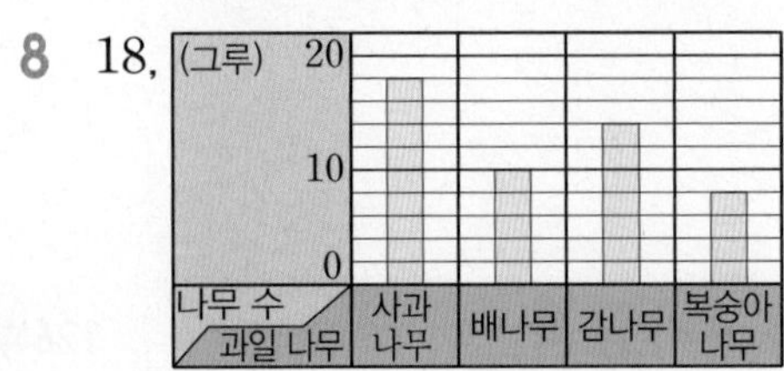

step 4 유형콕콕 134~135쪽

01 장래 희망, 학생 수

02 1명 03 10명

04 운동선수 05 5명

06 겨울

07 떡볶이, 튀김, 김밥, 어묵

08 8명 09 ③

10 12, 9, 4, 6, 31

11 가장 많은 날씨가 맑음의 12일이므로 세로 눈금은 적어도 12일까지 나타낼 수 있어야 합니다.

12 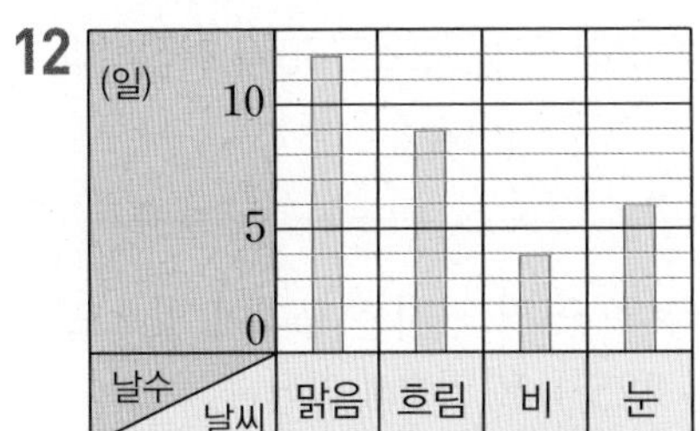

13 5명 14 40

15 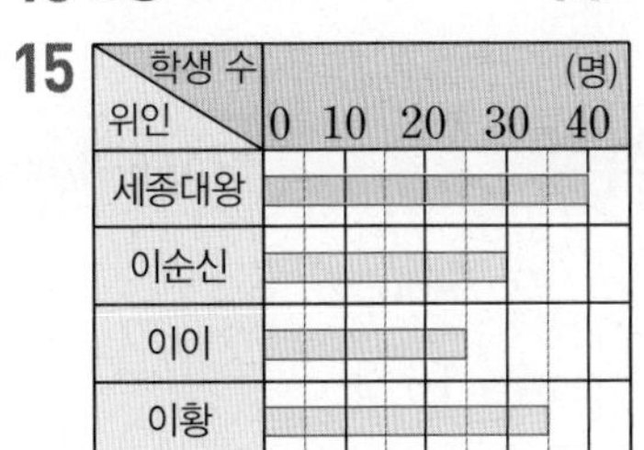

16 세종대왕, 이황, 이순신, 이이

17 130개

13 가로 눈금 한 칸은 $10 \div 2 = 5$(명)을 나타냅니다.

14 가로 눈금 한 칸은 5명을 나타내므로 세종대왕을 존경하는 학생 수는 40명입니다.

17 조사한 학생 수는 모두 $40+30+25+35=130$(명)이므로 붙임 딱지 130개를 준비해야 합니다.

단원 평가 136~138쪽

01 1명 02 김밥

03 김밥, 피자, 햄버거, 떡볶이

04 햄버거 05 5칸

06 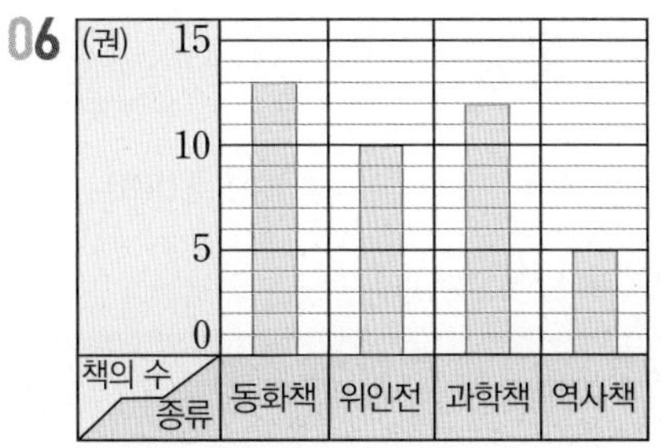

07 동화책, 13권

08 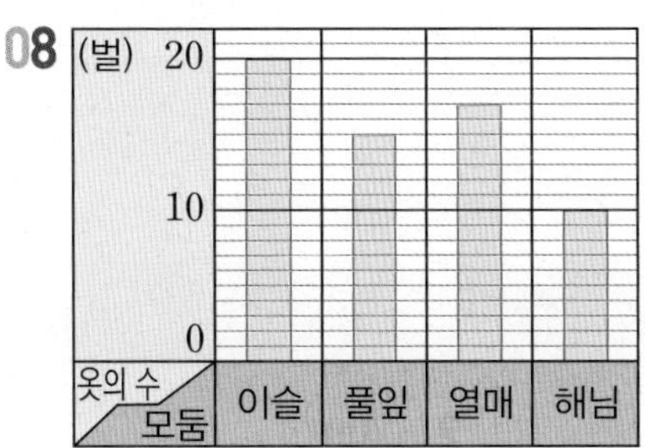

09 10벌 10 2배 11 운동, 학생 수

12 야구 13 배구 14 3배 15 100 kg

16 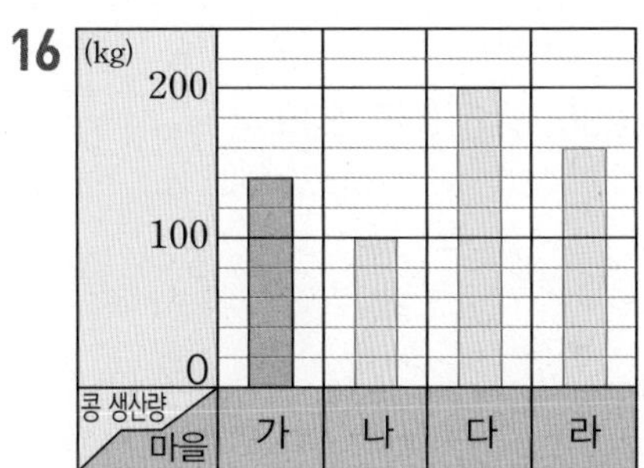

17 300 kg 18 별빛 마을, 14그루

19 34그루 20 8그루

02 막대의 길이가 가장 긴 항목을 찾습니다.

09 이슬 모둠: 20벌, 해님 모둠: 10벌
➡ $20-10=10$(벌)

14 야구: 18명, 배구: 6명 ➡ $18 \div 6 = 3$(배)

15 $600-140-200-160=100$(kg)

17 • 가장 많은 콩을 생산한 마을: 다 ➡ 200 kg
• 가장 적은 콩을 생산한 마을: 나 ➡ 100 kg
➡ $200+100=300$(kg)

19 은빛 마을: 18그루, 양지 마을: 16그루
➡ $18+16=34$(그루)

20 달빛 마을: 22그루, 별빛 마을: 14그루
➡ $22-14=8$(그루)

6. 규칙 찾기

step 1 원리꼼꼼 140쪽

원리 확인 1 (1) 100, 100 (2) 1000, 1000
(3) 1100, 1100

step 2 원리탄탄 141쪽

1 20
2 200
3 220
4 예 1080에서 시작하여 ↙ 방향으로 180씩 커집니다.
5 (위에서부터) 630, 415, 345, 200

step 3 원리척척 142~143쪽

1 10
2 1000
3 1010
4 990
5 10, 10, 1000, 1020
6 5
7 500
8 5, 500, 505
9 101
10 1000
11 1101
12 101, 101, 1000, 1202
13 1000, 101, 899
14 10
15 1000
16 1010
17 1000, 10, 10, 1020
18 1000, 10, 990

step 1 원리꼼꼼 144쪽

원리 확인 1 (1) 20, 20 (2) 70
(3) 110

원리 확인 2 96, 192, 384 / 2

step 2 원리탄탄 145쪽

1 15
2 50
3 240
4 예 10부터 시작하여 ↘ 방향으로 65씩 커집니다.
5 (1) 5 (2) 625

3 오른쪽으로 갈수록 15씩 커지는 규칙이 있으므로 ▢에 들어갈 수는 225+15=240입니다.

step 3 원리척척 146~147쪽

1 2250, 250
2 800, 2
3 2200, 200
4 16, 2
5 5678, 1111
6 1620, 3
7 십
8 260, 210, 470, 7
9 240, 320, 560, 6
10 20, 30, 40, 50, 200, 300, 400
11 30, 460, 200, 460
12 40, 800, 300, 800

step 1 원리꼼꼼 148쪽

원리 확인 1 (1) 6, 3 (2) 6
(3) 3

원리 확인 2 (1) 2, 4 (2) 2
(3) 4

step 2 원리탄탄 149쪽

1 10
2 62+0에 ○표
3 (1) (×) (○) (○)　(2) (○) (○) (×)
4 (1) 32　(2) 16

2 28+36, 52+12, 42+22, 32+32는 합이 64로 모두 같습니다. 62+0은 62로 다른 식보다 2만큼 더 작습니다.

4 (1) 42÷2=21이므로 □=16×2=32입니다.
(2) 10×2=20이므로 □=32÷2=16입니다.

step 3 원리척척 150~151쪽

1	33, 2, 3	2	29, 3, 4
3	2, 44, 6	4	5, 58, 5
5	23	6	24
7	14	8	54
9	14	10	86, 27
11	20, 3	12	3, 3
13	27	14	61
15	31	16	57
17	8, 16	18	4, 32
19	2, 64	20	2, 28, 7
21	10	22	8, 5
23	20, 2, 10	24	60
25	32, 8	26	64, 16
27	4, 1	28	4, 1
29	2, 4, 2	30	7, 77, 7
31	32	32	2

step 1 원리꼼꼼 152쪽

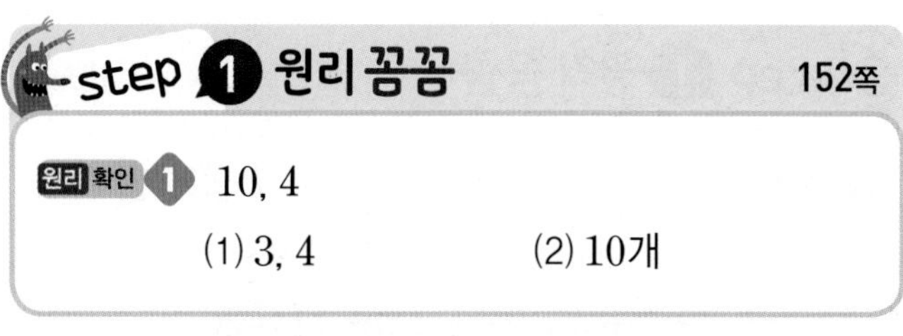

step 2 원리탄탄 153쪽

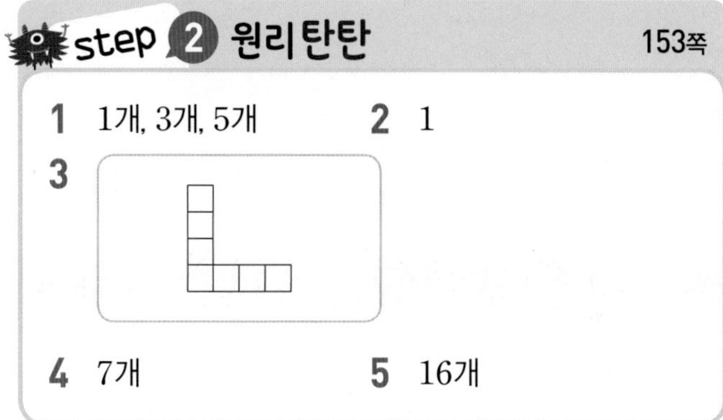

4 7개　5 16개

4 1개 3개 5개 7개
+2개 +2개 +2개

5 1+3+5+7=16(개)

step 3 원리척척 154~155쪽

1	18개	2	19개
3	25개	4	7개
5	9개	6	13개
7	31개	8	12, 19, 26, 33
9	7개	10	54개

1 3+3+3+3+3+3=18(개)

2 1개 4개 8개 13개 19개
+3개 +4개 +5개 +6개

6 3+2+2+2+2+2=13(개)

step 1 원리 꼼꼼 156쪽

원리 확인 1 (1) 예 1부터 연속적인 홀수의 합은 홀수의 개수를 두 번 곱한 결과와 같습니다.

(2) $1+3+5+7+9+11=36$

➡ $6\times6=36$

step 2 원리 탄탄 157쪽

1 $456+654=1110$

2 $3600-3400=200$

3 900, 600, 600, 700, 800, 1500

예 더해지는 수와 더하는 수가 각각 100씩 커지면 두 수의 합은 200씩 커집니다.

step 3 원리 척척 158~159쪽

1 ㉢

2 $305+405=710$

3 $243+343=586$

4 ㉡

5 $837-625=212$

6 $695-215=480$

7 7, 9, 2, 수의 개수

8 $1+2+3+4+5+6+7+8+9+10+11$
$=6\times11=66$

9 홀수의 개수

10 $1+3+5+7+9+11=36$

step 1 원리 꼼꼼 160쪽

원리 확인 1 (1) 예 곱하는 수가 같고 곱해지는 수가 2배, 3배, 4배씩 커지면 곱도 2배, 3배, 4배씩 커집니다.

(2) $375\times24=9000$

step 2 원리 탄탄 161쪽

1 $20\times2222=44440$ / 1

2 $144\div24=6$ / 3, 4, 6

3 $444444\div12=37037$

step 3 원리 척척 162~163쪽

1 (1) $3\times1000003=3000009$

(2) $3\times10000003=30000009$

2 (1) $100005\times9=900045$

(2) $1000005\times9=9000045$

3 (1) $22221111\times5=111105555$

(2) $2222211111\times5=11111055555$

4 (1) $1234\times9=11111-5=11106$

(2) $12345\times9=111111-6=111105$

5 (1) $1800\div30=60$

(2) $2400\div30=80$

6 (1) $444444\div111=4004$

(2) $666666\div111=6006$

7 (1) $500025\div5=100005$

(2) $5000025\div5=1000005$

8 (1) $(888880+5)\div9=98765$

(2) $(8888880+6)\div9=987654$

step 1 원리꼼꼼 164쪽

원리 확인 1 (1) 1, 1, 1, 1, 100, 100, 100, 100
(2) 같습니다에 ○표
(3) 336, 3 / 345, 3 / 636, 3 / 645, 3 / 3

step 2 원리탄탄 165쪽

1 7, 7, 7, 7　　2 18, 25
3 3, 3, 24, 26

step 3 원리척척 166~167쪽

1 314　2 314　3 318
4 318　5 220　6 318
7 208　8 208　9 220, 330
10 3　11 318　12 5
13 326　14 322, 224
15 7, 28　16 7, 49
17 4, 4　18 3, 4, 12
19 9, 171　20 29, 14, 406

step 4 유형콕콕 168~169쪽

01 (위에서부터) 515, 614, 712, 813, 815
02 95　03 48
04 350　05 16
06 (위에서부터) 1, 0, 3, 2, 4
07 8개　08

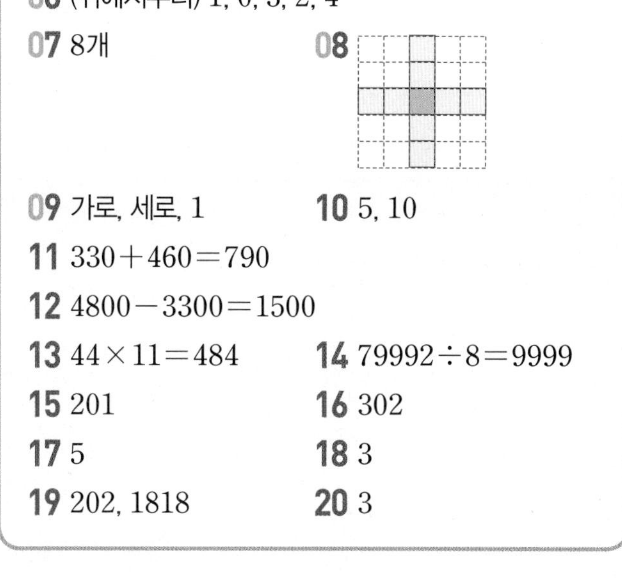

09 가로, 세로, 1　10 5, 10
11 330＋460＝790
12 4800－3300＝1500
13 44×11＝484　14 79992÷8＝9999
15 201　16 302
17 5　18 3
19 202, 1818　20 3

06 두 수를 더한 결과에서 일의 자리 숫자를 쓰는 규칙입니다.

단원 평가 170~172쪽

01 1　02 100　03 304
04 105　05 162
06　07 위쪽과 오른쪽에 ○표
08 410＋520＝930
09 ㉠

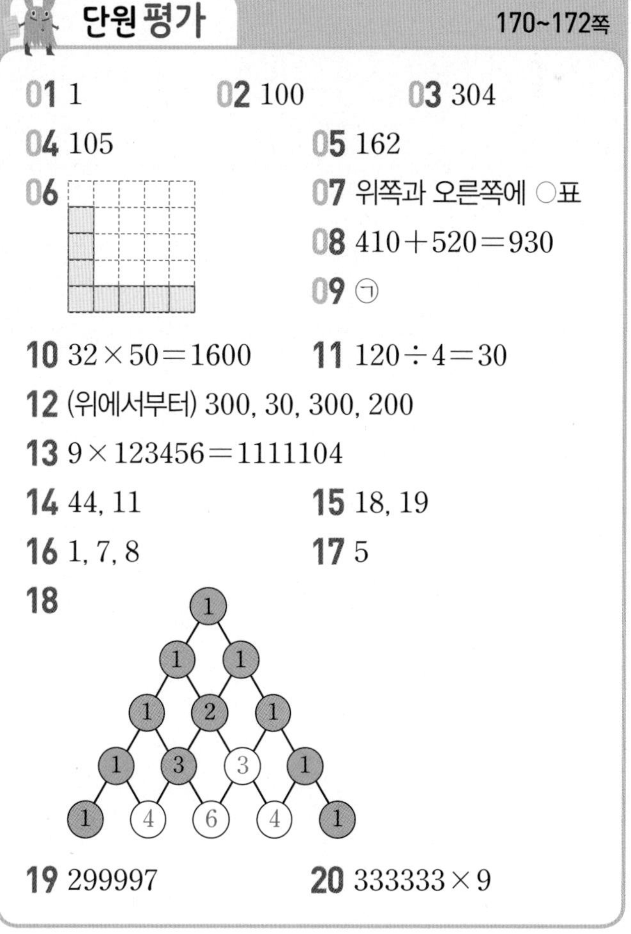

10 32×50＝1600　11 120÷4＝30
12 (위에서부터) 300, 30, 300, 200
13 9×123456＝1111104
14 44, 11　15 18, 19
16 1, 7, 8　17 5
18

19 299997　20 333333×9

MEMO